软件项目开发全程实录

JavaScript项目开发全程实录

明日科技　编著

清華大學出版社
北　京

内 容 简 介

本书精选 JavaScript 开发方向的 10 个热门应用项目，实用性非常强。具体项目包含：幸运大抽奖、精美万年历设计、别踩白块儿小游戏、五子棋小游戏、明日在线教育网站、飞马城市旅游信息网、花瓣电影评分网、明日书店网上商城、吃了么外卖网、星光音乐网。本书从软件工程的角度出发，按照项目开发的顺序，系统、全面地讲解每一个项目的开发实现过程。在体例上，每章一个项目，统一采用“开发背景→系统设计→技术准备→各功能模块设计与实现→项目运行→源码下载”的形式完整呈现项目，给读者明确的成就感，可以让读者快速积累实际项目经验与技巧，早日实现就业目标。

另外，本书配备丰富的 Web 前端在线开发资源库和电子课件，主要内容如下：

- ☑ 技术资源库：439 个核心技术点
- ☑ 实例资源库：393 个应用实例
- ☑ 项目资源库：13 个精选项目
- ☑ 源码资源库：406 套项目与案例源码
- ☑ 视频资源库：677 集学习视频
- ☑ PPT 电子课件

本书可为 JavaScript 入门自学者提供更广泛的项目实战场景，可为计算机专业学生进行项目实训、毕业设计提供项目参考，可作为计算机专业教师、IT 培训讲师的教学参考资料，还可作为前端工程师、IT 求职者、编程爱好者进行项目开发时的参考书。

图书在版编目（CIP）数据

JavaScript 项目开发全程实录 / 明日科技编著.
北京 ：清华大学出版社, 2025. 1. -- (软件项目开发全程实录). -- ISBN 978-7-302-67547-1

Ⅰ. TP312.8

中国国家版本馆 CIP 数据核字第 2024194LQ9 号

责任编辑：贾小红
封面设计：秦　丽
版式设计：楠竹文化
责任校对：范文芳
责任印制：沈　露

出版发行：清华大学出版社
网　　址：https://www.tup.com.cn，https://www.wqxuetang.com
地　　址：北京清华大学学研大厦 A 座　　邮　　编：100084
社 总 机：010-83470000　　邮　　购：010-62786544
投稿与读者服务：010-62776969，c-service@tup.tsinghua.edu.cn
质量反馈：010-62772015，zhiliang@tup.tsinghua.edu.cn

印 装 者：三河市天利华印刷装订有限公司
经　　销：全国新华书店
开　　本：203mm×260mm　　**印　　张**：20　　**字　　数**：648 千字
版　　次：2025 年 1 月第 1 版　　**印　　次**：2025 年 1 月第 1 次印刷
定　　价：89.80 元

产品编号：107422-01

如何使用本书开发资源库

本书赠送价值 999 元的“Web 前端在线开发资源库”一年的免费使用权限，结合图书和开发资源库，读者可快速提升编程水平和解决实际问题的能力。

Web 前端
开发资源库

1. VIP 会员注册

刮开并扫描图书封底的防盗码，按提示绑定手机微信，然后扫描右侧二维码，打开明日科技账号注册页面，填写注册信息后将自动获取一年（自注册之日起）的 Web 前端在线开发资源库的 VIP 使用权限。

读者在注册、使用开发资源库时有任何问题，均可通过明日科技官网页面上的客服电话进行咨询。

2. 开发资源库简介

Web 前端开发资源库中提供了技术资源库（439 个核心技术点）、实例资源库（393 个应用实例）、项目资源库（13 个精选项目）、源码资源库（406 套项目与案例源码）、视频资源库（677 集学习视频），共计五大类、1928 项学习资源。学会、练熟、用好这些资源，读者可在最短的时间内快速提升自己，从一名新手晋升为一名 Web 前端开发工程师。

3. 开发资源库的使用方法

在学习本书的各项目时，可以通过 Web 前端开发资源库提供的大量技术点、热点实例、视频等快速回顾或了解相关的 Web 前端编程知识和技巧，提升学习效率。

除此之外，开发资源库还配备了更多的大型实战项目，供读者进一步扩展学习，以提升编程兴趣和信心，积累项目经验。

另外，利用页面上方的搜索栏，还可以对技术、实例、项目、源码、视频等资源进行快速查阅。

万事俱备后，读者该到 Web 开发的主战场上接受洗礼了。本书资源包中提供了 Web 开发各方向的面试真题，是求职面试的绝佳指南。读者可扫描图书封底的“文泉云盘”二维码获取。

Web前端面试资源库
- 第1部分 Web前端 企业面试真题汇编
- 第2部分 Vue.js 企业面试真题汇编
- 第3部分 Node.js 企业面试真题汇编

前　言

Preface

丛书说明："软件项目开发全程实录"丛书第1版于2008年6月出版，因其定位于项目开发案例、面向实际开发应用，并解决了社会需求和高校课程设置相对脱节的痛点，在软件项目开发类图书市场上产生了很大的反响，在全国软件项目开发零售图书排行榜中名列前茅。

"软件项目开发全程实录"丛书第2版于2011年1月出版，第3版于2013年10月出版，第4版于2018年5月出版。经过十六年的锤炼打造，不仅深受广大程序员的喜爱，还被百余所高校选为计算机科学、软件工程等相关专业的教材及教学参考用书，更被广大高校学子用作毕业设计和工作实习的必备参考用书。

"软件项目开发全程实录"丛书第5版在继承前4版所有优点的基础上，进行了大幅度的改版升级。首先，结合当前技术发展的最新趋势与市场需求，增加了程序员求职急需的新图书品种；其次，对图书内容进行了深度更新、优化，新增了当前热门的流行项目，优化了原有经典项目，将开发环境和工具更新为目前的新版本等，使之更与时代接轨，更适合读者学习；最后，录制了全新的项目精讲视频，并配备了更加丰富的学习资源与服务，可以给读者带来更好的项目学习及使用体验。

JavaScript是用于Web开发的一种脚本编程语言，也是一种通用、跨平台、基于对象和事件驱动并具有安全性的脚本语言。它不需要进行编译，直接嵌入HTML页面中即可把静态页面转变成支持用户交互并响应相应事件的动态页面。本书以中小型项目为载体，带领读者切身感受Web前端开发的实际过程，可以让读者深刻体会JavaScript核心技术在项目开发中的具体应用。全书内容不是枯燥的语法和陌生的术语，而是一步一步地引导读者实现一个个热门的项目，从而激发读者学习Web前端开发的兴趣，变被动学习为主动学习。另外，本书的项目开发过程完整，不但适合在学习Web前端开发时作为中小型项目开发的参考书，而且可以作为毕业设计的项目参考书。

本书内容

本书精选JavaScript开发方向的10个热门应用项目，涉及在线教育类、电商购物类、外卖点餐类、信息流类、游戏平台类、旅游信息类等Web前端开发的多个重点应用方向，具体项目包括：幸运大抽奖、精美万年历设计、别踩白块儿小游戏、五子棋小游戏、明日在线教育网站、飞马城市旅游信息网、花瓣电影评分网、明日书店网上商城、吃了么外卖网、星光音乐网。

本书特点

- ☑ **项目典型。**本书精选10个热点项目，涉及Web前端开发的多个重点应用方向。所有项目均从实际应用角度出发，可以让读者从项目实现学习中积累丰富的开发经验。
- ☑ **流程清晰。**本书项目从软件工程的角度出发，统一采用"开发背景→系统设计→技术准备→各功能模块设计与实现→项目运行→源码下载"的流程进行讲解，可以让读者更加清晰地了解项目的完整开发流程。
- ☑ **技术新颖。**本书所有项目的实现技术均采用目前业内推荐使用的最新稳定版本，与时俱进，实用性极强。同时，项目全部配备"技术准备"环节，对项目中用到的JavaScript基本技术点、高级应用、第三方插件等进行精要讲解，在 JavaScript 基础和项目开发之间搭建了有效的桥梁，为仅有 JavaScript 语言基础的初级编程人员参与项目开发扫清了障碍。

☑ **精彩栏目。**本书根据项目学习的需要，在每个项目讲解过程的关键位置添加了“注意”“说明”等特色栏目，点拨项目的开发要点和精华，以便读者能更快地掌握相关技术的应用技巧。

☑ **源码下载。**本书中的每个项目最后都安排了“源码下载”一节，读者能够通过扫描二维码下载对应项目的完整源码，以方便学习。

☑ **项目视频。**本书为每个项目提供了项目精讲微视频，使读者能够更加轻松地搭建、运行、使用项目，并能够随时随地查看和学习。

读者对象

☑ 初学编程的自学者
☑ 参与项目实训的学生
☑ 做毕业设计的学生
☑ 参加实习的初级程序员
☑ 高等院校的教师
☑ IT 培训机构的教师与学员
☑ 程序测试及维护人员
☑ 编程爱好者

资源与服务

本书提供了大量的辅助学习资源，同时提供了专业的知识拓展与答疑服务，旨在帮助读者提高学习效率并解决学习过程中遇到的各种疑难问题。读者需要刮开图书封底的防盗码（刮刮卡），扫描并绑定微信，获取学习权限。

☑ **开发环境搭建视频**

搭建环境对于项目开发非常重要，它确保了项目开发在一致的环境下进行，减少了因环境差异导致的错误和冲突。通过搭建开发环境，可以方便地管理项目依赖，提高开发效率。本书提供了开发环境搭建讲解视频，可以引导读者快速准确地搭建本书项目的开发环境。扫描右侧二维码即可观看学习。

开发环境搭建视频

☑ **项目精讲视频**

本书每个项目均配有对应的项目精讲微视频，主要针对项目的需求背景、应用价值、功能结构、业务流程、实现逻辑以及所用到的核心技术点进行精要讲解，可以帮助读者了解项目概要，把握项目要领，快速进入学习状态。扫描每章首页的对应二维码即可观看学习。

☑ **项目源码**

本书每章一个项目，系统全面地讲解了该项目的设计及实现过程。为了方便读者学习，本书提供了完整的项目源码（包含项目中用到的所有素材，如图片、CSS 样式表文件等）。扫描每章最后的二维码即可下载。

☑ **AI 辅助开发手册**

在人工智能浪潮的席卷之下，AI 大模型工具呈现百花齐放之态，辅助编程开发的代码助手类工具不断涌现，可为开发人员提供技术点问答、代码查错、辅助开发等非常实用的服务，极大地提高了编程学习和开发效率。为了帮助读者快速熟悉并使用这些工具，本书专门精心配备了电子版的《AI 辅助开发手册》，不仅为读者提供各个主流大语言模型的使用指南，而且详细讲解文心快码（Baidu Comate）、通义灵码、腾讯云 AI 代码助手、iFlyCode 等专业的智能代码助手的使用方法。扫描右侧二维码即可阅读学习。

AI 辅助开发手册

☑ **代码查错器**

为了进一步帮助读者提升学习效率，培养良好的编码习惯，本书配备了由明日科技自主开发的代码查错器。读者可以将本书的项目源码保存为对应的 txt 文件，存放到代码查错器的对应文件夹中，然后自己编写相应的实现代码并与项目源码进行比对，快速找出自己编写的代码与源码不一致或者发生错误的地方。代码查错器配有详细的使用说明文档，扫描右侧二维码即可下载。

代码查错器

☑ **Web 前端开发资源库**

本书配备了强大的线上 Web 前端开发资源库，包括技术资源库、实例资源库、项目资源库、源码资源库、视频资源库。扫描右侧二维码，可登录明日科技网站，获取 Web 前端开发资源库一年的免费使用权限。

Web 前端开发资源库

☑ **Web 前端面试资源库**

本书配备了 Web 前端面试资源库，精心汇编了大量企业面试真题，是求职面试的绝佳指南。扫描本书封底的“文泉云盘”二维码即可获取。

☑ **教学 PPT**

本书配备了精美的教学 PPT，可供高校教师和培训机构讲师备课使用，也可供读者做知识梳理。扫描本书封底的“文泉云盘”二维码即可下载。另外，登录清华大学出版社网站（www.tup.com.cn），可在本书对应页面查阅教学 PPT 的获取方式。

☑ **学习答疑**

在学习过程中，读者难免会遇到各种疑难问题。本书配有完善的新媒体学习矩阵，包括 IT 今日热榜（实时提供最新技术热点）、微信公众号、学习交流群、400 电话等，可为读者提供专业的知识拓展与答疑服务。扫描右侧二维码，根据提示操作，即可享受答疑服务。

学习答疑

致读者

本书由明日科技 Web 前端开发团队组织编写，主要编写人员有王小科、张鑫、王国辉、刘书娟、赵宁、高春艳、赛奎春、田旭、葛忠月、杨丽、李颖、程瑞红、张颖鹤等。明日科技是一家专业从事软件开发、教育培训以及软件开发教育资源整合的高科技公司，其编写的图书非常注重选取软件开发中的必需、常用内容，同时很注重内容的易学性、学习的方便性以及相关知识的拓展性，深受读者喜爱。其编写的图书多次荣获“全行业优秀畅销品种”“全国高校出版社优秀畅销书”等奖项，多个品种长期位居同类图书销售排行榜的前列。

在编写本书的过程中，我们始终本着科学、严谨的态度，力求精益求精，但难免有疏漏和不当之处，敬请广大读者批评指正。

感谢您购买本书，希望本书能成为您的良师益友，成为您步入编程高手之路的踏脚石。

宝剑锋从磨砺出，梅花香自苦寒来。祝读书快乐！

编　者

2024 年 11 月

目录

Contents

第1章 幸运大抽奖

——运算符＋循环控制＋函数＋Math 对象

为了吸引用户，各大网站在节假日都会举行一些抽奖活动。在众多抽奖活动中，比较常见的是“幸运大转盘”，“幸运大转盘”的表现形式主要有圆形转盘和多宫格转盘。本章将使用 JavaScript 中的运算符、循环控制、函数和 Math 对象等技术开发一个多宫格转盘的幸运大抽奖游戏。

本项目的核心功能及实现技术如下：

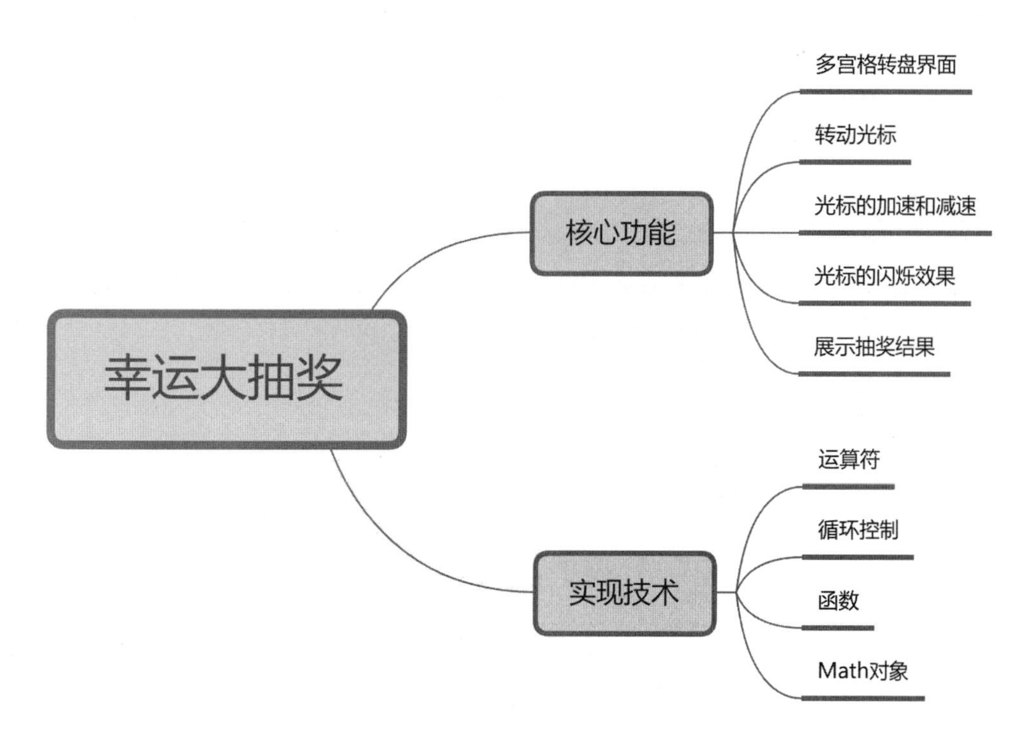

1.1 开发背景

幸运抽奖是一种广泛应用于社交媒体和线下活动中的互动方式。现在很多企业为了提升品牌形象，回馈广大客户并促进销售增长，都会在特定时间举办幸运抽奖活动。通过举办抽奖活动可以吸引客户的参与和关注，提升企业的知名度，在市场中树立良好的口碑和形象。在众多抽奖活动中，大转盘抽奖活动操作简单、趣味性强、用户参与度高，在用户玩得开心的同时，给他们留下深刻的产品印象，可以加深用户对品牌的认知和了解。

本章将使用运算符、循环控制、函数和 Math 对象开发一个简洁大方的幸运大抽奖游戏，其实现目标如下：

☑ 幸运大抽奖多宫格转盘界面。

☑ 转动光标效果。

☑ 光标的加速和减速效果。

☑ 光标的闪烁效果

☑ 展示抽奖结果。

1.2 系统设计

1.2.1 开发环境

本项目的开发及运行环境如下：

☑ 操作系统：推荐 Windows 10、11 及以上，兼容 Windows 7（SP1）。

☑ 开发工具：WebStorm。

☑ 开发语言：JavaScript。

1.2.2 业务流程

在启动幸运大抽奖项目后，首先进入抽奖界面，然后单击界面中心的“幸运大抽奖”图片按钮开始抽奖，此时光标开始转动，接着会有一个光标加速移动→减速移动→停止转动的过程。光标停止转动后显示抽奖结果，再次单击“幸运大抽奖”图片按钮将继续抽奖。

本项目的业务流程如图 1.1 所示。

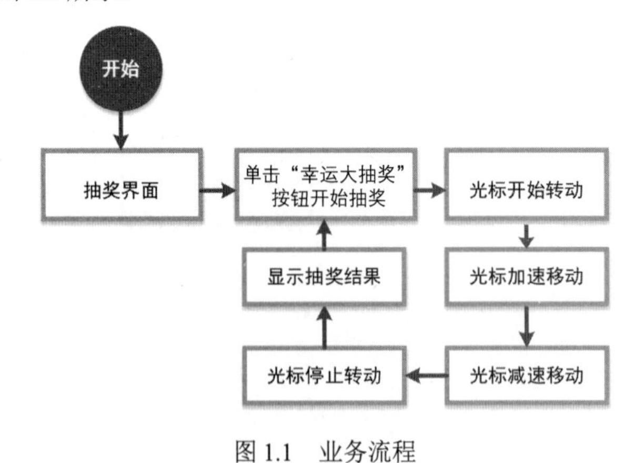

图 1.1 业务流程

1.2.3 功能结构

本项目的功能结构已经在章首页中给出。作为幸运大抽奖方面的应用，本项目实现的具体功能如下：

☑ 抽奖界面：创建一个 5 行 5 列的表格，中央的 9 个单元格内容为空，其他的每个单元格中放置一张奖品对应的图片，将<img>标签的 title 属性值设置为奖品的名称。

☑ 转动光标：为多宫格转盘中的每一个单元格设置一个索引，索引从 0 开始，根据索引获取第一个单元格，将第一个单元格的背景色设置为红色，这样就会形成光标的效果。

☑ 单击按钮转动光标：当单击“幸运大抽奖”图片按钮时，应用 setInterval()方法调用指定的函数，在函数中获取光标所在位置的单元格，并设置单元格的背景色，实现游戏光标的转动效果。

☑ 光标的加速和减速：光标走 5 格后开始加速，光标转动两圈并且经过随机产生的索引位置后开始减速。

☑ 光标的闪烁：应用 setInterval()方法调用指定的函数，在函数中通过为单元格设置不同的样式实现游戏光标的闪烁效果。

☑ 获取抽奖结果：光标停止转动后，获取光标所在位置的单元格，并获取其内部<img>标签的 title 属性值，将该属性值作为抽奖结果显示在页面中。

1.3 技术准备

在开发幸运大抽奖时主要应用了 JavaScript 中的运算符、循环控制、函数和 Math 对象等技术，下面将简述本项目所用的这些核心技术点及其具体作用。

1. 运算符

运算符也被称为操作符，它是完成一系列操作的符号。运算符被用于对一个或几个值进行计算而生成一个新的值。JavaScript 中的运算符有很多种，在本项目中主要应用了算术运算符、赋值运算符、比较运算符和逻辑运算符。常用的算术运算符及其描述和示例如表 1.1 所示。

表 1.1 常用的算术运算符及其描述和示例

运 算 符	描 述	示 例
+	加运算符	6+9 //返回值为 15
-	减运算符	9-6 //返回值为 3
*	乘运算符	2*3 //返回值为 6
/	除运算符	21/7 //返回值为 3
%	取模运算符	8%6 //返回值为 2

++	自增运算符。该运算符有两种情况，即 i++（在使用 i 之后，使 i 的值加 1）和++i（在使用 i 之前，先使 i 的值加 1）	i=2; j=i++ //j 的值为 2，i 的值为 3
		i=2; j=++i //j 的值为 3，i 的值为 3

--	自减运算符。该运算符有两种情况，即 i--（在使用 i 之后，使 i 的值减 1）和--i（在使用 i 之前，先使 i 的值减 1）	i=7; j=i-- //j 的值为 7，i 的值为 6
		i=7; j=--i //j 的值为 6，i 的值为 6

例如，将华氏度转换为摄氏度的公式为“摄氏度 = 5 / 9* (华氏度-32)”。假设某城市的当前气温为 59 华氏度，分别输出该城市以华氏度和摄氏度表示的气温。代码如下：

```
<script type="text/javascript">
    var degreeF=59;                                    //定义表示华氏度的变量
    var degreeC=0;                                     //初始化表示摄氏度的变量
    degreeC=5/9*(degreeF-32);                          //将华氏度转换为摄氏度
    document.write("华氏度："+degreeF+"&deg;F");       //输出华氏度表示的气温
    document.write("<br>摄氏度："+degreeC+"&deg;C");//输出摄氏度表示的气温
</script>
```

运行结果为：

```
华氏度：59° F
```

```
摄氏度：15° C
```

说明

"+"除了可以作为算术运算符之外，还可用于字符串连接的字符串运算符。JavaScript 脚本会根据操作数的数据类型来确定表达式中的"+"是算术运算符还是字符串运算符。在两个操作数中只要有一个是字符串类型，那么这个"+"就是字符串运算符，而不是算术运算符。

常用的赋值运算符及其描述和示例如表 1.2 所示。

表 1.2　常用的赋值运算符及其描述和示例

运 算 符	描 述	示 例
=	将右边表达式的值赋给左边的变量	userName="Kelly"
+=	将运算符左边的变量加上右边表达式的值赋给左边的变量	a+=b　　//相当于 a=a+b
-=	将运算符左边的变量减去右边表达式的值赋给左边的变量	a-=b　　//相当于 a=a-b
*=	将运算符左边的变量乘以右边表达式的值赋给左边的变量	a*=b　　//相当于 a=a*b
/=	将运算符左边的变量除以右边表达式的值赋给左边的变量	a/=b　　//相当于 a=a/b
%=	将运算符左边的变量用右边表达式的值求模，并将结果赋给左边的变量	a%=b　　//相当于 a=a%b

例如，应用赋值运算符实现两个数值之间的运算并输出结果。代码如下：

```
<script type="text/javascript">
        var m = 5;                                          //定义变量
        var n = 6;                                          //定义变量
        document.write("m=5,n=6");                          //输出 m 和 n 的值
        document.write("<p>");                              //输出段落标记
        document.write("m+=n 运算后：");                     //输出字符串
        m+=n;                                               //执行运算
        document.write("m="+m);                             //输出此时变量 m 的值
        document.write("<br>");                             //输出换行标记
        document.write("m-=n 运算后：");                     //输出字符串
        m-=n;                                               //执行运算
        document.write("m="+m);                             //输出此时变量 m 的值
        document.write("<br>");                             //输出换行标记
        document.write("m*=n 运算后：");                     //输出字符串
        m*=n;                                               //执行运算
        document.write("m="+m);                             //输出此时变量 m 的值
        document.write("<br>");                             //输出换行标记
        document.write("m/=n 运算后：");                     //输出字符串
        m/=n;                                               //执行运算
        document.write("m="+m);                             //输出此时变量 m 的值
        document.write("<br>");                             //输出换行标记
        document.write("m%=n 运算后：");                     //输出字符串
        m%=n;                                               //执行运算
        document.write("m="+m);                             //输出此时变量 m 的值
</script>
```

运行结果为：

```
m=5,n=6

m+=n 运算后：m=11
m-=n 运算后：m=5
m*=n 运算后：m=30
m/=n 运算后：m=5
m%=n 运算后：m=5
```

常用的比较运算符及其描述和示例如表 1.3 所示。

表 1.3 常用的比较运算符及其描述和示例

运 算 符	描 述	示 例
<	小于	10<20 //返回值为 true
>	大于	9>10 //返回值为 false
<=	小于或等于	100<=100 //返回值为 true
>=	大于或等于	15>=20 //返回值为 false
==	等于。只根据表面值进行判断，不涉及数据类型	"10"==10 //返回值为 true
===	绝对等于。根据表面值和数据类型同时进行判断	"10"===10 //返回值为 false
!=	不等于。只根据表面值进行判断，不涉及数据类型	"10"!=10 //返回值为 false
!==	不绝对等于。根据表面值和数据类型同时进行判断	"10"!==10 //返回值为 true

例如，应用比较运算符比较两个数值的大小。代码如下：

```
<script type="text/javascript">
	var age = 25;                                   //定义变量
	document.write("age 变量的值为："+age);          //输出字符串和变量的值
	document.write("<p>");                          //输出换行标记
	document.write("age>18：");                     //输出字符串
	document.write(age>18);                         //输出比较结果
	document.write("<br>");                         //输出换行标记
	document.write("age<18：");                     //输出字符串
	document.write(age<18);                         //输出比较结果
	document.write("<br>");                         //输出换行标记
	document.write("age==18：");                    //输出字符串
	document.write(age==18);                        //输出比较结果
</script>
```

运行结果为：

```
age 变量的值为：25

age>18：true
age<18：false
age==18：false
```

常用的逻辑运算符及其描述和示例如表 1.4 所示。

表 1.4 常用的逻辑运算符及其描述和示例

运 算 符	描 述	示 例
&&	逻辑与	a && b //当 a 和 b 都为真时，结果为真，否则为假
||	逻辑或	a || b //当 a 为真或者 b 为真时，结果为真，否则为假
!	逻辑非	!a //当 a 为假时，结果为真，否则为假

例如，应用逻辑运算符对逻辑表达式进行运算并输出结果。代码如下：

```
<script type="text/javascript">
	var num = 26;                                   //定义变量
	document.write("num="+num);                     //输出变量的值
	document.write("<p>num>10 && num<20 的结果：");//输出字符串
	document.write(num>10 && num<20);               //输出运算结果
	document.write("<br>num>10 || num<20 的结果："); //输出字符串
	document.write(num>10 || num<20);               //输出运算结果
	document.write("<br>!num<20 的结果：");          //输出字符串
```

```
    document.write(!num<20);                          //输出运算结果
</script>
```

运行结果为：

```
num=26

num>10 && num<20 的结果：false
num>10 || num<20 的结果：true
!num<20 的结果：true
```

2. 循环控制

在 JavaScript 中，可以使用多种语句来控制循环，包括 for、while 和 do...while 语句。在本项目中主要应用了 while 语句。while 语句的语法格式如下：

```
while(expression){
    statement
}
```

说明

在使用 while 语句时，一定要保证循环可以正常结束，即必须保证条件表达式的值存在 false 的情况，否则将形成死循环。

例如，使用 while 语句计算 1+2+…+100 的和，并在页面中输出计算后的结果。代码如下：

```
<script type="text/javascript">
var i = 1;                                   //初始化变量
var sum = 0;                                 //初始化变量
while(i<=100){                               //指定循环条件
    sum+=i;                                  //对变量 i 的值进行累加
    i++;                                     //变量 i 自加 1
}
document.write("1+2+…+100="+sum);            //输出计算结果
</script>
```

在本项目中，使用 while 循环生成单元格行索引和列索引组成的数组，通过该数组和光标位置的索引可以定位光标在转盘中的位置。

3. 函数

函数是实现特定功能的一段代码。在 JavaScript 中，函数是由关键字 function、函数名加一组参数以及置于大括号中需要执行的一段代码定义的。定义函数的基本语法如下：

```
function functionName([parameter 1, parameter 2,…]){
    statements;
    [return expression;]
}
```

例如，定义一个用于计算商品金额的函数 getTotalPrice()，该函数有两个参数，分别用于指定单价和数量，返回值为计算后的商品金额。将商品单价和商品数量作为参数进行传递。通过调用函数并传递不同的参数分别计算购物车中某品牌手机和某品牌笔记本电脑的总价，最后计算所有商品的总价并输出。代码如下：

```
<script type="text/javascript">
    function getTotalPrice(price,number){
        var totalPrice=price*number;         //计算金额
        return totalPrice;                   //返回计算后的金额
    }
    var phone = getTotalPrice(2399,2);       //调用函数，计算手机总价
```

```
    var computer = getTotalPrice(5699,3);            //调用函数，计算笔记本电脑总价
    var total=phone+computer;                        //计算所有商品总价
    alert("购物车中商品总价："+total+"元");           //输出所有商品总价
</script>
```

运行结果为：

```
购物车中商品总价：21895 元
```

本项目中，将单击“幸运大抽奖”图片按钮开始抽奖、实现光标的移动和显示抽奖结果等功能都定义在函数中，再通过函数之间的调用实现抽奖的功能。

4. Math 对象

在 JavaScript 中，Math 对象提供了大量的数学常量和数学函数。在使用 Math 对象时，不能使用 new 关键字创建对象实例，而应直接使用“对象名.成员”的格式来访问其属性或方法。在本项目中主要使用了 Math 对象中的 random()方法和 floor()方法。

random()方法用于返回一个 0～1 的随机数。示例代码如下：

```
document.write(Math.random());                   //输出类似 0.8967056996839715 的随机数
```

floor()方法用于返回一个小于或等于指定参数的最大整数。示例代码如下：

```
document.write(Math.floor(3.65));                //输出 3
```

有关运算符、循环控制、函数和 Math 对象等方面的基础知识在《JavaScript 从入门到精通（第 5 版）》中有详细的讲解，对这些知识不太熟悉的读者可以参考该书对应的内容。

1.4 功能设计

1.4.1 抽奖界面设计

抽奖界面是一个 5 行 5 列的表格，将中央的 9 个单元格内容设置为空，其他的每个单元格中放置一张奖品对应的图片，效果如图 1.2 所示。

图 1.2　抽奖界面

设计抽奖界面的关键步骤如下。

（1）创建 index.html 文件，在文件中创建一个按钮和一个 5 行 5 列的表格，将表格中央的 9 个单元格内容设置为空，其他的每个单元格中都添加一张表示奖品的图片，将<img>标签的 title 属性值设置为奖品的名称。代码如下：

```
<!DOCTYPE>
<html lang="en">
<head>
<meta charset="UTF-8">
<title>抽奖游戏</title>
</head>
<body>
<div>
	<div class="header"></div>
	<div class="play">
		<div class="box"></div>
		<p class="btn_arr">
			<input id="btn1" type="button" onClick="StartGame()" class="play_btn" >
		</p>
		<table class="playtab" id="tb">
			<tr>
				<td><img width="100" src="images/1.png" title="【C 语言完全自学教程】"></td>
				<td><img width="100" src="images/2.png" title="【格兰仕 KABG-GF2 微波炉】"></td>
				<td><img width="100" src="images/3.png" title="【蓝月亮深层洁净洗衣液】"></td>
				<td><img width="100" src="images/thanks.png" title="感谢您的参与"></td>
				<td><img width="100" src="images/5.png" title="【罗技 G304 鼠标】"></td>
			</tr>
			<tr>
			<td><img width="100" src="images/16.png" title="【外星人 m16 R2 笔记本电脑】"></td>
				<td></td><td></td><td></td>
				<td><img width="100" src="images/6.png" title="【美的 MC-E22B20 电磁炉】"></td>
			</tr>
			<tr>
			<td><img width="100" src="images/15.png" title="【Python 完全自学教程】"></td>
				<td></td><td></td><td></td>
				<td><img width="100" src="images/thanks.png" title="感谢您的参与"></td>
			</tr>
			<tr>
			<td><img width="100" src="images/thanks.png" title="感谢您的参与"></td>
				<td></td><td></td><td></td>
				<td><img width="100" src="images/8.png" title="【荣耀 200 新品 5G 手机】"></td>
			</tr>
			<tr>
			<td><img width="100" src="images/13.png" title="【苏泊尔 SF50FC973 电饭煲】"></td>
				<td><img width="100" src="images/12.png" title="【OPPO Reno12 AI 影像 5G 手机】"></td>
				<td><img width="100" src="images/thanks.png" title="感谢您的参与"></td>
				<td><img width="100" src="images/10.png" title="【vivo S19 5G 拍照手机】"></td>
				<td><img width="100" src="images/9.png" title="【Java 程序设计】"></td>
			</tr>
		</table>
	</div>
</div>
</body>
</html>
```

（2）创建 index.css 文件，在文件中编写 CSS 代码，为页面元素设置样式。代码如下：

```
*{
	margin: 0;				/*设置外边距*/
	padding: 0;				/*设置内边距*/
	font-size:12px;			/*设置文字大小*/
```

```
}
.header{
        width:100%;                              /*设置宽度*/
        height:30px;                             /*设置高度*/
}
.box{
        width:356px;                             /*设置宽度*/
        height:362px;                            /*设置高度*/
        background-color:#66CC66;                /*设置背景颜色*/
        position:absolute;                       /*设置绝对定位*/
        top:125px;                               /*设置元素到父元素顶端的距离*/
        left:122px;                              /*设置元素到父元素左端的距离*/
}
.play{
        margin:0 auto;                           /*设置外边距*/
        width:600px;                             /*设置宽度*/
        height:612px;                            /*设置高度*/
        border:10px solid #3399FF;               /*设置边框*/
        position:relative;                       /*设置相对定位*/
}
.btn_arr{
        position:absolute;                       /*设置绝对定位*/
        left:170px;                              /*设置元素到父元素左端的距离*/
        top:170px;                               /*设置元素到父元素顶端的距离*/
}
td{
        margin: 1px;                             /*设置外边距*/
        width:120px;                             /*设置宽度*/
        height:120px;                            /*设置高度*/
        background-color:#FFDFDF;                /*设置背景颜色*/
        text-align:center;                       /*设置文本水平居中显示*/
        line-height:115px;                       /*设置行高*/
        font-size:80px;                          /*设置文字大小*/
}
.light1{
        background-color:#F60;                   /*设置背景颜色*/
}
.light2{
        background-color:#3366FF;                /*设置背景颜色*/
}
.playnormal{
        background-color:#FFDFDF;                /*设置背景颜色*/
}
.play_btn{
        width:260px;                             /*设置宽度*/
        height:260px;                            /*设置高度*/
        display:block;                           /*设置元素为块级元素*/
        background-image:url(images/lottery.jpg); /*设置背景图像*/
        border:0;                                /*设置无边框*/
        cursor:pointer;                          /*设置鼠标形状*/
        font-size:40px;                          /*设置文字大小*/
}
.prizeDiv{
        width:376px;                             /*设置宽度*/
        height:100px;                            /*设置高度*/
        line-height:100px;                       /*设置行高*/
        text-align:center;                       /*设置文本水平居中显示*/
        font-size:18px;                          /*设置文字大小*/
        font-weight:bolder;                      /*设置文字粗细*/
        color:#FFFFFF;                           /*设置文字颜色*/
        background-color:#666666;                /*设置背景颜色*/
        opacity:0.9;                             /*设置不透明度*/
```

```
	position:absolute;                        /*设置绝对定位*/
	top:44%;                                  /*设置元素到父元素顶端的距离*/
	left:50%;                                 /*设置元素到父元素左端的距离*/
	z-index:10;                               /*设置元素堆叠顺序*/
	transform: translate(-50%, -50%);         /*设置元素平移*/
}
```

（3）在 index.html 文件中引入 index.css 文件，为抽奖页面中的元素添加 CSS 样式。代码如下：

```
<link rel="stylesheet" type="text/css" href="index.css">
```

1.4.2 初始化单元格的位置

在本项目中，为了设置光标并实现光标转动的效果，需要定义转盘中每个单元格位于表格中的第几行第几列。其实现方法如下。

（1）创建 index.js 文件，在文件中定义 GetSide()函数，在函数中应用 while 语句将转盘上所有单元格的行索引和列索引定义在数组中。代码如下：

```
function GetSide(m,n){
	var resultArr = [];                       //定义单元格行索引和列索引组成的数组
	var tempX = 0;                            //定义转盘单元格横坐标
	var tempY = 0;                            //定义转盘单元格纵坐标
	var direction = "RightDown";              //定义初始方向
	while(tempX >= 0 && tempX < n && tempY >= 0 && tempY < m){
		resultArr.push([tempY,tempX]);        //添加数组元素
		if(direction === "RightDown"){        //如果方向为向右或向下
			if(tempX === n-1){
				tempY++;
			}else{
				tempX++;
			}
			if(tempX === n-1 && tempY === m-1){
				direction="LeftUp"
			}
		}else{                                //如果方向为向左或向上
			if(tempX === 0){
				tempY--;
			}else{
				tempX--;
			}
			if(tempX === 0&&tempY === 0){     //如果横纵坐标都为 0 则结束循环
				break;
			}
		}
	}
	return resultArr;                         //返回单元格行索引和列索引组成的数组
}
```

（2）定义抽奖过程中应用的一些主要变量，调用 GetSide()函数初始化转盘中每个单元格的位置。代码如下：

```
var index=0;                                  //转动光标当前索引
var prevIndex=0;                              //转动光标前一位置索引
var Speed=300;                                //初始速度
var Time;                                     //设置由 setInterval()方法返回的 ID
var Light;                                    //设置由 setInterval()方法返回的 ID
var arr = GetSide(5,5);                       //初始化数组
var SlowIndex=0;                              //变慢位置索引
```

```
var EndIndex=0;                                  //结束转动位置索引
var tb = document.getElementById("tb");          //获取表格对象
var cycle=0;                                     //计算转动第几圈
var EndCycle=2;                                  //转动的圈数
var flag=false;                                  //结束转动标志
var quick=0;                                     //控制加速
var btn = document.getElementById("btn1");       //获取抽奖按钮
var resultDiv;                                   //显示结果的元素
var selected;                                    //光标结束转动时所在的单元格
```

1.4.3 抽奖功能的实现

单击“幸运大抽奖”图片按钮时开始抽奖，同时光标开始转动，接着会经过光标加速移动→减速移动→停止转动的过程。其实现方法如下。

（1）定义单击“幸运大抽奖”图片按钮后执行的函数 StartGame()，在函数中应用 clearInterval()方法取消超时设置，并应用 Math 对象中的 random()方法和 floor()方法获取随机数作为光标转动速度变慢位置的索引，再应用 setInterval()方法设置超时。代码如下：

```
function StartGame(){
    if(document.getElementById("prizeDiv")){     //如果存在该元素
        document.body.removeChild(resultDiv);    //移除元素
    }
    clearInterval(Time);                         //取消超时设置
    clearInterval(Light);                        //取消超时设置
    cycle=0;                                     //圈数重新设置为 0
    flag=false;
    SlowIndex=Math.floor(Math.random()*16);      //随机获取变慢位置索引
    Time = setInterval(Star,Speed);              //设置超时
}
```

（2）定义 Star()函数，在函数中通过设置单元格的背景色实现游戏光标的转动效果，当转动光标移动到结束位置时，应用 clearInterval()方法取消 setInterval()方法设置的超时，实现停止转动光标的功能。代码如下：

```
function Star(num){
    if(index>=arr.length){                       //如果转动光标当前索引大于或等于数组长度
        index=0;                                 //转动光标索引重新设置为 0
        cycle++;                                 //转动圈数加 1
    }
    if(flag === false){
        if(quick === 5){                         //走 5 格后开始加速
            clearInterval(Time);                 //取消超时设置
            Speed=50;                            //速度加快
            Time=setInterval(Star,Speed);        //设置超时
        }
        //如果到达指定圈数并且当前光标索引等于变慢位置索引
        if(cycle === EndCycle && index === parseInt(SlowIndex)){
            clearInterval(Time);                 //取消超时设置
            Speed=300;                           //速度变慢
            flag=true;                           //触发结束
            Time=setInterval(Star,Speed);        //设置超时
        }
    }
    tb.rows[arr[index][0]].cells[arr[index][1]].className="light1";//设置转动光标所在单元格样式
    if(index>0){                                 //如果转动光标索引大于 0
        prevIndex=index-1;                       //获取前一位置索引
    }else{                                       //如果转动光标索引等于 0
        prevIndex=arr.length-1;                  //获取前一位置索引
    }
```

```
        tb.rows[arr[prevIndex][0]].cells[arr[prevIndex][1]].className="playnormal";//设置前一单元格样式
        if(parseInt(SlowIndex)+5<arr.length){            //如果变慢位置索引加 5 小于数组长度
            EndIndex=parseInt(SlowIndex)+5;              //获取结束转动位置索引
        }else{                                           //如果变慢位置索引加 5 大于或等于数组长度
            EndIndex=parseInt(SlowIndex)+5-arr.length;//获取结束转动位置索引
        }
        if(flag === true && index === EndIndex){         //如果结束转动标志为 true 并且转动光标索引等于结束转动位置索引
            quick=0;
            clearInterval(Time);                         //取消超时设置
            setTimeout(showResult,100);                  //设置超时并显示抽奖结果
        }
        index++;                                         //转动光标索引加 1
        quick++;
}
```

1.4.4 获取抽奖结果

当光标停止转动后，光标会出现不断闪烁的效果，同时页面中会展示光标所在位置的图片对应的奖品名称。实现步骤如下。

（1）为停止转动的光标添加闪烁效果。创建 flash()函数，在函数中通过为单元格设置不同的样式实现游戏光标的闪烁功能。代码如下：

```
function flash(){                                        //设置光标闪烁效果
        if(selected.className === "light1"){             //如果结束转动位置的单元格 class 属性值为 light1
            selected.className="light2";                 //设置 class 属性值为 light2
        }else{
            selected.className="light1";                 //设置 class 属性值为 light1
        }
}
```

（2）创建显示抽奖结果的函数 showResult()，在函数中创建一个 div 元素，将抽奖结果作为 div 元素的内容显示在页面中。代码如下：

```
function showResult(){
        selected=tb.rows[arr[EndIndex][0]].cells[arr[EndIndex][1]];//获取光标结束转动时所在的单元格
        resultDiv = document.createElement("div");       //创建 div 元素
        resultDiv.id="prizeDiv";                         //设置元素 id
        resultDiv.className = "prizeDiv";                //为 div 设置 class 属性值
        var prize=selected.firstChild.title;             //获取抽中的奖品
        if(prize !== "感谢您的参与"){
            resultDiv.innerHTML = "恭喜您获得"+prize;//显示的内容
        }else{
            resultDiv.innerHTML = prize;                 //显示的内容
        }
        document.body.appendChild(resultDiv);            //向 body 中添加 div 元素
        Light=setInterval(flash,100);
}
```

1.5 项 目 运 行

通过前述步骤，设计并完成了“幸运大抽奖”项目的开发。下面运行该项目，检验一下我们的开发成果。在浏览器中打开项目文件夹中的 index.html 文件即可成功运行该项目，抽奖界面的效果如图 1.3 所示。

在抽奖界面中，单击转盘中央的“幸运大抽奖”图片按钮，光标开始转动，速度由慢到快，再由快到慢，最后停留在中奖图片上，中奖后的运行效果如图 1.4 所示。

图 1.3 抽奖界面的效果

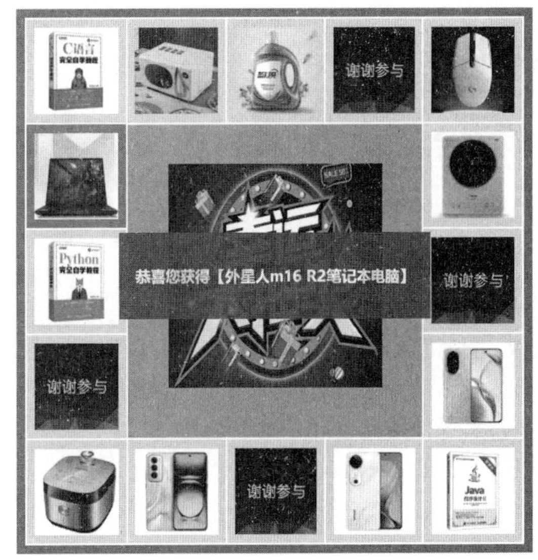

图 1.4 中奖后的运行效果

在转盘中除了设置的奖品图片外，还设置了 4 个表示未中奖的“谢谢参与”图片，如果光标最后停留在“谢谢参与”图片上，则说明未中奖，未中奖的运行效果如图 1.5 所示。

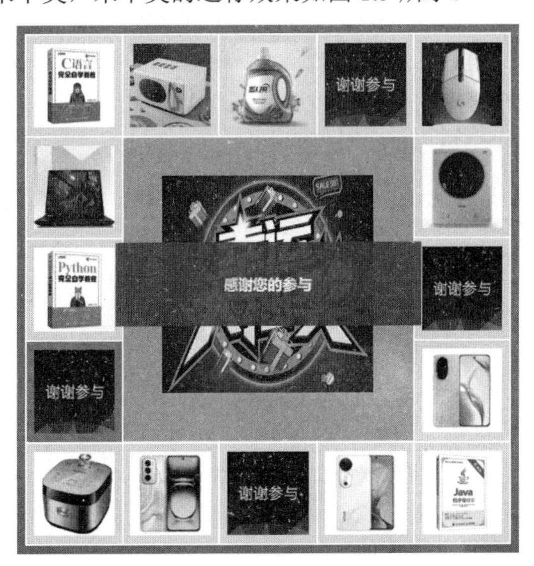

图 1.5 未中奖运行效果

1.6 源 码 下 载

虽然本章详细地讲解了如何编码实现“幸运大抽奖”的各个功能，但给出的代码都是代码片段。为了方便读者学习，本书提供了完整的项目源码，扫描右侧二维码即可下载。

源码下载

第2章 精美万年历设计

——字符串操作 + 条件判断 + 数组操作 + Date 对象

万年历是记录一定时间范围（如 100 年或更长时间）内的具体公历日期与农历日期的年历，方便有需要的人查询使用。本章将使用 JavaScript 中的字符串操作、条件判断、数组操作和 Date 对象等技术开发一个精美的万年历。

本项目的核心功能及实现技术如下：

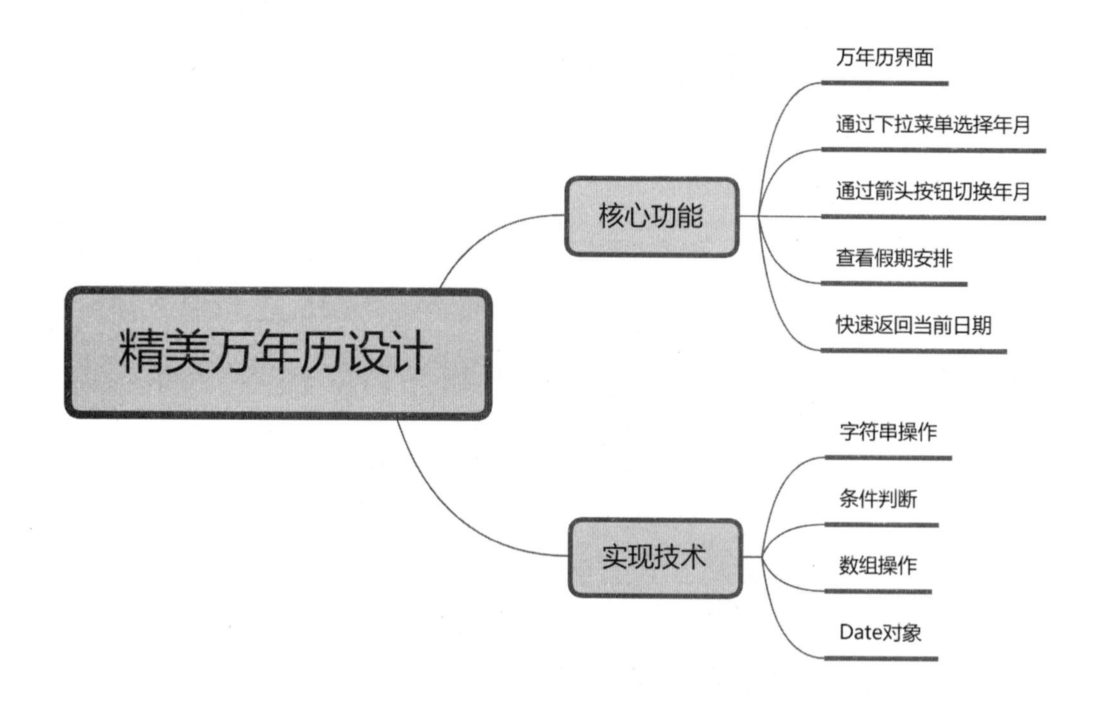

2.1 开发背景

万年历是一种用于显示日期、星期和节假日等信息的工具。它是人们日常生活中常用的一种时间管理工具，可以帮助人们查询时间、安排日程、计算日期差等。随着人们生活水平的提高，时间管理变得越来越重要，人们对万年历的需求也在不断增长，传统的纸质万年历已经无法满足人们的需求，因此设计一款美观且实用的电子万年历是非常必要的。

本章将使用字符串操作、条件判断、数组操作和 Date 对象开发一个美观实用的电子万年历，其实现目标如下：

☑ 显示公历日期和农历日期。

☑ 显示公历节日和农历节日。
☑ 显示二十四节气。
☑ 通过下拉菜单查询指定年份和月份。
☑ 单击左、右箭头按钮切换年份和月份。
☑ 通过下拉菜单查看假期安排。
☑ 快速回到当前日期。

2.2 系统设计

2.2.1 开发环境

本项目的开发及运行环境如下：

☑ 操作系统：推荐 Windows 10、11 及以上，兼容 Windows 7（SP1）。
☑ 开发工具：WebStorm。
☑ 开发语言：JavaScript。

2.2.2 业务流程

在启动万年历项目后，首先进入万年历界面，内容包括选择和切换日期的下拉菜单和按钮、每一列表示的星期，以及公历日期和农历日期，用户可以通过下拉菜单选择年月、通过箭头按钮切换年月、通过下拉菜单查看假期安排和快速返回当前日期。

本项目的业务流程如图 2.1 所示。

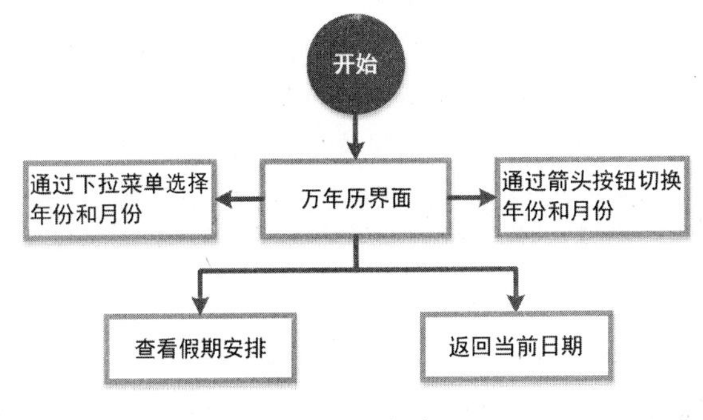

图 2.1 业务流程

2.2.3 功能结构

本项目的功能结构已经在章首页中给出。作为一个万年历的应用，本项目实现的具体功能如下：

☑ 万年历界面：将万年历定义在一个表格中，表格的第一行是用于切换日期的下拉菜单和按钮，表格的第二行表示当前列的星期，下方是具体的公历日期和农历日期。
☑ 通过下拉菜单选择年月：在年份下拉菜单中选择一个年份，下方会显示选择的年份和指定的月份对应的日期；在月份下拉菜单中选择一个月份，下方会显示指定的年份和选择的月份对应的日期；在选择年份和月份的同时实现判断左、右箭头按钮是否可用的功能。
☑ 通过箭头按钮切换年月：单击年份下拉菜单两侧的箭头按钮可以切换到上一年或下一年，单击月份下拉菜单两侧的箭头按钮可以切换到上一月或下一月，在切换年份和月份的同时实现判断左、右箭头按钮是否可用的功能。
☑ 查看假期安排：在“假期安排”下拉菜单中选择一个假期，下方会显示该假期所在的月份对应的日期。
☑ 快速回到当前日期：单击“返回今日”按钮，下方会显示当前月份对应的日期。

2.3 技术准备

在开发万年历时主要应用了JavaScript中的字符串操作、条件判断、数组操作和Date对象等技术，下面将简述本项目所用的这些核心技术点及其具体作用。

1. 字符串操作

在JavaScript中，要操作字符串需要使用String对象。在String对象中提供了很多处理字符串的方法，通过这些方法可以对字符串进行查找、截取、大小写转换以及格式化等操作。

在本项目中，将公历节日、农历节日、假期和串休上班的日期都以字符串的形式保存在数组中。在对数组进行遍历时需要对字符串进行截取，在截取字符串时主要应用了String对象中的slice()方法。该方法可以提取字符串的片段，并在新的字符串中返回被提取的部分。语法格式如下：

```
stringObject.slice(startindex,endindex)
```

其中，startindex是必选参数，该参数用于指定要提取的字符串片段的开始位置（第1个字符位置是0）。该参数可以是负数，如果是负数，则从字符串的尾部开始算起。也就是说，-1指字符串的最后一个字符，-2指倒数第二个字符，以此类推。endindex是可选参数，该参数用于指定要提取的字符串片段的结束位置（提取结果不包含该位置的字符）。如果省略该参数，表示提取到字符串的最后一个字符。如果该参数是负数，则从字符串的尾部开始算起。

例如，从字符串的第3个位置提取字符串片段，代码如下：

```
var str="良好的开端是成功的一半";                    //定义字符串
document.write(str.slice(3)+"<br>");
```

运行结果如下：

```
开端是成功的一半
```

例如，从字符串的第1个位置到第5个位置提取字符串片段，代码如下：

```
var str="良好的开端是成功的一半";                    //定义字符串
document.write(str.slice(1,5)+"<br>");
```

运行结果如下：

```
好的开端
```

例如，只提取字符串中的前两个字符，代码如下：

```
var str="良好的开端是成功的一半";                    //定义字符串
document.write(str.slice(0,2));
```

运行结果如下：

```
良好
```

例如，分别提取字符串中的最后一个字符和最后两个字符，代码如下：

```
var str="良好的开端是成功的一半";                    //定义字符串
document.write(str.slice(-1)+"<br>");
document.write(str.slice(-2));
```

运行结果如下：

```
半
一半
```

2. 条件判断

条件判断就是对语句中不同条件的值进行判断，进而根据判断结果执行不同的操作。在本项目中主要应用了条件判断中的 if 语句、if…else 语句、if…else if 语句和 switch 语句。

if 语句是最基本的条件判断语句，可以根据条件表达式的值来判断是否执行相应的处理。if 语句的语法格式如下：

```
if(expression){
    statement 1
}
```

例如，通过比较两个变量的值，判断是否输出内容。代码如下：

```
var a=200;                              //定义变量 a，值为 200
var b=100;                              //定义变量 b，值为 100
if(a>b){                                //判断变量 a 的值是否大于变量 b 的值
    document.write("a 大于 b");          //输出"a 大于 b"
}
```

运行结果为：

```
a 大于 b
```

if…else 语句在 if 语句的基础之上增加了一个 else 从句。if…else 语句的语法格式如下：

```
if(expression){
    statement 1
}else{
    Statement 2
}
```

例如，通过比较两个变量的值，判断比较结果，代码如下：

```
var a=6;                                //定义变量 a，值为 6
var b=9;                                //定义变量 b，值为 9
if(a>b){                                //判断变量 a 的值是否大于变量 b 的值
    document.write("a 大于 b");          //输出"a 大于 b"
}else{                                  //否则
    document.write("a 小于或等于 b");     //输出"a 小于或等于 b"
}
```

运行结果为：

```
a 小于或等于 b
```

if…else if 语句中可以定义多个条件表达式，并根据表达式的结果执行相应的代码，其语法格式如下：

```
if(expression 1){
    statement 1
}else if(expression 2){
    statement 2
}
…
else if(expression n){
    statement n
}else{
    statement n+1
}
```

例如，使用 if...else if 语句判断考试成绩并输出对应的等级。代码如下：

```
var grade = "";                                   //定义表示等级的变量
var score = 76;                                   //定义表示分数的变量 score 值为 76
if(score>=90){                                    //如果分数大于或等于 90
	grade = "优秀";                                //将"优秀"赋值给变量 grade
}else if(score>=75){                              //如果分数大于或等于 75
	grade = "良好";                                //将"良好"赋值给变量 grade
}else if(score>=60){                              //如果分数大于或等于 60
	grade = "及格";                                //将"及格"赋值给变量 grade
}else{                                            //如果 score 的值不符合上述条件
	grade = "不及格";                              //将"不及格"赋值给变量 grade
}
document.write("该学生的考试成绩"+grade);            //输出考试成绩对应的等级
```

运行结果为：

```
该学生的考试成绩良好
```

switch 语句比 if 语句更具有可读性，而且允许在找不到匹配条件的情况下执行默认的一组语句。switch 语句的语法格式如下：

```
switch(expression){
	case judgement 1:
		statement 1;
		break;
	case judgement 2:
		statement 2;
		break;
	…
	case judgement n:
		statement n;
		break;
	default:
		statement n+1;
		break;
}
```

例如，将电影等级定义在变量中，使用 switch 语句判断电影的评价词并输出。代码如下：

```
var grade = "C";
switch (grade) {
	case "A":
		result = "力荐";
		break;
	case "B":
		result = "推荐";
		break;
	case "C":
		result = "一般";
		break;
	case "D":
		result = "较差";
		break;
	case "E":
		result = "很差";
		break;
	default:
		result = "特别差";
}
document.write(result); //输出结果
```

运行结果为：

```
一般
```

在 JavaScript 中，switch 语句中的多个 case 可以被分组以使用相同的代码。例如，将当前的月份定义在变量中，使用 switch 语句判断当前月份属于哪个季节。代码如下：

```
var month=6;
switch(month){
	case 1:
	case 2:
	case 3:
	season="春季";
		break;
	case 4:
	case 5:
	case 6:
	season="夏季";
		break;
	case 7:
	case 8:
	case 9:
	season="秋季";
		break;
	default:
	season="冬季";
		break;
}
document.write("现在是"+month+"月");                          //输出月份
document.write("<br>当前月份属于"+season);                    //输出该月份所属的季节
```

运行结果为：

```
现在是 6 月
当前月份属于夏季
```

3. 数组操作

数组是 JavaScript 中十分常用的一种数据类型。通过数组可以对大量性质相同的数据进行存储、排序、插入及删除等操作。在 JavaScript 中，数组也是一种对象，这种对象被称为数组对象。在本项目中主要应用了定义数组的方法和获取数组长度的方法。

JavaScript 中定义数组的方法主要有 4 种。最简单的一种方法是使用[]直接定义数组，将数组元素放在中括号中，元素与元素之间用逗号分隔。其语法格式如下：

```
arrayObject = [element1, element2, element3, ...]
```

例如，直接定义一个含有 3 个元素的数组，代码如下：

```
var arr = ["Tony","Kelly","Alice"];                          //直接定义一个包含3个元素的数组
```

获取数组的长度使用的是 length 属性，其语法格式如下：

```
array.length
```

例如，获取已创建的数组对象的长度，代码如下：

```
var arr = [1,2,3,4,5,6];
document.write(arr.length);
```

运行结果为：

```
6
```

在对数组进行遍历时经常会用到 length 属性。例如，对包含体育运动项目的数组进行遍历，代码如下：

```
var sports = ["篮球","足球","田径","游泳","体操","射击"];
```

```
for(var i = 0; i < sports.length; i++){
	document.write(sports[i] + "<br>");
}
```

运行结果为：

```
篮球
足球
田径
游泳
体操
射击
```

4. Date 对象

在 JavaScript 中，Date 对象（日期对象）主要用于操作日期和时间。在本项目中主要应用了创建 Date 对象和获取当前年份、月份、日期和星期的方法。

创建当前的 Date 对象的语法格式如下：

```
dateObj = new Date()
```

创建指定的 Date 对象的两种语法格式如下：

```
dateObj = new Date(dateVal)
dateObj = new Date(year, month, date[, hours[, minutes[, seconds[,ms]]]])
```

该语法中的参数及其说明如表 2.1 所示。

表 2.1　创建指定 Date 对象的参数及其说明

参　　数	说　　明
dateObj	必选项，要赋值为 Date 对象的变量名
dateVal	必选项，如果是数字值，dateVal 表示指定日期与 1970 年 1 月 1 日午夜之间全球标准时间的毫秒数；如果是字符串，常用的格式为“月 日,年 小时:分钟:秒”，其中月份用英文表示，其余用数字表示，时间部分可以省略；另外，还可以使用“年/月/日 小时:分钟:秒”的格式
year	必选项，完整的年份，如 2024（而不是 24）
month	必选项，表示月份，是 0～11 的整数（0 表示 1 月，11 表示 12 月）
date	必选项，表示日期，是 1～31 的整数
hours	可选项，如果提供了 minutes，则必须给出；表示小时，是 0～23 的整数（午夜到 11pm）
minutes	可选项，如果提供了 seconds，则必须给出；表示分钟，是 0～59 的整数
seconds	可选项，如果提供了 ms，则必须给出；表示秒，是 0～59 的整数
ms	可选项，表示毫秒，是 0～999 的整数

例如，返回当前的日期和时间，代码如下：

```
var newDate=new Date();
document.write(newDate);
```

运行结果为：

```
Thu Jul 18 2024 10:39:40 GMT+0800 (中国标准时间)
```

例如，用年、月、日（2024-06-23）来创建日期对象，代码如下：

```
var newDate=new Date(2024,6,23);
document.write(newDate);
```

运行结果为：

```
Sun Jun 23 2024 00:00:00 GMT+0800 (中国标准时间)
```

例如，用年、月、日、小时、分钟、秒（2024-06-23 15:16:17）来创建日期对象，代码如下：

```
var newDate=new Date(2024,6,23,15,16,17);
document.write(newDate);
```

运行结果为：

```
Sun Jun 23 2024 15:16:17 GMT+0800 (中国标准时间)
```

例如，以字符串形式创建日期对象（2024-06-23 15:16:17），代码如下：

```
var newDate=new Date("Jun 23 2024 15:16:17");
document.write(newDate);
```

运行结果为：

```
Sun Jun 23 2024 15:16:17 GMT+0800 (中国标准时间)
```

在本项目中主要应用了 Date 对象中的 5 个方法，这 5 个方法及其说明如表 2.2 所示。

表 2.2　Date 对象中的 5 个方法及其说明

方　法	说　明
getDate()	从 Date 对象中返回一月中的某一天（1～31）
getDay()	从 Date 对象中返回一周中的某一天（0～6）
getMonth()	从 Date 对象中返回月份（0～11）
getFullYear()	从 Date 对象中返回 4 位数年份
getUTCDate()	根据协调世界时从 Date 对象中返回一月中的一天（1～31）

例如，输出当前的年、月、日和星期。代码如下：

```
var week = ["星期日", "星期一", "星期二", "星期三", "星期四", "星期五", "星期六"];
var today = new Date();//创建当前 Date 对象
var tY = today.getFullYear();//获取当前年份
var tM = today.getMonth();//获取当前月份
var tD = today.getDate();//获取当前日期
var tW = today.getDay();//获取当前星期的数字
document.write("今天是" + tY + "年" + (tM + 1) + "月" + tD + "日  " + week[tW]);
```

运行结果为：

```
今天是 2024 年 6 月 7 日  星期五
```

有关字符串操作、条件判断、数组操作和 Date 对象等方面的基础知识在《JavaScript 从入门到精通（第 5 版）》中有详细的讲解，对这些知识不太熟悉的读者可以参考该书对应的内容。

2.4　功 能 设 计

2.4.1　万年历界面设计

万年历界面是一个表格，表格的第一行包括用于选择年份和月份的下拉菜单、用于切换年份和月份的箭头按钮、用于查看假期安排的下拉菜单、用于快速返回当前日期的按钮和所选年份的生肖，表格的第二行表示当前列的星期，下方是当前月份具体的公历日期和农历日期。效果如图 2.2 所示。

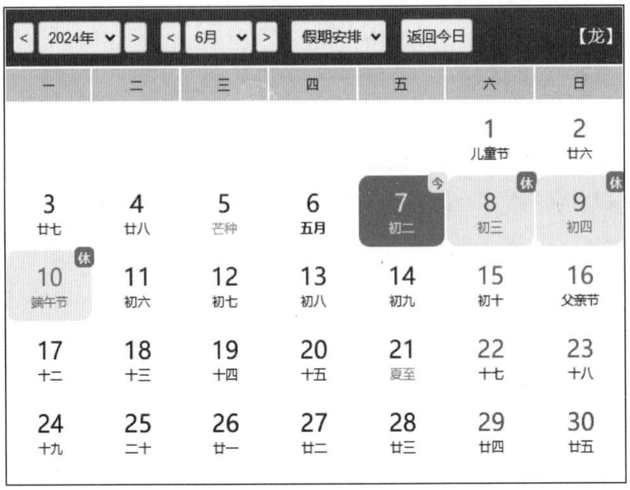

图 2.2　万年历界面

设计万年历界面的关键步骤如下。

（1）创建 index.html 文件，在文件中定义一个表单，在表单中定义一个 8 行 7 列的表格。在表格的第一行中添加用于选择年份和月份的下拉菜单、用于切换年份和月份的箭头按钮、用于查看假期安排的下拉菜单、用于快速返回当前日期的按钮和用于显示所选年份生肖的标签。当选择年份或月份时，调用 changeCld()函数；当单击年份下拉菜单两侧的箭头按钮时，调用 changeYear()函数；当单击月份下拉菜单两侧的箭头按钮时，调用 changeMonth()函数；当选择某个假期时，调用 changeHd()函数；当单击“返回今日”按钮时，调用 initial()函数。在第二行中定义当前列的星期。后面的 6 行使用 JavaScript 代码输出当前选择的月份具体的公历日期和农历日期。代码如下：

```
<form name="CLD">
  <table>
    <tr class="header">
      <td colSpan=7>
        <span class="year_month">
          <button id="prev_year" type="button" onClick="changeYear(-1)"><</button>
          <select name="SY" onchange=changeCld()>
            <script>
              for(i = 1900;i < 2050;i++) document.write('<option>' + i + '年</option>');
            </script>
          </select>
          <button id="next_year" type="button" onClick="changeYear(1)">></button>
          <button id="prev_month" class="left_arrow" type="button" onClick="changeMonth(-1)"><</button>
          <select name="SM" onchange=changeCld()>
            <script>
              for(i = 1;i < 13;i++) document.write('<option>' + i + '月</option>');
            </script>
          </select>
          <button id="next_month" type="button" onClick="changeMonth(1)">></button>
          <select class="hd" name="HD" onChange="changeHd()">
            <option>假期安排</option>
            <option value="1">元旦</option>
            <option value="2">春节</option>
            <option value="4">清明节</option>
            <option value="5">劳动节</option>
```

```
              <option value="6">端午节</option>
              <option value="9">中秋节</option>
              <option value="10">国庆节</option>
            </select>
            <button class="to_today" type="button" onClick="initial()">返回今日</button>
          </span>
          <span id="GZ" class="gz"></span>
        </td>
      </tr>
      <tr class="week">
        <td>一</td>
        <td>二</td>
        <td>三</td>
        <td>四</td>
        <td>五</td>
        <td>六</td>
        <td>日</td>
      </tr>
      <script>
        var gNum;
        for(i = 0;i < 6;i++) {
          document.write('<tr class="date">');
          for(j = 0;j < 7;j++) {
            gNum = i * 7 + j;
            document.write('<td id="GD' + gNum +'"><div id="SD' + gNum +'" class="sd_date"');
            if(j === 5 || j === 6) document.write('style="color:red"');
            document.write('> </div><div id="LD' + gNum + '" class="ld_date"> </div></td>');
          }
          document.write('</tr>');
        }
      </script>
    </table>
</form>
```

（2）创建 index.css 文件，在文件中编写 CSS 代码，为页面元素设置样式。代码如下：

```
select, button {
    background-color: #f8f8f8;          /* 设置背景颜色 */
    border: 1px solid #ccc;             /* 设置边框 */
    padding: 5px;                       /* 设置内边距 */
    font-size: 14px;                    /* 设置字体大小 */
    border-radius: 3px;                 /* 设置边框圆角 */
    cursor: pointer;                    /* 设置鼠标形状 */
}
button:hover{
    color: #FF6600;                     /* 设置鼠标移入时的文字颜色 */
}
.header{
    height: 50px;                       /* 设置高度 */
    line-height: 50px;                  /* 设置行高 */
    background-color: #006600;          /* 设置背景颜色 */
}
.year_month{
    color: #FFFFFF;                     /* 设置文字颜色 */
    font-size: 12px;                    /* 设置字体大小 */
    margin-left: 6px;                   /* 设置左外边距 */
}
.week{
    background-color: #e0e0e0;          /* 设置背景颜色 */
}
.week td{
    width: 80px;                        /* 设置宽度 */
```

```
    height: 30px;                    /* 设置高度 */
    font-size: 12px;                 /* 设置字体大小 */
    text-align: center;              /* 设置文本水平居中显示 */
}
.gz{
    height: 50px;                    /* 设置高度 */
    line-height: 50px;               /* 设置行高 */
    color: #FFFFFF;                  /* 设置文字颜色 */
    font-size: 16px;                 /* 设置字体大小 */
    float: right;                    /* 设置向右浮动 */
}
.date{
    text-align: center;              /* 设置文本水平居中显示 */
}
.date td{
    height: 60px;                    /* 设置高度 */
    padding: 10px;                   /* 设置内边距 */
}
.light,.light1,.light2{
    position: relative;              /* 设置相对定位 */
    border-radius: 10px;             /* 设置边框圆角 */
}
.light{
    background-color: #FF6600;       /* 设置背景颜色 */
    color: #FFEFFD;                  /* 设置文字颜色 */
}
.light1{
    background-color: #FFEFFD;       /* 设置背景颜色 */
    color: #FF6600;                  /* 设置文字颜色 */
}
.light::after,.light1::after{
    width: 15px;                     /* 设置宽度 */
    height: 15px;                    /* 设置高度 */
    position: absolute;              /* 设置绝对定位 */
    top: -3px;                       /* 设置元素到父元素顶端的距离 */
    right: -3px;                     /* 设置元素到父元素右端的距离 */
    padding: 2px;                    /* 设置内边距 */
    font-weight: bold;               /* 设置字体粗细 */
    font-size: 12px;                 /* 设置字体大小 */
    border-radius: 5px;              /* 设置边框圆角 */
}
.light::after{
    content: "今";                   /* 设置文字内容 */
    background-color: #FFEFFD;       /* 设置背景颜色 */
    color: #FF6600;                  /* 设置文字颜色 */
}
.light1::after{
    content: "休";                   /* 设置文字内容 */
    background-color: #FF6600;       /* 设置背景颜色 */
    color: #FFEFFD;                  /* 设置文字颜色 */
}
.light2 div{
    color: #000000 !important;       /* 设置文字颜色 */
}
.light2::after{
    width: 15px;                     /* 设置宽度 */
    height: 15px;                    /* 设置高度 */
    position: absolute;              /* 设置绝对定位 */
    top: -3px;                       /* 设置元素到父元素顶端的距离 */
    right: -3px;                     /* 设置元素到父元素右端的距离 */
    padding: 2px;                    /* 设置内边距 */
    font-weight: bold;               /* 设置字体粗细 */
```

```
    font-size: 12px;                    /* 设置字体大小 */
    border-radius: 5px;                 /* 设置边框圆角 */
    content: "班";                      /* 设置文字内容 */
    background-color: #333333;          /* 设置背景颜色 */
    color: #FFFFFF;                     /* 设置文字颜色 */
}
.sd_date{
    font-family: 微软雅黑;              /* 设置字体 */
    font-size: 22px;                    /* 设置字体大小 */
}
.ld_date{
    font-size: 12px;                    /* 设置字体大小 */
}
.left_arrow{
    margin-left: 10px;                  /* 设置左外边距 */
}
.hd,.to_today{
    margin-left: 10px;                  /* 设置左外边距 */
}
```

（3）在 index.html 文件中引入 index.css 文件，为万年历页面中的元素添加 CSS 样式。代码如下：

```
<link rel="stylesheet" type="text/css" href="index.css">
```

2.4.2 生成公历日期和农历日期

在本项目中，最核心的功能就是生成每个月份的公历日期和农历日期，并显示在万年历表格中。如果某一天是公历节日或农历节日，则使用该节日替换农历日期。如果某一天既是公历节日，也是农历节日，则同时显示这两个节日，节日中间使用“/”分隔。生成公历日期和农历日期的实现方法如下。

（1）在 index.html 文件中编写 JavaScript 代码。分别定义多个用于保存万年历相关信息的数组，这些信息包括每月的天数、生肖、节气、合成农历日期的文字、公历节日、农历节日、假期所在的日期、串休上班的日期等。代码如下：

```
//每月的天数数组
var solarMonth = [31,28,31,30,31,30,31,31,30,31,30,31];
//生肖数组
var Animals = ["鼠","牛","虎","兔","龙","蛇","马","羊","猴","鸡","狗","猪"];
//节气数组
var solarTerm = [
  "小寒","大寒","立春","雨水","惊蛰","春分","清明","谷雨","立夏","小满","芒种","夏至",
  "小暑","大暑","立秋","处暑","白露","秋分","寒露","霜降","立冬","小雪","大雪","冬至"
];
var nStr1 = ['日','一','二','三','四','五','六','七','八','九','十'];
var nStr2 = ['初','十','廿','卅'];
var nStr3 = ['一','二','三','四','五','六','七','八','九','十','十一','十二'];
//公历节日
var sFtv = [
  "0101 元旦", "0214 情人节", "0308 妇女节", "0312 植树节",
  "0401 愚人节", "0501 劳动节", "0504 青年节", "0601 儿童节",
  "0701 建党节", "0801 建军节", "0910 教师节", "1001 国庆节",
  "1224 平安夜", "1225 圣诞节"
];
//农历节日
var lFtv = [
  "0101 春节", "0115 元宵节", "0202 龙抬头", "0505 端午节", "0707 七夕节", "0715 中元节",
  "0815 中秋节", "0909 重阳节", "1208 腊八节", "1223 北方小年", "1224 南方小年"
];
//假期安排
```

```
var holiday = [
    '20231230','20231231','20240101','20240210','20240211','20240212',
    '20240213','20240214','20240215','20240216','20240217','20240404',
    '20240405','20240406','20240501','20240502','20240503','20240504',
    '20240505','20240608','20240609','20240610','20240915','20240916',
    '20240917','20241001','20241002','20241003','20241004','20241005',
    '20241006','20241007'
];
//串休上班日期
var work = [
    '20240204','20240218','20240407','20240428',
    '20240511','20240914','20240929','20241012'
]
```

（2）分别定义 5 个函数。其中，lYearDays()函数用于获取某个农历年的总天数，leapDays()函数用于获取某个农历年闰月的天数，leapMonth()函数用于获取某个农历年中哪个月是闰月，monthDays()函数用于获取某个农历年中某个月份的天数，solarDays()函数用于获取某个公历年中某个月份的天数。代码如下：

```
//返回农历 y 年的总天数
function lYearDays(y) {
    var i, sum = 348;
    for(i = 0x8000; i > 0x8; i >>= 1){
       sum += (lunarInfo[y - 1900] & i) ? 1 : 0;
    }
    return sum + leapDays(y);
}
//返回农历 y 年闰月的天数
function leapDays(y) {
    if(leapMonth(y)) {
       return((lunarInfo[y-1900] & 0x10000)? 30: 29);
    } else {
       return 0;
    }
}
//判断 y 年的农历中哪个月是闰月,不是闰月返回 0
function leapMonth(y){
    return lunarInfo[y - 1900] & 0xf;
}
//返回农历 y 年 m 月的总天数
function monthDays(y,m){
    return (lunarInfo[y - 1900] & (0x10000 >> m)) ? 30 : 29;
}
//返回公历 y 年 m+1 月的天数
function solarDays(y,m){
   if(m === 1){
      //如果是 2 月就判断该年是否是闰年
      return(((y % 4 === 0) && (y % 100 !== 0)||(y % 400 === 0)) ? 29 : 28);
   } else {
      return(solarMonth[m]);
   }
}
```

（3）定义 Dianaday()构造函数，在函数中分别获取参数表示的日期对应的农历年、农历月和农历日，并将农历年、农历月和农历日赋值给对应的属性。定义 calElement()构造函数，在函数中定义 4 个属性，分别表示农历月、农历日、是否是闰月和节气。定义 sTerm()函数，在函数中获取当前月份中节气所在的日期。代码如下：

```
//获取当前日期对象对应的农历年、农历月和农历日
function Dianaday(objDate) {
    var i, leap = 0, temp = 0;
```

```
    var baseDate = new Date(1900,0,31);
    var offset = (objDate - baseDate)/86400000;
    this.monCyl = 14;
    for(i = 1900; i<2050 && offset>0; i++) {
        temp = lYearDays(i)
        offset -= temp;
        this.monCyl += 12;
    }
    if(offset<0) {
        offset += temp;
        i--;
        this.monCyl -= 12;
    }
    this.year = i;                                          //获取农历年
    leap = leapMonth(i);                                    //哪个月是闰月
    this.isLeap = false;
    for(i = 1; i<13 && offset>0; i++) {
        if(leap>0 && i === (leap+1) && this.isLeap === false){     //闰月
            --i; this.isLeap = true; temp = leapDays(this.year);
        } else {
            temp = monthDays(this.year, i);
        }
        if(this.isLeap === true && i === (leap+1)){
          this.isLeap = false;                              //解除闰月
        }
        offset -= temp;
        if(this.isLeap === false) {
          this.monCyl++;
        }
    }
    if(offset === 0 && leap>0 && i === leap+1){
      if(this.isLeap){
        this.isLeap = false;
      } else{
        this.isLeap = true;
        --i;
        --this.monCyl;
      }
    }
    if(offset<0){
      offset+=temp;
      --i;
      --this.monCyl;
    }
    this.month = i;                                         //获取农历月
    this.day = offset+1;                                    //获取农历日
}
//记录农历某天的日期
function calElement(lMonth,lDay,isLeap) {
  //农历
  this.lMonth = lMonth;
  this.lDay = lDay;
  this.isLeap = isLeap;
  this.solarTerms = '';                                     //节气
}
//获取当前月份中节气的日期
function sTerm(y,n) {
   var offDate = new Date((31556925974.7*(y-1900)+sTermInfo[n]*60000)+Date.UTC(1900,0,6,2,5));
   return offDate.getUTCDate();
}
```

（4）定义3个变量，这3个变量分别用来保存5月1日的星期、6月1日的星期和农历12月的天数。

定义 calendar()构造函数，在函数中首先获取指定月份每一天的公历日期对应的农历日期信息，这些信息包括农历月、农历日和是否是闰月，然后获取指定月份中的节气。定义 cDay()函数，在函数中获取参数对应的用中文显示的农历日期。代码如下：

```
var fat = mat = 0;                                    //fat 保存 5 月 1 日的星期，mat 保存 6 月 1 日的星期
var eve = 0;                                          //保存农历 12 月的天数
function calendar(y,m) {
    var sDObj,lDObj,lY,lM,lD = 1,lL,lX = 0,tmp1,tmp2;
    sDObj = new Date(y,m,1);                          //当月第一天的日期
    this.length = solarDays(y,m);                     //公历当月天数
    this.firstWeek = sDObj.getDay();                  //公历当月 1 日的星期
    if ((m+1) === 5){
      fat = sDObj.getDay();                           //5 月 1 日的星期
    }
    if ((m+1) === 6){
      mat = sDObj.getDay();                           //6 月 1 日的星期
    }
    for(var i = 0;i < this.length;i++) {
        if(lD > lX) {
            sDObj = new Date(y,m,i+1);                //当月每一天的日期对象
            lDObj = new Dianaday(sDObj);              //农历日期对象
            lY = lDObj.year;                          //农历年
            lM = lDObj.month;                         //农历月
            lD = lDObj.day;                           //农历日
            lL = lDObj.isLeap;                        //农历是否闰月
            lX = lL? leapDays(lY): monthDays(lY,lM);  //农历当月的天数
            if (lM === 12){
              eve = lX;                               //农历 12 月的天数
            }
        }
        //将每一天的农历信息保存在数组中
        this[i] = new calElement(lM,lD++,lL);
    }
    //节气
    tmp1 = sTerm(y,m*2)-1;
    tmp2 = sTerm(y,m*2+1)-1;
    this[tmp1].solarTerms = solarTerm[m*2];
    this[tmp2].solarTerms = solarTerm[m*2+1];
}
//用中文显示农历的日期
function cDay(d){
    var s = '';
    switch (d) {
        case 10:
            s = '初十';
            break;
        case 20:
            s = '二十';
            break;
        case 30:
            s = '三十';
            break;
        default :
            s = nStr2[Math.floor(d / 10)];
            s += nStr1[d % 10];
    }
    return s;
}
```

（5）创建当前的 Date 对象，获取当前的年份、月份、日期和当前月份第一天的星期。定义 drawCld()函

数，调用该函数可以显示选择月份的公历日期和农历日期。如果某一天是公历节日或农历节日，则显示该节日。如果某一天既是公历节日，也是农历节日，则同时显示这两个节日，节日中间使用“/”分隔。如果某一天是五月的第二个星期日，则显示母亲节，如果某一天是六月的第三个星期日，则显示父亲节。代码如下：

```
//用自定义变量保存当前系统中的年、月、日和星期
var Today = new Date();
var tY = Today.getFullYear();
var tM = Today.getMonth();
var tD = Today.getDate();
var tW = new Date(tY, tM, 1).getDay();
//在表格中显示公历和农历的日期,以及相关节日
var cld;
function drawCld(SY,SM) {
    var i,j,sD,s;
    cld = new calendar(SY,SM);                                          //创建万年历对象
    GZ.innerHTML = '【'+Animals[(SY-4)%12]+'】';                          //显示生肖
    for(i = 0;i < 42;i++) {
      document.getElementById('GD'+i).classList.remove('light1');      //删除样式
      document.getElementById('GD'+i).classList.remove('light2');      //删除样式
        sObj = eval('SD'+ i);
        lObj = eval('LD'+ i);
        sD = cld.firstWeek !== 0 ? i + 1 - cld.firstWeek : i + 1 - cld.firstWeek - 7;
        if(sD>-1 && sD<cld.length) {                                    //在这个范围内显示日期
            sObj.innerHTML = sD+1;                                      //显示公历日期
              if(SY === tY && SM === tM && i === cld.firstWeek - 1 + tD - 1){
              document.getElementById('GD'+i).classList.add('light');   //为今日日期添加样式
            }
          if(SM !== tM && i === tW - 1 + tD - 1){
              document.getElementById('GD'+i).classList.remove('light'); //删除其他月份同一位置日期的样式
          }
          for(j = 0; j < holiday.length; j++){
              if(parseInt(holiday[j].slice(0,4)) === SY && parseInt(holiday[j].slice(4,6)) === (SM+1)){
                if(parseInt(holiday[j].slice(6,8)) === (sD+1)){
                  document.getElementById('GD'+i).classList.add('light1');//为假期添加样式
                }
              }
          }
          for(j = 0; j < work.length; j++){
              if(parseInt(work[j].slice(0,4)) === SY && parseInt(work[j].slice(4,6)) === (SM+1)){
                if(parseInt(work[j].slice(6,8)) === (sD+1)){
                  document.getElementById('GD'+i).classList.add('light2');//为串休上班日期添加样式
                }
              }
          }
            if(parseInt(cld[sD].lDay) === 1){                           //如果是农历月的第一天
              //显示农历月
                lObj.innerHTML = '<b>'+(cld[sD].isLeap?'闰':'') + nStr3[cld[sD].lMonth - 1] + '月' + '</b>';
            } else{
              lObj.innerHTML = cDay(parseInt(cld[sD].lDay));            //显示农历日
            }
              var Slfw = Ssfw = null;                                   //保存节日
              for (j = 0;j < lFtv.length;j++){                          //农历节日
                    if (parseInt(lFtv[j].slice(0,2)) === (cld[sD].lMonth)){
                          if (parseInt(lFtv[j].slice(2,4)) === (parseInt(cld[sD].lDay))){
                                lObj.innerHTML = lFtv[j].slice(5);
                                Slfw = lFtv[j].slice(5);
                          }
                    }
                    if (12 === (cld[sD].lMonth)){                        //判断是否为除夕
                          if (eve === (parseInt(cld[sD].lDay))){
                      lObj.innerHTML = "除夕";
```

```
                    Slfw = "除夕";
                }
                }
        }
        for (j = 0;j<sFtv.length;j++){                                        //公历节日
                if (parseInt(sFtv[j].slice(0,2)) === (SM+1)){
                        if (parseInt(sFtv[j].slice(2,4)) === (sD+1)){
                                lObj.innerHTML = sFtv[j].slice(5);
                                Ssfw = sFtv[j].slice(5);
                        }
                }
        }
        if ((SM+1) === 5){                                                    //母亲节
                if (fat === 0){
                        if ((sD+1) === 8){Ssfw = "母亲节";lObj.innerHTML = "母亲节"}
                }
                else if (fat < 7){
                        if ((sD+1) === ((7 - fat) + 8)){Ssfw = "母亲节";lObj.innerHTML = "母亲节"}
                }
        }
        if ((SM+1) === 6){                                                    //父亲节
                if (mat === 0){
                        if ((sD+1) === 15){Ssfw = "父亲节";lObj.innerHTML = "父亲节"}
                }
                else if (mat < 7){
                        if ((sD+1) === ((7 - mat) + 15)){Ssfw = "父亲节";lObj.innerHTML = "父亲节"}
                }
        }
        s = cld[sD].solarTerms;
      if ((Slfw === null) && (Ssfw === null)) {                              //如果这一天既不是公历节日也不是农历节日
        if (s.length > 0) {                                                   //如果这一天是某个节气的第一天
          s = '<span style="color:limegreen">' + s + '</span>';               //设置节气的颜色
          lObj.innerHTML = s;                                                 //显示节气
          Slfw = s;
        }
      }
          if ((Slfw !== null) && (Ssfw !== null)){                            //如果这一天既是公历节日也是农历节日
                lObj.innerHTML = Slfw+"/"+Ssfw;                               //同时显示两个节日
          }
    } else {                                                                  //非日期
        sObj.innerHTML = '';
        lObj.innerHTML = '';
    }
  }
}
```

说明

在显示农历信息时，除了农历日期之外，节气的优先级最低。如果某一天既不是公历节日也不是农历节日，而且这一天是某个节气，则会显示该节气。

2.4.3 选择年月和切换年月的实现

在年份下拉菜单中选择一个年份，下方会显示选择的年份和指定的月份对应的日期信息；在月份下拉菜单中选择一个月份，下方会显示指定的年份和选择的月份对应的日期信息。单击年份下拉菜单两侧的箭头按钮，可以切换到上一年和下一年，单击月份下拉菜单两侧的箭头按钮，可以切换到上一月和下一月。实现效果如图 2.3 和图 2.4 所示。

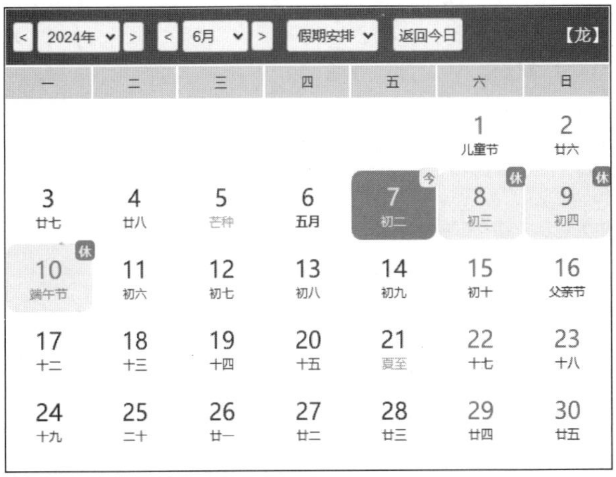

< 2024年 > < 6月 > 假期安排 返回今日 【龙】

一	二	三	四	五	六	日
					1 儿童节	2 廿六
3 廿七	4 廿八	5 芒种	6 五月	今 7 初二	休 8 初三	休 9 初四
休 10 端午节	11 初六	12 初七	13 初八	14 初九	15 初十	16 父亲节
17 十二	18 十三	19 十四	20 十五	21 夏至	22 十七	23 十八
24 十九	25 二十	26 廿一	27 廿二	28 廿三	29 廿四	30 廿五

图 2.3　选择或切换年月之前的日历

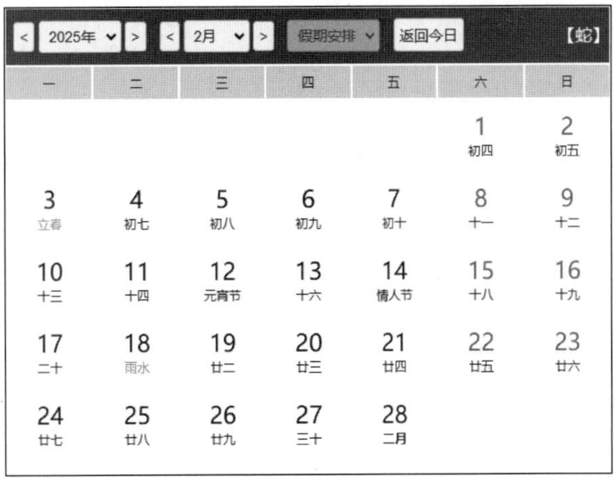

< 2025年 > < 2月 > 假期安排 返回今日 【蛇】

一	二	三	四	五	六	日
					1 初四	2 初五
3 立春	4 初七	5 初八	6 初九	7 初十	8 十一	9 十二
10 十三	11 十四	12 元宵节	13 十六	14 情人节	15 十八	16 十九
17 二十	18 雨水	19 廿二	20 廿三	21 廿四	22 廿五	23 廿六
24 廿七	25 廿八	26 廿九	27 三十	28 二月		

图 2.4　选择或切换年月之后的日历

其实现方法如下。

（1）定义 isDisabled()函数，在函数中根据不同的情况判断年份下拉菜单两侧的箭头按钮和月份下拉菜单两侧的箭头按钮是否可用。代码如下：

```
function isDisabled(){
  document.getElementById('prev_month').disabled = false;
  document.getElementById('next_month').disabled = false;
  document.getElementById('prev_year').disabled = false;
  document.getElementById('next_year').disabled = false;
  document.getElementsByClassName('hd')[0].disabled = false;
  //如果显示年份菜单中的第一年，则年份左箭头按钮不可用
  if(CLD.SY.selectedIndex === 0){
    document.getElementById('prev_year').disabled = true;
  }
  //如果显示年份菜单中的第一年，并且月份菜单显示 1 月，则月份左箭头按钮不可用
  if(CLD.SY.selectedIndex === 0 && CLD.SM.selectedIndex === 0){
    document.getElementById('prev_month').disabled = true;
  }
  //如果显示年份菜单中的最后一年，则年份右箭头按钮不可用
  if(CLD.SY.selectedIndex === CLD.SY.length - 1){
    document.getElementById('next_year').disabled = true;
  }
  //如果显示年份菜单中的最后一年，并且月份菜单显示 12 月，则月份右箭头按钮不可用
  if(CLD.SY.selectedIndex === CLD.SY.length - 1 && CLD.SM.selectedIndex === CLD.SM.length - 1){
    document.getElementById('next_month').disabled = true;
  }
  //如果选择的年份不是当前年份，则"假期安排"下拉菜单不可用
  if(CLD.SY.selectedIndex + 1900 !== tY){
    document.getElementsByClassName('hd')[0].disabled = true;
  }
}
```

（2）定义 changeCld()函数，在函数中获取选择的年份和月份，并调用 drawCld()函数生成新的公历日期和农历日期。定义 changeYear()函数，在函数中获取改变后的年份和选择的月份，并调用 drawCld()函数生成新的公历日期和农历日期。定义 changeMonth()函数，在函数中获取改变月份后显示的年份和月份，并调用 drawCld()函数生成新的公历日期和农历日期。代码如下：

```
//在下拉列表中选择年月时,调用自定义函数 drawCld(),显示公历和农历的相关信息
function changeCld() {
  var y,m;
```

```
    y = CLD.SY.selectedIndex + 1900;                //选择的年份
    m = CLD.SM.selectedIndex;                       //选择的月份
    drawCld(y,m);
    isDisabled();
}
function changeYear(num) {
    var y,m;
    y = CLD.SY.selectedIndex + num + 1900;          //改变后的年份
    CLD.SY.selectedIndex = CLD.SY.selectedIndex + num;
    m = CLD.SM.selectedIndex;                       //月份
    drawCld(y,m);
    isDisabled();
}
function changeMonth(num) {
    var y,m;
    y = CLD.SY.selectedIndex;                       //年份索引
    m = CLD.SM.selectedIndex + num;                 //改变后的月份
    //如果月份菜单显示 1 月，单击月份左箭头按钮后显示上一年的 12 月
    if(m < 0){
        CLD.SY.selectedIndex = y - 1;
        CLD.SM.selectedIndex = 11;
        y = y - 1 + 1900;
        m = CLD.SM.selectedIndex;
    //如果月份菜单显示 12 月，单击月份右箭头按钮后显示下一年的 1 月
    }else if(m > 11){
        CLD.SY.selectedIndex = y + 1;
        CLD.SM.selectedIndex = 0;
        y = y + 1 + 1900;
        m = CLD.SM.selectedIndex;
    }else{
        y = y + 1900;                               //年份
        m = CLD.SM.selectedIndex + num;             //改变后的月份
        CLD.SM.selectedIndex = m;
    }
    drawCld(y,m);
    isDisabled();
}
```

2.4.4　查看假期安排

选择“假期安排”下拉菜单中的一个假期，下方会显示该假期所在的月份对应的日期信息。实现效果如图 2.5 所示。

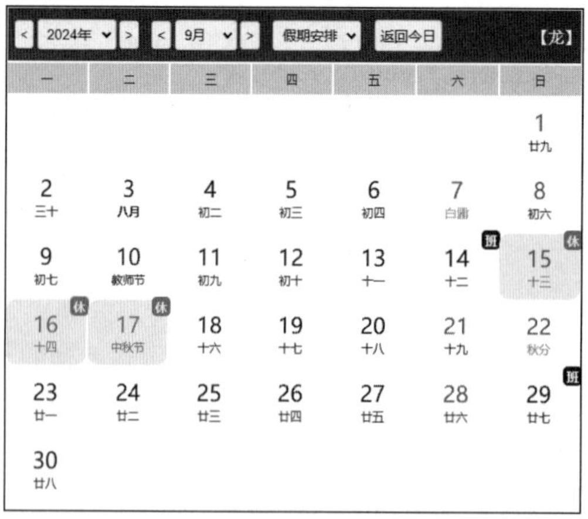

图 2.5　查看假期对应的日期

定义 changeHd()函数，在函数中首先获取当前选择的年份，然后获取选择的“假期安排”下拉菜单中选项的值，将该值减 1 即可得到该假期所在的月份的值，再调用 drawCld()函数生成新的公历日期和农历日期。代码如下：

```
function changeHd(){
    var y,m;
    y = CLD.SY.selectedIndex + 1900;
    m = CLD.HD.value - 1;
    drawCld(y,m);
    CLD.HD.selectedIndex = 0;
    CLD.SM.selectedIndex = m;
}
```

说明

在本项目中，只设置了 2024 年（当前年份）的假期安排。如果在 2024 年之后的某一时刻运行本项目，当查看假期安排时查看的也是 2024 年的假期安排，读者可以将假期所在的日期数组中的日期修改为最新的日期。

2.4.5　快速返回当前日期

单击“假期安排”下拉菜单右侧的“返回今日”按钮可以快速回到当前日期所在月份对应的日期信息。实现效果如图 2.6 和图 2.7 所示。

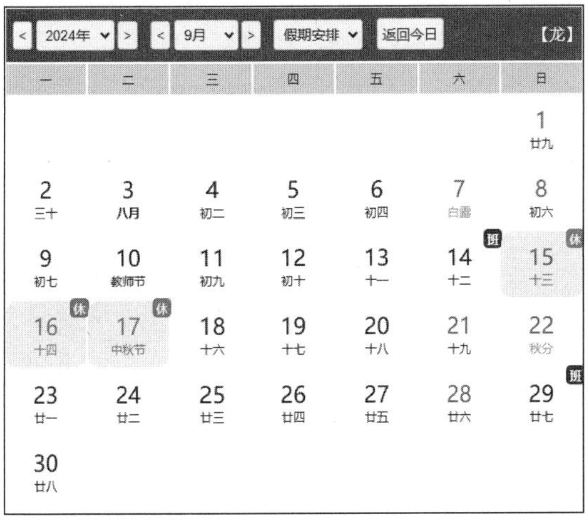

图 2.6　返回之前的日历

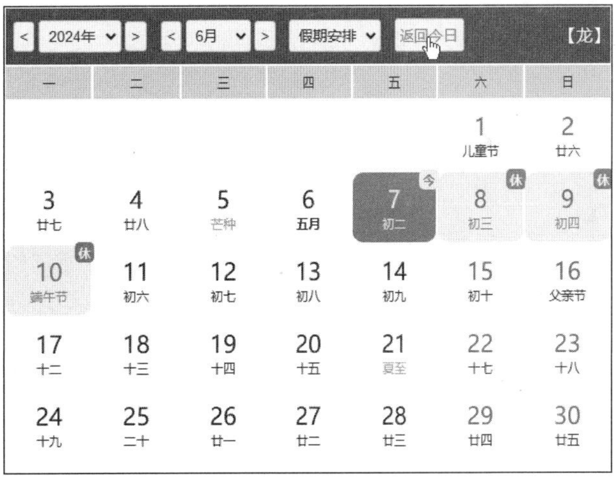

图 2.7　返回之后的日历

定义 initial()函数，在函数中首先将“假期安排”下拉菜单设置为可用，然后将年份下拉菜单和月份下拉菜单显示的选项设置为当前的年份和月份，再调用 drawCld()函数生成当前月份的公历日期和农历日期。代码如下：

```
//打开页面时,在下拉列表中显示当前年月,并调用自定义函数 drawCld(),显示公历和农历的相关信息
function initial() {
    document.getElementsByClassName('hd')[0].disabled = false;// “假期安排” 下拉菜单可用
    CLD.SY.selectedIndex = tY-1900;
    CLD.SM.selectedIndex = tM;
    drawCld(tY,tM);
}
```

2.5 项目运行

通过前述步骤，设计并完成了“精美万年历设计”项目的开发。下面运行该项目，检验一下我们的开发成果。在浏览器中打开项目文件夹中的 index.html 文件即可成功运行该项目，运行后的界面效果如图 2.8 所示。

在年份下拉菜单和月份下拉菜单中选择某个年份和月份，下方会显示指定的年份和月份对应的日期信息，效果如图 2.9 所示。

< 2024年 > < 6月 > 假期安排 返回今日 【龙】

一	二	三	四	五	六	日
					1 儿童节	2 廿六
3 廿七	4 廿八	5 芒种	6 五月	今 7 初二	休 8 初三	休 9 初四
休 10 端午节	11 初六	12 初七	13 初八	14 初九	15 初十	16 父亲节
17 十二	18 十三	19 十四	20 十五	21 夏至	22 十七	23 十八
24 十九	25 二十	26 廿一	27 廿二	28 廿三	29 廿四	30 廿五

图 2.8　万年历界面

< 2024年 > < 8月 > 假期安排 返回今日 【龙】

一	二	三	四	五	六	日
			1 建军节	2 廿八	3 廿九	4 七月
5 初二	6 初三	7 立秋	8 初五	9 初六	10 七夕节	11 初八
12 初九	13 初十	14 十一	15 十二	16 十三	17 十四	18 中元节
19 十六	20 十七	21 十八	22 十九	23 处暑	24 廿一	25 廿二
26 廿三	27 廿四	28 廿五	29 廿六	30 廿七	31 廿八	

图 2.9　选择指定年份和月份

2.6 源码下载

虽然本章详细地讲解了如何编码实现“精美万年历设计”的各个功能，但给出的代码都是代码片段。为了方便读者学习，本书提供了完整的项目源码，扫描右侧二维码即可下载。

源码下载

第 3 章 别踩白块儿小游戏

——构造函数 + 原型 + Event 对象 + Document 对象

项目微视频

《别踩白块儿》是一款简单易玩、老少皆宜的休闲益智游戏。它的玩法简单而具有一定挑战性，深受各年龄段玩家的喜爱。本章将使用 JavaScript 中的构造函数、原型、Event 对象和 Document 对象等技术开发别踩白块儿小游戏。

本项目的核心功能及实现技术如下：

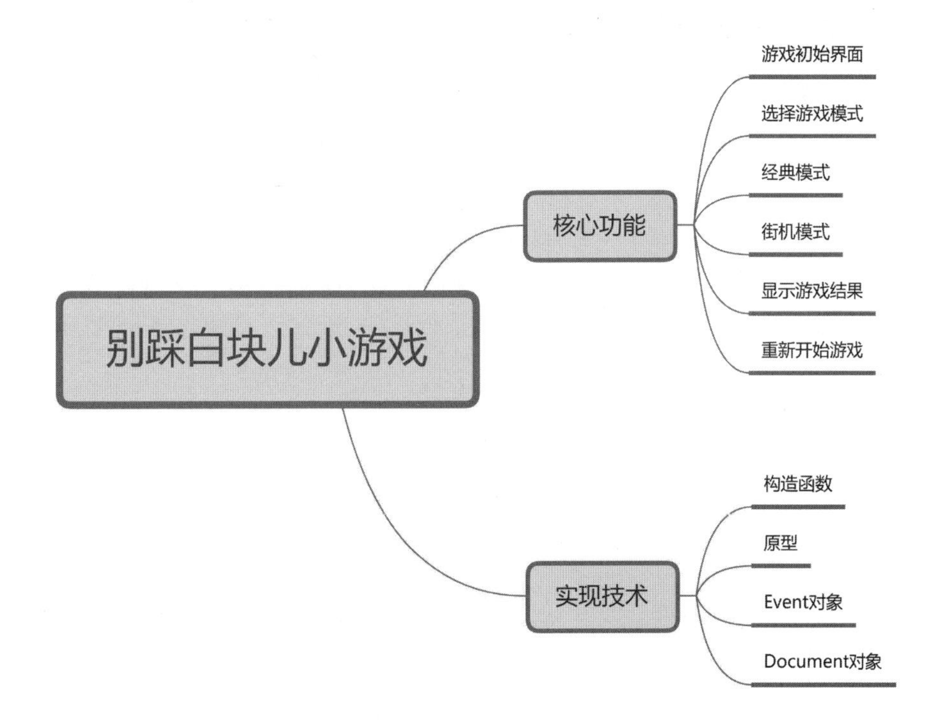

3.1 开 发 背 景

《别踩白块儿》最初是由 Umoni Studio 制作的一款休闲益智游戏。该游戏于 2014 年 4 月 16 日上线 App Store。游戏上线后，在全球 40 多个国家和地区的免费游戏榜中登顶榜首，上线 3 个月后累计下载量达 1 亿，由此可见该游戏的受欢迎程度。

本章将使用构造函数、原型、Event 对象和 Document 对象来模拟这个小游戏，其实现目标如下：

☑ 游戏初始界面。

☑ 选择游戏模式。

☑ 经典模式玩法。

- ☑ 街机模式玩法。
- ☑ 显示游戏结果。
- ☑ 重新开始当前模式的游戏。
- ☑ 重新选择游戏模式。

3.2 系统设计

3.2.1 开发环境

本项目的开发及运行环境如下：

- ☑ 操作系统：推荐 Windows 10、11 及以上，兼容 Windows 7（SP1）。
- ☑ 开发工具：WebStorm。
- ☑ 开发语言：JavaScript。

3.2.2 业务流程

在运行别踩白块儿小游戏后，首先进入游戏初始界面。单击界面中的“开始”按钮进入选择游戏模式界面，选择一种游戏模式开始游戏。游戏结束后，单击“重新开始”按钮重新进入当前模式的游戏界面开始游戏。单击“选择模式”按钮可以重新选择游戏模式。

本项目的业务流程如图 3.1 所示。

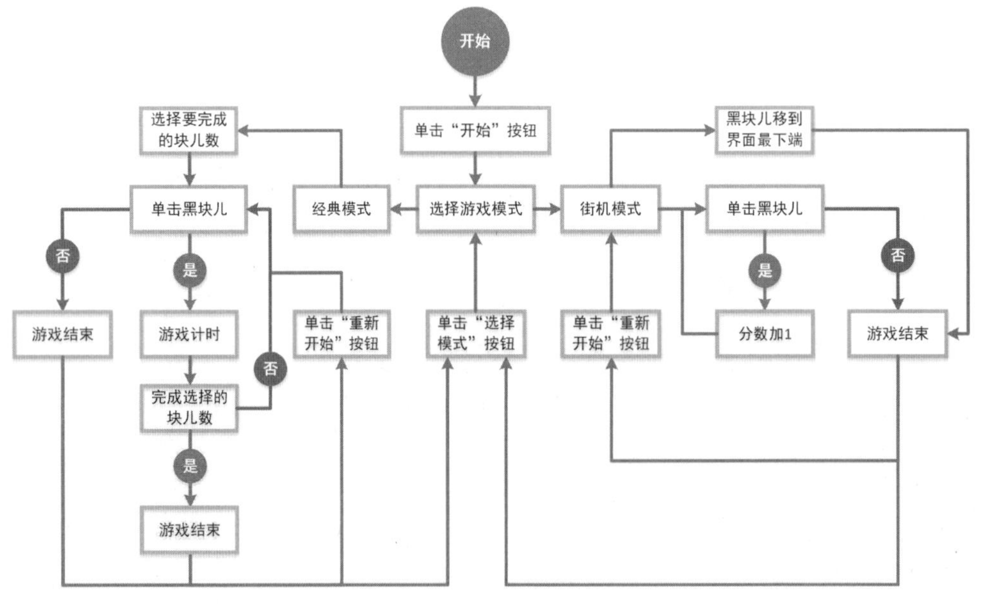

图 3.1　业务流程

3.2.3 功能结构

本项目的功能结构已经在章首页中给出。作为一个别踩白块儿小游戏的应用，本项目实现的具体功能如下：

☑ 游戏初始界面：游戏初始界面主要包括游戏名称和一个“开始”按钮。

☑ 选择游戏模式界面：单击“开始”按钮进入选择游戏模式界面。该游戏主要设计了两种游戏模式：经典模式和街机模式。

☑ 经典模式：单击游戏模式界面中的“经典模式”，进入选择块儿数界面。在界面中选择要完成的指定块儿数后进入游戏界面。单击黑块儿开始计时，完成指定的块儿数则游戏结束。如果单击了白块儿则挑战失败。

☑ 街机模式：单击游戏模式界面中的“街机模式”开始游戏。游戏开始后，界面中的黑块儿会向下移动，单击黑块儿的个数即为所得的分数。当单击了游戏界面中的白块儿或者黑块儿移动到界面的最下端时，游戏结束。

☑ 游戏结束界面：选择的游戏模式不同，游戏结束界面的内容也会有所不同。如果选择了经典模式，且完成了指定的块儿数，在游戏结束界面中会显示游戏的用时；在游戏过程中单击了白块儿，在游戏结束界面中会显示失败。如果选择了街机模式，在游戏结束界面中会显示得到的分数。无论选择的是哪种游戏模式，在游戏结束界面都会显示“重新开始”按钮和“选择模式”按钮。单击“重新开始”按钮重新开始当前模式的游戏，单击“选择模式”按钮可以重新选择游戏模式。

说明

经典模式的玩法需要以最快的速度完成指定数量的块儿。街机模式的玩法需要快速地按下每一个黑块儿，得到一定分数后，块儿的下落速度会越来越快。

3.3 技术准备

在开发别踩白块儿小游戏时主要应用了 JavaScript 中的构造函数、原型、Event 对象和 Document 对象等技术，下面将简述本项目所用的这些核心技术点及其具体作用。

1. 构造函数

在 JavaScript 中，构造函数是一种特殊的函数，通过调用自定义的构造函数可以创建并初始化一个新的对象。与普通函数不同，调用构造函数必须要使用 new 运算符。构造函数也可以和普通函数一样使用参数，其参数通常用于初始化新对象。在构造函数的函数体内通过 this 关键字初始化对象的属性与方法。

例如，要创建一个学生对象 student，可以定义一个名称为 Student 的构造函数，在构造函数内部对 3 个属性 name、sex 和 age 进行初始化。代码如下：

```
function Student(name,sex,age){                    //定义构造函数
	this.name = name;                              //初始化对象的 name 属性
	this.sex = sex;                                //初始化对象的 sex 属性
	this.age = age;                                //初始化对象的 age 属性
}
var student = new Student("Henry","男",16);        //创建对象实例
document.write("姓名：" + student.name);
document.write("<br>性别：" + student.sex);
document.write("<br>年龄：" + student.age);
```

运行结果为：

```
姓名：Henry
性别：男
```

```
年龄：16
```

在定义构造函数时，也可以定义对象的方法。与对象的属性一样，在构造函数里也需要使用 this 关键字来初始化对象的方法。例如，在 student 对象中定义 3 个方法 showName()、showSex()和 showAge()，在创建对象后，通过调用方法输出属性的值。代码如下：

```
function Student(name,sex,age){                          //定义构造函数
    this.name = name;                                    //初始化对象的属性
    this.sex = sex;                                      //初始化对象的属性
    this.age = age;                                      //初始化对象的属性
    this.showName = showName;                            //初始化对象的方法
    this.showSex = showSex;                              //初始化对象的方法
    this.showAge = showAge;                              //初始化对象的方法
}
function showName(){                                     //定义 showName()方法
    return this.name;                                    //返回 name 属性值
}
function showSex(){                                      //定义 showSex()方法
    return this.sex;                                     //返回 sex 属性值
}
function showAge(){                                      //定义 showAge()方法
    return this.age;                                     //返回 age 属性值
}
var student=new Student("Henry","男",16);                //创建对象实例
document.write("姓名：" + student.showName());
document.write("<br>性别：" + student.showSex());
document.write("<br>年龄：" + student.showAge());
```

运行结果为：

```
姓名：Henry
性别：男
年龄：16
```

另外，也可以在构造函数中直接使用表达式来定义方法。例如，在名称为 Student 的构造函数内部对 3 个属性 name、sex 和 age 进行初始化，再定义 isAdult()方法判断该学生是否已成年。代码如下：

```
function Student(name,sex,age){                          //定义构造函数
    this.name = name;                                    //初始化对象的 name 属性
    this.sex = sex;                                      //初始化对象的 sex 属性
    this.age = age;                                      //初始化对象的 age 属性
    this.isAdult = function(){                           //定义 isAdult()方法
        return this.name + (this.age < 18 ? "未成年" : "已成年");
    }
}
var student = new Student("Henry","男",16);              //创建对象实例
document.write("姓名：" + student.name);
document.write("<br>性别：" + student.sex);
document.write("<br>年龄：" + student.age);
document.write("<br>" + student.isAdult());
```

运行结果为：

```
姓名：Henry
性别：男
年龄：16
Henry 未成年
```

2. 原型

每个构造函数都有一个 prototype 属性，该属性是一个对象，该对象即为原型对象。这个对象的所有属性和方法都被构造函数所拥有。因此可以将一些属性和指定功能的方法通过 prototype 属性进行添加，这样所有对象的实例就可以共享这些属性和方法。

例如，在 student 对象中应用 prototype 属性向对象中添加一个 position 属性，再输出对象中的所有属性。代码如下：

```
function Student(name,sex,age){                                        //定义构造函数
    this.name = name;                                                   //初始化对象的属性
    this.sex = sex;                                                     //初始化对象的属性
    this.age = age;                                                     //初始化对象的属性
}
Student.prototype.position = "前端工程师";                              //添加 position 属性
var student=new Student("Henry","男",16);                               //创建对象实例
document.write("姓名：" + student.name);
document.write("<br>性别：" + student.sex);
document.write("<br>年龄：" + student.age);
document.write("<br>职位：" + student.position);
```

运行结果为：

```
姓名：Henry
性别：男
年龄：16
职位：前端工程师
```

例如，在 student 对象中应用 prototype 属性向对象中添加一个 show()方法，通过调用 show()方法输出对象中 3 个属性的值。代码如下：

```
function Student(name,sex,age){                                        //定义构造函数
    this.name = name;                                                   //初始化对象的属性
    this.sex = sex;                                                     //初始化对象的属性
    this.age = age;                                                     //初始化对象的属性
}
Student.prototype.show=function(){                                      //添加 show()方法
    document.write("姓名："+this.name+"<br>性别："+this.sex+"<br>年龄："+this.age);
}
var student=new Student("Henry","男",16);                               //创建对象实例
student.show();                                                         //调用对象的 show()方法
```

运行结果为：

```
姓名：Henry
性别：男
年龄：16
```

3. Event 对象

Event 对象是用来记录一些事件发生时的相关信息的对象。Event 对象只有事件发生时才会产生，并且只能在事件处理函数内部被访问，在所有事件处理函数运行结束后，Event 对象就被销毁。标准的 DOM 中规定 Event 对象必须作为唯一的参数传递给事件处理函数。

在本项目中使用了 Event 对象中的 target 属性，该属性用于获取触发事件的元素。例如，定义一个 div 元素，并设置它的 id 属性和 class 属性，当单击该元素时，获取该元素的类名和标签名。代码如下：

```
<div id="main" class="test">测试</div>
<script>
document.getElementById("main").onclick = function(e){
     console.log(e.target.className);                                   //输出 test
     console.log(e.target.tagName);                                     //输出 DIV
}
</script>
```

在某些场景中可以为父元素添加某个事件，再通过 Event 对象中的 target 属性获取触发事件的具体子元素。例如，定义一个表格，当单击某个单元格时，设置该单元格的背景颜色和文字颜色，再次单击该单元格会将其恢复为原来的样式。代码如下：

```
<style>
```

```
        table{
            width: 400px;                                   /*设置宽度*/
            height: 150px;                                  /*设置高度*/
            border-collapse:collapse;                       /*表格边框合并为一个单一的边框*/
        }
        th,td{
            border: 1px solid;                              /*设置边框*/
        }
</style>
<table id="box">
        <tr>
            <th>姓名</th>
                <th>语文</th>
            <th>数学</th>
            <th>英语</th>
            <th>物理</th>
            <th>化学</th>
        </tr>
        <tr>
            <td>张三</td>
            <td>94</td>
            <td>89</td>
            <td>87</td>
            <td>76</td>
            <td>97</td>
      </tr>
      <tr>
            <td>李四</td>
            <td>94</td>
            <td>87</td>
            <td>65</td>
            <td>86</td>
            <td>87</td>
      </tr>
      <tr>
            <td>王五</td>
            <td>82</td>
            <td>84</td>
            <td>87</td>
            <td>86</td>
            <td>77</td>
      </tr>
</table>
<script type="text/javascript">
var box = document.getElementById("box");                   //获取表格
box.onclick = function(e){
      if(e.target.style.backgroundColor === ""){
            e.target.style.backgroundColor = "#0000FF";     //设置单元格背景颜色
            e.target.style.color = "#FFFFFF";               //设置单元格文字颜色
      }else{
            e.target.style.backgroundColor = "";            //恢复单元格背景颜色
            e.target.style.color = "";                      //恢复单元格文字颜色
      }
}
</script>
```

运行效果如图 3.2 和图 3.3 所示。

姓名	语文	数学	英语	物理	化学
张三	94	89	87	76	97
李四	94	87	65	86	87
王五	82	84	87	86	77

图 3.2　单击表格前的效果

姓名	语文	数学	英语	物理	化学
张三	94	89	87	76	97
李四	94	87	65	86	87
王五	82	84	87	86	77

图 3.3　单击表格后的效果

4. Document 对象

在 JavaScript 中，Document 对象是浏览器窗口（Window）对象的一个主要部分，包含了网页显示的各个元素对象，是最常用的对象之一。通过 Document 对象可以访问 HTML 文档中的任何 HTML 标签，并可以动态地改变 HTML 标签中的内容。

Document 对象有一些常用的属性和方法。Document 对象的常用属性及其说明如表 3.1 所示。

表 3.1　Document 对象的常用属性及其说明

属　　性	说　　明
body	提供对 body 元素的直接访问
cookie	获取或设置与当前文档有关的所有 cookie
domain	获取当前文档的域名
lastModified	获取文档被最后修改的日期和时间
referrer	获取载入当前文档的 URL
title	获取或设置当前文档的标题
URL	获取当前文档的 URL

Document 对象的常用方法及其说明如表 3.2 所示。

表 3.2　Document 对象的常用方法及其说明

方　　法	说　　明
close()	关闭用 Document.open()方法打开的输出流
getElementsByClassName()	返回带有指定类名的对象集合
getElementById()	返回指定 id 的对象
getElementsByName()	返回带有指定名称的对象集合
getElementsByTagName()	返回带有指定标签名的对象集合
open()	打开一个文档输出流并接收 write()和 writeln()方法创建的页面内容
write()	向文档中写入 HTML 或 JavaScript 语句
writeln()	向文档中写入 HTML 或 JavaScript 语句，并以换行符结束
createElement()	创建一个 HTML 标记

在本项目中，主要应用了 Document 对象的 getElementById()方法、getElementsByClassName()方法和 createElement()方法。

getElementById()方法可以通过指定 id 获取页面中的元素。语法格式如下：

```
sElement=document.getElementById(id)
```

例如，通过 id 获取元素，并设置该元素的新内容，代码如下：

```
<div id="main" class="test">读万卷书</div>
<script>
document.getElementById("main").innerHTML = "行万里路";
</script>
```

getElementsByClassName()方法可以通过指定类名获取页面中的元素，该方法返回的是一个数组。语法格式如下：

```
sElement=document.getElementsByClassName(class)
```

例如，通过类名获取所有复选框，并输出复选框的选项内容。代码如下：

```
<input type="checkbox" class="type" value="影视">影视
<input type="checkbox" class="type" value="音乐">音乐
<input type="checkbox" class="type" value="动漫">动漫
<script>
var ele = document.getElementsByClassName("type");
for(var i = 0; i < ele.length; i++){
        document.write("<br>" + ele[i].value);
}
</script>
```

如果想利用 class 属性获取页面中唯一的元素，可以通过返回数组中下标值为 0 的元素来获取。例如，页面中有一个 div 元素，class 属性值为 demo，要获取该元素的文本可以使用下列代码：

```
<div class="demo">坚持不懈</div>
<script>
var ele = document.getElementsByClassName("demo");
document.write(ele[0].innerHTML);
</script>
```

createElement()方法可以根据指定名称创建一个元素，语法格式如下：

```
sElement=document.createElement(sName)
```

例如，创建一个 div 元素，并设置该元素的类名和 HTML 内容，再将该元素添加到页面中。代码如下：

```
<body></body>
<script>
var divEle = document.createElement("div");              //创建 div 元素
divEle.className = "content";                            //设置类名
divEle.innerHTML = "书是人类进步的阶梯";                    //设置 HTML 内容
document.body.appendChild(divEle);                       //添加元素
</script>
```

有关构造函数、原型、Event 对象和 Document 对象等方面的基础知识在《JavaScript 从入门到精通（第 5 版）》中有详细的讲解，对这些知识不太熟悉的读者可以参考该书对应的内容。

3.4 功 能 设 计

3.4.1 游戏初始界面设计

游戏初始界面主要包括游戏名称和一个“开始”按钮，将界面背景颜色设置为黑色，效果如图 3.4 所示。

图 3.4 游戏初始界面

游戏初始界面的关键步骤如下。

（1）创建 index.html 文件，在文件中定义一个 id 属性值为 main 的<div>标签，在该标签中添加两个<div>标签，第一个<div>标签用于定义黑白块儿的显示区域，第二个<div>标签用于定义游戏名称和游戏“开始”按钮。代码如下：

```
<div class="main" id="main">
        <div class="block_box" id="block_box"></div>
        <div class="cover" id="cover">
                <h1>别踩白块儿</h1>
                <span id="start">开始</span>
        </div>
</div>
```

（2）创建 css 文件夹，在文件夹中创建 Block.css 文件，在文件中编写游戏各界面的样式，关键代码如下：

```
*{
    margin:0;                                   /*设置外边距*/
    padding:0;                                  /*设置内边距*/
    list-style-type:none;                       /*设置列表项无标记*/
}
html,body{
    width: 100%;                                /*设置宽度*/
    height: 100%;                               /*设置高度*/
}
body{
    font:12px/180% Arial, Helvetica, sans-serif, "微软雅黑";/*设置字体*/
}
.main{
    position:relative;                          /*设置相对定位*/
    margin:10px auto;                           /*设置外边距*/
    width:400px;                                /*设置宽度*/
    height:600px;                               /*设置高度*/
    border:1px solid #ccc;                      /*设置边框*/
    overflow:hidden;                            /*设置溢出内容隐藏*/
}
.block_box{
    position:absolute;                          /*设置绝对定位*/
    top:-150px;                                 /*设置元素到父元素顶端的距离*/
    width:400px;                                /*设置宽度*/
    height:auto;                                /*设置高度*/
}
.row{
    width:400px;                                /*设置宽度*/
    height:150px;                               /*设置高度*/
}
.blank{
    float:left;                                 /*设置左浮动*/
    width:100px;                                /*设置宽度*/
    height:100%;                                /*设置高度*/
    background-color: #fff;                     /*设置背景颜色*/
    border-left:1px solid #ccc;                 /*设置左边框*/
    border-bottom:1px solid #ccc;               /*设置下边框*/
    box-sizing: border-box;                     /*设置元素宽度，包括边框和内边距*/
}
.row .blank:first-child{
    border-left: none;                          /*设置无左边框*/
}
.block{
    background:#000000;                         /*设置背景颜色*/
    cursor:pointer;                             /*设置鼠标形状*/
}
.mark{
    position: absolute;                         /*设置绝对定位*/
    width: 40px;                                /*设置宽度*/
    height: 20px;                               /*设置高度*/
    background-color: #e8e8e8;                  /*设置背景颜色*/
    border-radius: 50%;                         /*设置边框圆角*/
    top: 10px;                                  /*设置元素到父元素顶端的距离*/
    left: 50%;                                  /*设置元素到父元素左端的距离*/
    margin-left: -20px;                         /*设置左外边距*/
    text-align: center;                         /*设置文本水平居中显示*/
    line-height: 20px;                          /*设置行高*/
    z-index: 1;                                 /*设置元素堆叠顺序*/
}
.time{
```

```
    position: absolute;                     /*设置绝对定位*/
    width: 90px;                            /*设置宽度*/
    height: 50px;                           /*设置高度*/
    background-color: #e8e8e8;              /*设置背景颜色*/
    top: 10px;                              /*设置元素到父元素顶端的距离*/
    right: 5px;                             /*设置元素到父元素右端的距离*/
    text-align: center;                     /*设置文本水平居中显示*/
    line-height: 50px;                      /*设置行高*/
    font-size: 20px;                        /*设置文字大小*/
    z-index: 1;                             /*设置元素堆叠顺序*/
}
.cover, .mode, .result, .number{
    position: absolute;                     /*设置绝对定位*/
    top: 0;                                 /*设置元素到父元素顶端的距离*/
    left: 0;                                /*设置元素到父元素左端的距离*/
    width: 100%;                            /*设置宽度*/
    height: 100%;                           /*设置高度*/
    background-color: #000000;              /*设置背景颜色*/
    text-align: center;                     /*设置文本水平居中显示*/
    z-index: 2;                             /*设置元素堆叠顺序*/
}
.mode{
    display: none;                          /*设置元素隐藏*/
}
.mode div{
    width: 120px;                           /*设置宽度*/
    height: 50px;                           /*设置高度*/
    line-height: 50px;                      /*设置行高*/
    background-color: #FFFFFF;              /*设置背景颜色*/
    border-radius: 5px;                     /*设置边框圆角*/
    color: #000000;                         /*设置文字颜色*/
    font-size: 20px;                        /*设置文字大小*/
    cursor: pointer;                        /*设置鼠标形状*/
    margin: 150px auto;                     /*设置外边距*/
}
.cover h1 , .result h1{
    color: #fff;                            /*设置文字颜色*/
    height: 100px;                          /*设置高度*/
    line-height: 100px;                     /*设置行高*/
    font-family: '微软雅黑';                 /*设置字体*/
    margin-top: 25%;                        /*设置上外边距*/
    font-size: 36px;                        /*设置文字大小*/
}
.cover span , .result span{
    display: block;                         /*设置元素为块状元素*/
    width: 100px;                           /*设置宽度*/
    height: 50px;                           /*设置高度*/
    font-size: 20px;                        /*设置文字大小*/
    text-align: center;                     /*设置文本水平居中显示*/
    line-height: 50px;                      /*设置行高*/
    margin: 50px auto;                      /*设置外边距*/
    background: #6cd966;                    /*设置背景颜色*/
    color: #fff;                            /*设置文字颜色*/
    border-radius: 6px;                     /*设置边框圆角*/
    cursor: pointer;                        /*设置鼠标形状*/
    box-shadow: 1px 1px 1px #999;           /*设置元素阴影*/
    text-shadow: 1px 1px 1px #fff;          /*设置文本阴影*/
}
.result h2{
    color: #fff;                            /*设置文字颜色*/
    height: 100px;                          /*设置高度*/
    line-height: 100px;                     /*设置行高*/
```

```
	font-family: '微软雅黑';				/*设置字体*/
	font-size: 50px;					/*设置文字大小*/
}
.number{
	display: none;						/*设置元素隐藏*/
}
.number input{
	width: 80px;						/*设置宽度*/
	height: 80px;						/*设置高度*/
	line-height: 80px;					/*设置行高*/
	background-color: #FFFFFF;				/*设置背景颜色*/
	border-radius: 50%;					/*设置边框圆角*/
	color: #000000;						/*设置文字颜色*/
	font-size: 30px;					/*设置文字大小*/
	cursor: pointer;					/*设置鼠标形状*/
	margin: 100px 50px;					/*设置外边距*/
}
```

（3）在 index.html 文件中引入 Block.css 文件。代码如下：

```
<link rel="stylesheet" href="css/Block.css">
```

3.4.2　选择游戏模式界面设计

单击游戏初始界面中的“开始”按钮进入选择游戏模式界面。游戏主要提供了两种游戏模式：经典模式和街机模式，效果如图 3.5 所示。

图 3.5　选择游戏模式界面

选择游戏模式界面的实现方法如下。

（1）在 id 属性值为 main 的<div>标签中添加一个 id 属性值为 mode 的<div>标签，在标签中添加两种游戏模式。代码如下：

```
<div class="mode" id="mode">
	<div id="classical">经典模式</div>
	<div id="arcade">街机模式</div>
</div>
```

（2）在 index.html 页面中编写 JavaScript 代码，分别获取游戏初始界面的元素、“开始”按钮和选择游戏模式界面的元素。当单击“开始”按钮时，隐藏游戏初始界面的元素，并显示选择游戏模式界面的元素。代码如下：

```
<script type="text/javascript">
	var cover = document.getElementById('cover');		//获取游戏初始界面元素
	var start = document.getElementById('start');		//获取“开始”按钮
	var mode = document.getElementById('mode');		//获取选择游戏模式界面元素
	start.onclick = function(){				//单击“开始”按钮
		cover.style.display = 'none';			//隐藏游戏初始界面元素
		mode.style.display = 'block';			//显示选择游戏模式界面元素
	}
</script>
```

3.4.3　选择块儿数界面设计

在选择游戏模式界面，单击“经典模式”进入选择块儿数界面。在该界面中提供了 4 个数字按钮，按钮上的数字表示要完成的指定块儿数，效果如图 3.6 所示。

选择块儿数界面的实现方法如下。

（1）在 id 属性值为 main 的<div>标签中添加一个 id 属性值为 number 的<div>标签，在标签中添加 4 个数字按钮。代码如下：

```
<div class="number" id="number">
        <input type="button" value="10">
        <input type="button" value="20">
        <input type="button" value="50">
        <input type="button" value="100">
</div>
```

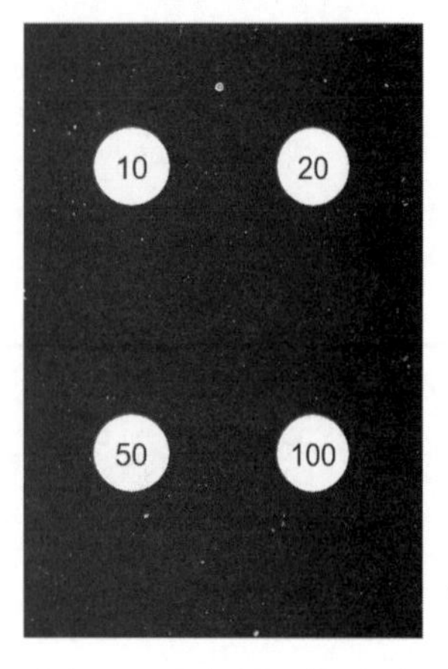

图 3.6　选择块儿数界面

（2）在 index.html 页面中编写 JavaScript 代码。分别获取“经典模式”页面元素和 4 个数字按钮所在的 div 元素。当单击“经典模式”元素时，隐藏选择游戏模式界面的元素，并显示数字按钮所在的 div 元素。代码如下：

```
var classical = document.getElementById('classical'); //获取经典模式元素
var number = document.getElementById('number');       //获取数字按钮所在元素
classical.onclick = function(){                        //单击经典模式
        mode.style.display = 'none';                   //隐藏选择游戏模式界面元素
        number.style.display = 'block';                //显示数字按钮所在元素
}
```

3.4.4　经典模式游戏设计

在选择块儿数界面选择要完成的块儿数，进入经典模式游戏界面。在界面的可见区域有 3 行 4 列的色块儿，每一行都只有一个黑色色块儿。右上角显示游戏所用的时间，时间精确到百分之一秒，效果如图 3.7 所示。单击最下面的黑块儿后开始计时，游戏进行中的效果如图 3.8 所示。

图 3.7　游戏开始前

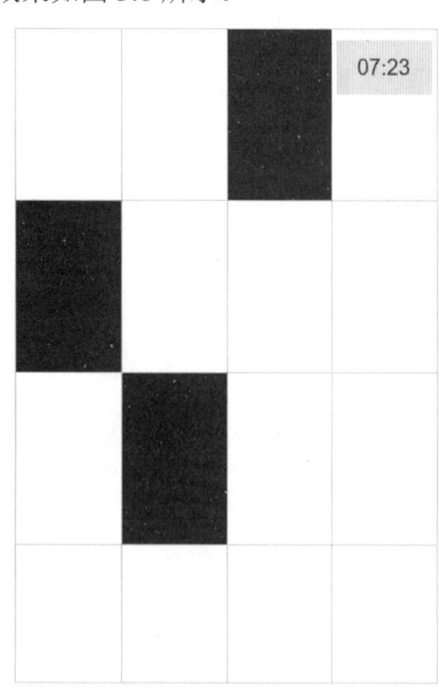

图 3.8　游戏开始后

经典模式游戏的实现方法如下。

（1）新建 js 文件夹，在文件夹中创建 Block.js 文件，在文件中编写 JavaScript 代码。定义构造函数 Block()，在构造函数中定义多个属性，包括色块儿的高度、游戏得到的分数和游戏用时等。代码如下：

```
function Block(container){
    this.container = container;                         //定义容器 div
    this.mainW = this.container.parentNode.clientWidth;   //定义父元素宽度
    this.mainH = this.container.parentNode.clientHeight;  //定义父元素高度
    this.scale = 1.58;                                  //色块儿的高宽比
    this.height = parseInt(this.mainW/4*this.scale);    //定义色块儿高度
    this.top = -this.height;
    this.speed = 2;                                     //定义速度
    this.maxSpeed = 20;                                 //定义最大速度
    this.timer1 = null;                                 //定时器 id
    this.timer2 = null;                                 //定时器 id
    this.state = true;                                  //游戏状态
    this.sum = 0;                                       //分数
    this.time = '00:00';                                //游戏用时
    this.flag = true;                                   //控制超时设置
    this.mode = 'classical';                            //游戏模式
}
```

（2）使用 prototype 属性添加 addRow()方法，在方法中通过创建元素的方法创建一行色块儿，在该行中有 3 个白块儿和一个黑块儿，代码如下：

```
//创建一行
Block.prototype.addRow = function(){
    var oRow = document.createElement('div');           //创建 div 元素
    oRow.className = 'row';                             //设置类名
    oRow.style.height = this.height + 'px';             //设置元素高度
    var blanks = ['blank','blank','blank','blank'];     //定义数组
    var s = Math.floor(Math.random()*4);                //获取 0~3 的随机数
    blanks[s] = "blank block";                          //为指定下标的数组元素赋值
    var oBlank = null;
    for (var i=0; i<4; i++) {
        oBlank = document.createElement('div');         //创建 div 元素
        oBlank.className = blanks[i];                   //设置类名
        oRow.appendChild(oBlank);                       //添加元素
    }
    var fChild = this.container.firstChild;             //获取第一个子元素
    if( fChild == null ){
        this.container.appendChild(oRow);               //在末尾添加元素
    }else{
        this.container.insertBefore(oRow , fChild);     //在最前面添加元素
    }
}
```

（3）使用 prototype 属性添加 showTime()方法，该方法用于显示游戏所用的时间。在方法中创建 div 元素，并设置元素的类名和 HTML 内容，再将元素添加到页面中，代码如下：

```
//显示时间
Block.prototype.showTime = function (){
    var oTime = document.createElement("div");          //创建 div 元素
    oTime.className = "time";                           //设置类名
    oTime.innerHTML = this.time;                        //设置 HTML 内容
    this.container.parentNode.appendChild(oTime);       //添加元素
}
```

（4）使用 prototype 属性添加 pre()方法，该方法用于在小于 10 的数字前面补充一个数字 0，代码如下：

```
//在小于 10 的数字前面补 0
Block.prototype.pre = function (number) {
    return number < 10 ? '0' + number : number;
}
```

（5）使用 prototype 属性添加 classicalInit()方法，在方法中首先调用 showTime()方法显示时间，然后编

写单击游戏界面中的色块儿时执行的事件处理程序。如果单击的是黑块儿，就开始计时，只有最下面一行中的黑块儿可以单击。如果单击的是白块儿，就设置单击白块儿时的闪烁效果，同时设置两秒后调用gameOver()方法进入游戏结束界面。代码如下：

```
Block.prototype.classicalInit = function (v){
    var _t = this;
    _t.showTime();                                      //显示时间
    _t.container.onclick = function(e){
        if(!_t.state){
            return false;
        }
        var target = e.target;                          //获取触发事件的元素
        if(target.className.indexOf('block')!==-1){
            //设置游戏所用时间
            var i = 0;
            if(_t.flag){
                _t.timer2 = setInterval(function () {
                    i++;
                    var second = parseInt(i / 100);
                    var millisecond = i % 100;
                    _t.time = _t.pre(second) + ':' + _t.pre(millisecond);
                    document.getElementsByClassName('time')[0].innerHTML = _t.time;
                }, 10)
            }
            _t.flag = false;
            var length = document.getElementsByClassName('block').length;
            //最下面一行中的黑块儿可以单击
            if(target === document.getElementsByClassName('block')[length - 1]){
                _t.sum++;                               //分数加 1
                target.className = 'blank';             //设置类名
                _t.top = -_t.height;                    //设置 top 值
                _t.container.style.top = _t.top +'px';  //设置元素位置
                _t.addRow();                            //添加一行
                if(_t.sum === parseInt(v)){
                    //删除时间
                    _t.container.parentNode.removeChild(document.getElementsByClassName('time')[0]);
                    clearInterval(_t.timer2);
                    _t.gameOver('classical', 1, v);//游戏结束
                }
                //非最下面一行中的黑块儿单击无效
            }else{
                return false;
            }
        }else{
            _t.state = false;                           //变量赋值
            clearInterval(_t.timer2);
            //设置单击白块儿时的闪烁效果
            var tID = setInterval(function (){
                if(target.style.backgroundColor === 'rgb(255, 0, 0)'){
                    target.style.backgroundColor = 'rgb(255, 255, 255)';
                }else{
                    target.style.backgroundColor = 'rgb(255, 0, 0)';
                }
            }, 100);
            setTimeout(function (){
                //删除时间
                _t.container.parentNode.removeChild(document.getElementsByClassName('time')[0]);
                clearInterval(tID);
                _t.gameOver('classical', 2, v);         //游戏结束
            }, 2000);
            return false;
```

```
            }
        }
}
```

说明

在经典模式游戏中，只有单击最下面的黑块儿才能继续进行游戏，单击其他的黑块儿无效。

（6）使用 prototype 属性添加 start()方法，该方法用于开始游戏。在 start()方法中调用 addRow()方法创建色块儿，如果当前游戏模式是经典模式就调用 classicalInit()方法。代码如下：

```
//游戏开始
Block.prototype.start = function(v){
    var _t = this;
    _t.container.style.top = _t.top +'px';              //设置元素位置
    for( var i=0; i<4; i++ ){
        _t.addRow();                                    //添加一行
    }
    if(_t.mode === 'classical'){
        _t.classicalInit(v);                            //调用初始化方法
    }else{
        _t.arcadeInit();                                //调用初始化方法
        _t.timer1 = setInterval(function(){
            _t.move();                                  //向下移动
        },30);
    }
}
```

（7）在 index.html 文件中编写 JavaScript 代码，创建对象实例，在单击“经典模式”页面元素的事件处理程序中对数字按钮进行遍历，当单击某个数字按钮时，隐藏数字按钮所在的元素，并调用对象中的 start()方法开始游戏，在调用 start()方法时将选择的块儿数作为参数进行传递。代码如下：

```
var block_box = document.getElementById('block_box');//获取黑白块儿显示区域
var block = new Block(block_box);                        //创建对象实例
var input = document.getElementsByTagName('input');//获取数字按钮
classical.onclick = function(){                          //单击经典模式
    block.mode = 'classical';                            //设置游戏模式为经典模式
    mode.style.display = 'none';                         //隐藏选择游戏模式界面元素
    number.style.display = 'block';                      //显示数字按钮所在元素
    for(var i = 0; i < input.length; i++){
        input[i].onclick = function (){
            number.style.display = 'none';               //隐藏数字按钮所在元素
            block.start(this.value);                     //调用方法开始游戏
        }
    }
}
```

3.4.5 街机模式游戏设计

在选择游戏模式界面，单击“街机模式”进入街机模式游戏界面。在界面的可见区域有 4 行 4 列的色块儿，每一行都只有一个黑色色块儿。在界面上方显示游戏得分，初始分数为 0，效果如图 3.9 所示。游戏开始后，画面会从上向下移动。初始移动速度并不快，随着单击黑块儿数量的增加，会逐渐增加向下移动的速度。每单击一个黑块儿，游戏得分会加 1，游戏进行中的效果如图 3.10 所示。

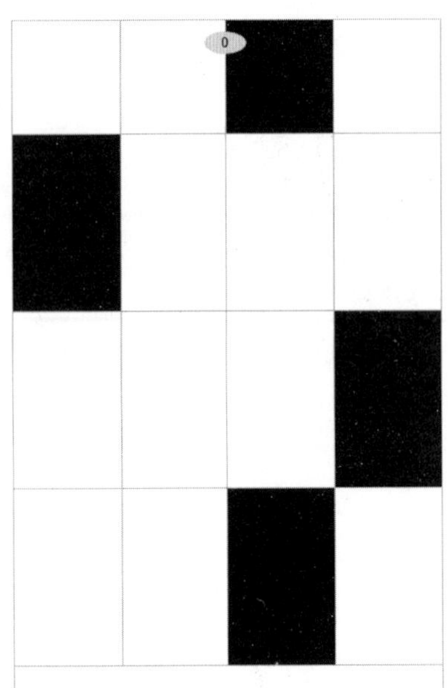

图 3.9　游戏初始分数

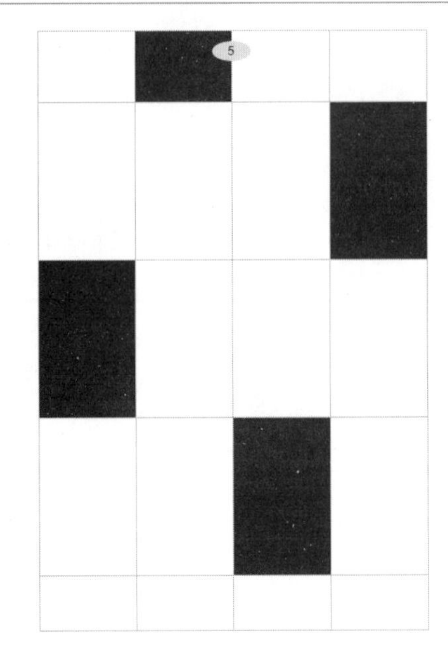

图 3.10　游戏进行中

街机模式游戏的实现方法如下。

（1）使用 prototype 属性添加 mark()方法，该方法用于显示游戏得到的分数。在方法中创建 div 元素，并设置元素的类名和 HTML 内容，再将元素添加到页面中。代码如下：

```
//显示分数
Block.prototype.mark = function(){
    var oMark = document.createElement("div");          //创建 div 元素
    oMark.className = "mark";                            //设置类名
    oMark.innerHTML = this.sum;                          //设置 HTML 内容
    this.container.parentNode.appendChild(oMark);        //添加元素
}
```

（2）使用 prototype 属性添加 arcadeInit()方法，在方法中首先调用 mark()方法显示游戏分数，然后编写单击游戏界面中的色块儿时执行的事件处理程序。如果单击的是黑块儿，就将游戏分数加 1，并通过设置元素的类名将该黑块儿变成白块儿。如果单击的是白块儿，就设置单击白块儿时的闪烁效果，同时设置两秒后调用 gameOver()方法进入游戏结束界面。代码如下：

```
Block.prototype.arcadeInit = function(){
    var _t = this;
    _t.mark();                                           //显示初始分数
    _t.container.onclick = function(e){
        if(!_t.state){
            return false;
        }
        var target = e.target;                           //获取触发事件的元素
        if(target.className.indexOf('block')!==-1){
            _t.sum++;                                    //分数加 1
            document.getElementsByClassName("mark")[0].innerHTML = _t.sum;//显示分数
            target.className = 'blank';                  //设置类名
        }else{
            _t.state = false;                            //变量赋值
            clearInterval(_t.timer1);                    //停止移动
            //设置单击白块儿时的闪烁效果
            var tID = setInterval(function (){
                if(target.style.backgroundColor === 'rgb(255, 0, 0)'){
```

```
                    target.style.backgroundColor = 'rgb(255, 255, 255)';
                }else{
                    target.style.backgroundColor = 'rgb(255, 0, 0)';
                }
            }, 100);
            setTimeout(function (){
                //删除分数
                _t.container.parentNode.removeChild(document.getElementsByClassName('mark')[0]);
                clearInterval(tID);
                _t.gameOver('arcade');              //游戏结束
            }, 2000);
            return false;
        }
    }

}
```

（3）使用 prototype 属性添加 move()方法，在方法中首先进行判断，如果最下面一行色块儿移动到底部就调用 addRow()方法添加一行色块儿，再根据单击的黑块儿总数提高色块儿移动的速度。然后对所有黑块儿进行遍历，在遍历时进行判断，如果最下面的一个黑块儿移动到底部就停止移动，并设置黑块儿移动到底部时的闪烁效果，同时设置两秒后调用 gameOver()方法进入游戏结束界面。代码如下：

```
//移动
Block.prototype.move = function(){
    var _t = this;
    _t.top += _t.speed;                             //设置 top 值
    _t.container.style.top = _t.top +'px';
    if(_t.top >= 0){
        _t.top = -this.height;                      //设置 top 值
        _t.container.style.top = _t.top +'px';      //设置元素位置
        _t.addRow();                                //添加一行
    }
    _t.speed = (parseInt(_t.sum/5)+1)*2;            //根据单击的黑块总数提高速度
    if( _t.speed >=_t.maxSpeed ){
        _t.speed = _t.maxSpeed;                     //设置移动速度为最大速度
    }
    var blocks = document.getElementsByClassName('block'); //获取黑块儿
    for (var j=0; j<blocks.length; j++){
        if ( blocks[j].offsetTop >= _t.mainH ){     //如果黑块儿移动到底部
            _t.state = false;
            clearInterval(_t.timer1);               //停止移动
            var target = blocks[j];
            //设置黑块儿移动到底部时的闪烁效果
            var tID = setInterval(function (){
                if(target.style.backgroundColor === 'rgb(0, 0, 0)'){
                    target.style.backgroundColor = 'rgb(255, 255, 255)';
                }else{
                    target.style.backgroundColor = 'rgb(0, 0, 0)';
                }
            }, 100);
            setTimeout(function (){
                clearInterval(tID);
                //删除分数
                _t.container.parentNode.removeChild(document.getElementsByClassName('mark')[0]);
                _t.gameOver();                      //游戏结束
            }, 2000);
        }
    }
}
```

（4）在 index.html 文件中编写 JavaScript 代码，获取“街机模式”页面元素，设置单击“街机模式”页面元素时隐藏选择游戏模式界面的元素，并调用对象中的 start()方法开始游戏。代码如下：

```
var arcade = document.getElementById('arcade');           //获取街机模式元素
arcade.onclick = function(){                              //单击街机模式
        block.mode = 'arcade';                            //设置游戏模式为街机模式
        mode.style.display = 'none';                      //隐藏选择游戏模式界面元素
        block.start();                                    //调用方法开始游戏
}
```

3.4.6 游戏结束界面设计

游戏结束界面的内容主要包括选择的模式名称、游戏结果、“重新开始”按钮和“选择模式”按钮。如果选择了经典模式，且完成了指定的块儿数，在游戏结束界面中会显示游戏的用时，效果如图 3.11 所示；如果在游戏过程中单击了白块儿，在游戏结束界面中会显示失败，效果如图 3.12 所示。如果选择了街机模式，在游戏结束界面中会显示得到的分数，效果如图 3.13 所示。单击游戏结束界面中的“重新开始”按钮可以重新开始当前模式的游戏，单击“选择模式”按钮可以重新选择游戏模式。

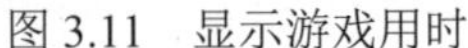
图 3.11　显示游戏用时

图 3.12　显示游戏失败

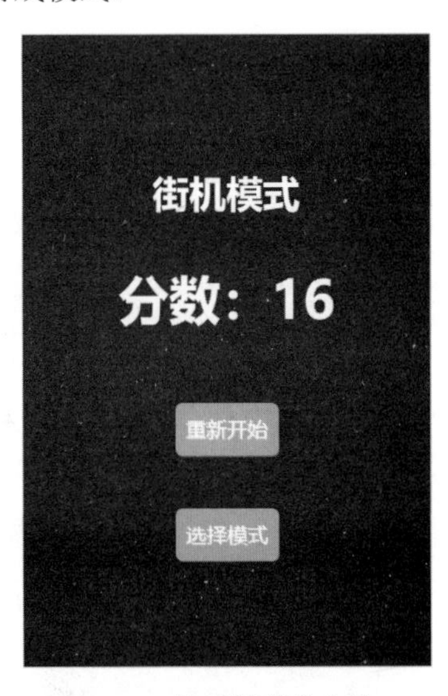

图 3.13　显示得到的分数

游戏结束界面的实现方法如下。

（1）使用 prototype 属性添加 again()方法，该方法用于重新设置游戏数据。代码如下：

```
//重新设置游戏数据
Block.prototype.again = function(){
        this.top = -this.height;
        this.speed = 2;                                   //定义速度
        this.timer1 = null;                               //定时器 id
        this.timer2 = null;                               //定时器 id
        this.state = true;                                //游戏状态
        this.sum = 0;                                     //分数
        this.time = '00:00';                              //游戏用时
        this.flag = true;                                 //控制超时设置
        this.container.innerHTML = "";                    //清空 HTML 内容
}
```

（2）使用 prototype 属性添加 gameOver()方法，该方法用于设置游戏结束界面显示的内容。在方法中首先创建 div 元素，并设置元素的类名、id 和 HTML 内容，然后根据当前选择的模式显示对应的游戏结果。接下来定义单击“重新开始”按钮时执行的事件处理程序，最后定义单击“选择模式”按钮时执行的事件处理程序。代码如下：

```
//游戏结束
Block.prototype.gameOver = function(m, r, v){
    var _t = this;
    var result = document.createElement('div');            //创建 div 元素
    result.className = 'result';                            //设置类名
    result.id = 'result';                                   //设置 id
    result.innerHTML = '';                                  //设置 HTML 内容
    if(m === 'classical'){
        //经典模式显示的内容
        result.innerHTML += '<h1>经典模式</h1>';
        if(r === 1){
            //游戏成功后显示的内容
            result.innerHTML += '<h2 id="takes_time">用时：'+ _t.time+'</h2>';
        }else{
            //游戏失败后显示的内容
            result.innerHTML += '<h2>失败！！</h2>'
        }
    }else{
        //街机模式显示的内容
        result.innerHTML += '<h1>街机模式</h1>' + '<h2 id="score">分数：'+_t.sum+'</h2>';
    }
    //两种模式共同显示的内容
    result.innerHTML += '<span id="restart">重新开始</span>' + '<span id="select">选择模式</span>';
    _t.container.parentNode.appendChild(result);            //添加元素
    var restart = document.getElementById("restart");       //获取元素
    //单击重新开始按钮
    restart.onclick = function(){
        _t.container.parentNode.removeChild(result);        //删除结果
        _t.again();
        _t.mode = m;                                        //设置游戏模式
        _t.start(v);
        result.style.display = "none";                      //隐藏元素
        return false;
    }
    var select = document.getElementById("select");         //获取元素
    select.onclick = function(){
        _t.container.parentNode.removeChild(result);        //删除结果
        mode.style.display = 'block';                       //显示游戏模式
        _t.again();
    }
}
```

3.5 项 目 运 行

通过前述步骤，设计并完成了“别踩白块儿小游戏”项目的开发。下面运行该项目，检验一下我们的开发成果。在浏览器中打开项目文件夹中的 index.html 文件即可成功运行该项目，运行后会进入游戏初始界面，效果如图 3.14 所示。单击“开始”按钮，并选择游戏模式后进入指定的游戏界面。经典模式游戏进行中的界面效果如图 3.15 所示。街机模式游戏进行中的界面效果如图 3.16 所示。

图 3.14　游戏初始界面

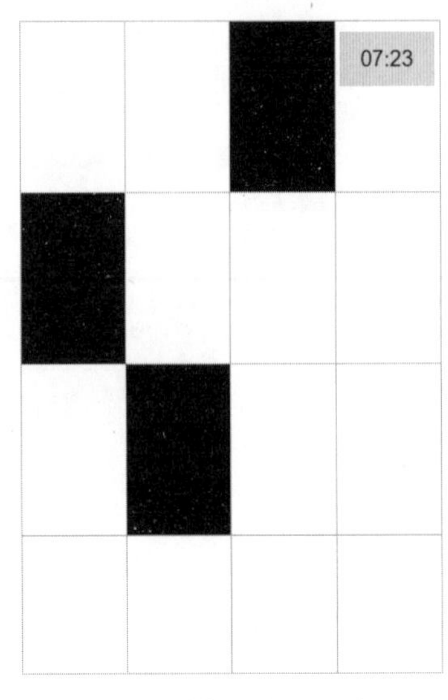

图 3.15　经典模式游戏界面

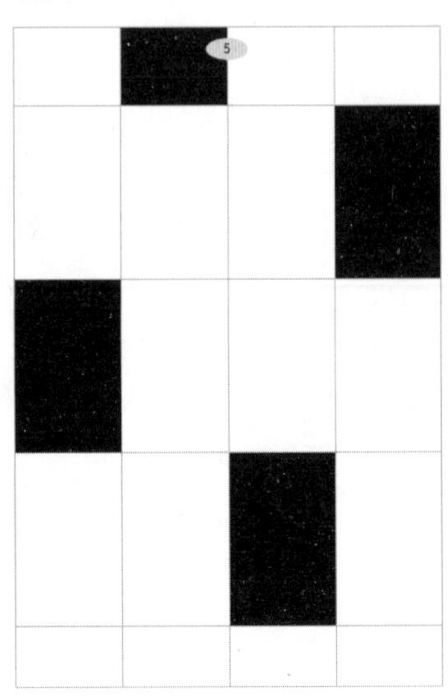

图 3.16　街机模式游戏界面

3.6　源 码 下 载

虽然本章详细地讲解了如何编码实现“别踩白块儿小游戏”的各个功能，但给出的代码都是代码片段。为了方便读者学习，本书提供了完整的项目源码，扫描右侧二维码即可下载。

第4章 五子棋小游戏

——对象 + 事件处理 + DOM 文档对象模型 + 二维数组

五子棋是一款容易上手、老少皆宜的益智趣味游戏。游戏双方分别使用黑白两色的棋子，下在棋盘横线与竖线的交叉点上，先形成 5 子连线者获胜。本章将使用 JavaScript 中的对象、事件处理、DOM 文档对象模型和二维数组等技术开发五子棋小游戏。

本项目的核心功能及实现技术如下：

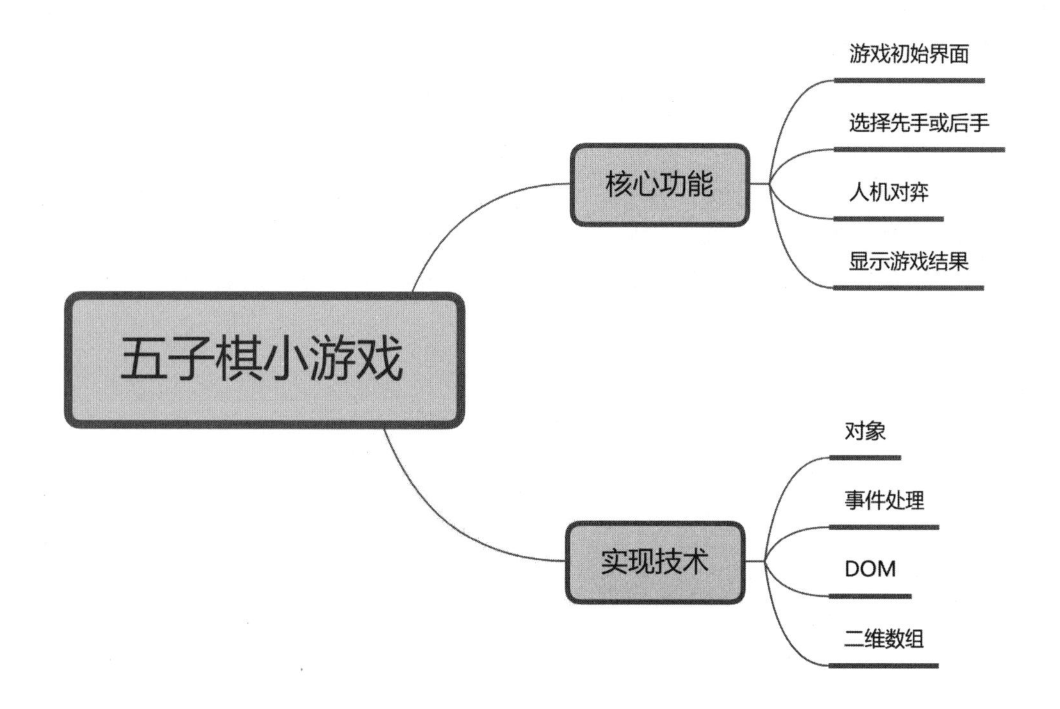

4.1 开发背景

随着计算机和互联网技术的飞速发展，计算机游戏已经成为人们休闲娱乐的主要方式之一，而棋类游戏是某些玩家的首选。在棋类游戏中，五子棋游戏吸引着不同年龄段的人群，无论男女老少都可以玩。五子棋作为一项棋类竞技运动，不仅能增强人的思维能力、提高智力，而且富含哲理、有助于修身养性。目前的五子棋程序发展得很快，从最初的双人对战到人机对弈，再到现在的网络对战，该游戏已经受到越来越多人的喜欢和重视。

本章将使用对象、事件处理、DOM 文档对象模型和二维数组来实现一个简单的五子棋人机对弈的小游戏，其实现目标如下：

☑ 游戏初始界面。
☑ 人机对弈。
☑ 游戏结果界面。

4.2 系统设计

4.2.1 开发环境

本项目的开发及运行环境如下：
☑ 操作系统：推荐 Windows 10、11 及以上，兼容 Windows 7（SP1）。
☑ 开发工具：WebStorm。
☑ 开发语言：JavaScript。

4.2.2 业务流程

在运行五子棋小游戏后，首先进入游戏初始界面。玩家选择先手还是后手之后，单击界面中的“开始”按钮开始游戏。玩家或计算机下子后需要判断玩家或计算机是否取胜，如果未取胜则继续下子，如果玩家或计算机取胜，则游戏结束，单击“开始”按钮后可以重新开始游戏。

本项目的业务流程如图 4.1 所示。

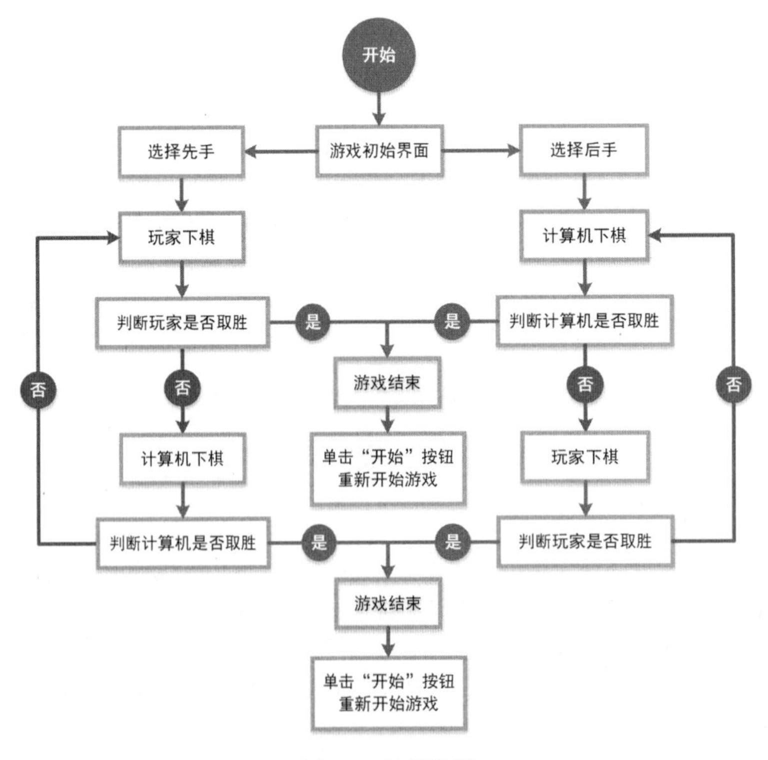

图 4.1 业务流程

4.2.3 功能结构

本项目的功能结构已经在章首页中给出。作为一个五子棋小游戏的应用，本项目实现的具体功能如下：

- ☑ 游戏初始界面：游戏初始界面主要用于显示游戏棋盘和“先手”“后手”“开始”三个按钮。
- ☑ 选择先手还是后手：单击“先手”按钮，玩家先下子，然后计算机下子。单击“后手”按钮，再单击“开始”按钮，计算机先下子，然后玩家下子。
- ☑ 实现人机对弈：玩家单击棋盘中的交叉点开始下子，玩家执黑子，计算机执白子。在游戏过程中可以随时单击“重玩”按钮重新开始游戏。
- ☑ 游戏结果界面：游戏双方先形成 5 子连线者获胜。如果玩家取胜则会显示胜利的图片效果，否则会显示失败的图片效果。

4.3 技术准备

4.3.1 技术概览

在开发五子棋小游戏时应用了 JavaScript 中的对象、事件处理、DOM 文档对象模型，下面将简述本项目所用的这些核心技术点及其具体作用。

1. 对象

对象是 JavaScript 中的基本数据类型之一，是一种复合的数据类型。它将多种数据类型集中在一个数据单元中，并允许通过对象来存取这些数据的值。在 JavaScript 中，对象包含两个要素：属性和方法。通过访问或设置对象的属性，并且调用对象的方法，就可以对对象进行各种操作，从而获得需要的功能。

创建对象的语法格式如下：

```
var 对象名 ={属性名 1:属性值 1,属性名 2:属性值 2,属性名 3:属性值 3...}
```

由语法格式可以看出，在创建对象时，所有属性都放在大括号中，属性之间用逗号分隔，每个属性都由属性名和属性值两部分组成，属性名和属性值之间用冒号隔开。

例如，创建一个商品对象 goods，并设置 3 个属性，分别为 name、price 和 number，代码如下：

```
var goods = {                                          //创建 goods 对象
    name: "戴尔笔记本电脑",
    price: 3666,
    number: 2
}
```

在创建对象时，也可以定义对象的方法，方法以函数的形式存储在属性中。在定义方法时，通常会使用 this 关键字，this 关键字表示对对象自己的引用。例如，在 goods 对象中定义一个方法 show()，该方法用于输出商品信息，代码如下：

```
var goods = {                                          //创建 goods 对象
    name: "戴尔笔记本电脑",
    price: 3666,
    number: 2
     show:function(){
          alert("商品名称："+this.name+"\n 商品单价："+this.price+"\n 商品数量："+this.number); //输出商品信息
     }
}
```

访问对象的方法可以使用“对象名.方法名()”的形式。例如，访问 goods 对象中定义的 show()方法，输出定义的商品信息，代码如下：

```
goods.show();                                                    //访问 show()方法
```

2. 事件处理

事件处理是对象化编程的一个很重要的环节，它可以使程序的逻辑结构更加清晰，以及使程序更具有灵活性，进而提高程序的开发效率。

事件是一些可以通过脚本响应的页面动作。当用户按下鼠标键或者提交一个表单，甚至在页面上移动鼠标时，事件就会出现。事件处理是一段 JavaScript 代码，总是与页面的特定部分以及一定的事件相关联。当与页面特定部分关联的事件发生时，事件处理器就会被调用。

在本项目中，主要应用了 JavaScript 中的 4 个常用事件，分别是 onclick、onmouseenter、onmouseleave 和 onload 事件。

onclick 事件在单击鼠标时触发。单击是指鼠标停留在对象上时按下鼠标键，并在没有移动鼠标的情况下释放鼠标键的这一完整过程。例如，单击页面中的“变换背景”按钮，将页面的背景颜色设置为蓝色。代码如下：

```
<input type="button" id="but" value="变换背景" onclick="turncolors()">
<script>
document.getElementById("but").onclick = function(){
        document.bgColor = "#0000FF";
};
</script>
```

onmouseenter 事件在鼠标指针移动到元素上时触发。onmouseleave 事件在鼠标指针移出元素时触发。例如，在 h1 标题上使用 onmouseenter 和 onmouseleave 事件，当鼠标移动到标题上时将标题颜色设置为红色，当鼠标移出标题时将标题颜色设置为黑色，代码如下：

```
<h1 id="demo">有志者事竟成</h1>
<script>
document.getElementById("demo").onmouseenter = function() {
        mouseEnter()
};
document.getElementById("demo").onmouseleave = function() {
        mouseLeave()
};
function mouseEnter() {
      document.getElementById("demo").style.color = "#FF0000";
}
function mouseLeave() {
      document.getElementById("demo").style.color = "#000000";
}
</script>
```

说明

onmouseenter 事件类似于 onmouseover 事件。唯一的区别是 onmouseenter 事件不支持事件冒泡。

onload 事件在页面或者页面中的某个元素加载完成时触发。例如，页面加载完毕后弹出一个对话框，代码如下：

```
<script type="text/javascript">
      function myFun(){
            alert("页面已加载完成");
```

```
    }
</script>
<body onload="myFun()">
    <h1>欢迎访问本网站</h1>
</body>
```

3. DOM 文档对象模型

DOM 是访问和操作 Web 页面的接口，使用该接口可以访问页面中的其他标准组件。在本项目中，主要应用了 DOM 中的 appendChild()方法、removeChild()方法和 innerHTML 属性。

appendChild()方法用于将新的子节点添加到当前节点的末尾处。appendChild()方法的语法格式如下：

```
obj.appendChild(newChild)
```

例如，创建一个 div 元素，并设置元素的宽度、高度和背景颜色，再将该 div 元素添加到页面中。代码如下：

```
var div = document.createElement("div");            //创建 div 元素
div.style.width = "100px";                          //设置宽度
div.style.height = "50px";                          //设置高度
div.style.backgroundColor = "#0000FF";              //设置背景颜色
document.body.appendChild(div);                     //向 body 中添加 div 元素
```

removeChild()方法用于删除某个子节点，语法格式如下：

```
obj. removeChild(oldChild)
```

例如，使用 removeChild()方法动态删除页面中指定的文本，代码如下：

```
<div id="di"><p>春眠不觉晓</p><p>处处闻啼鸟</p><p>夜来风雨声</p><p>花落知多少</p></div>
<button type="button" id="but">删除</button>
<script>
    document.getElementById('but').onclick = function(){
        var deleteN=document.getElementById('di');         //获取指定 id 的元素
        if(deleteN.hasChildNodes()){                       //判断是否有子节点
            deleteN.removeChild(deleteN.lastChild);        //删除节点
        }
    }

</script>
```

innerHTML 属性用于设置或获取元素含有的 HTML 文本，不包括元素本身的开始标记和结束标记。通过该属性可以使用指定的 HTML 文本替换元素的内容。

例如，通过 innerHTML 属性设置<div>标签的内容，代码如下：

```
<body>
<div id="date"></div>
<script type="text/javascript">
    document.getElementById("date").innerHTML="2024-<b>05</b>-26";
</script>
</body>
```

有关对象、事件处理和 DOM 文档对象模型等方面的基础知识在《JavaScript 从入门到精通（第 5 版）》中有详细的讲解，对这些知识不太熟悉的读者可以参考该书对应的内容。下面将对二维数组进行必要介绍，以确保读者可以顺利完成本项目。

4.3.2 二维数组

在 JavaScript 中，二维数组是一种特殊的数组类型。如果数组中的每一个元素也是一个数组，那么该数组就是一个二维数组。例如，创建一个包含 3 个元素的二维数组，数组中的每个元素也是一个长度为 3 的数组，代码如下：

```
var arr = [
        [1,2,3],
        [4,5,6],
        [7,8,9]
];
```

访问二维数组可以使用“数组名[下标 1][下标 2]”的形式。使用“数组名[下标 1]”可以得到一个一维数组，使用“数组名[下标 1][下标 2]”可以得到一维数组中的元素。

例如，获取二维数组 arr 中第二个数组元素中的第三个元素，代码如下：

```
var arr = [
        [1,2,3],
        [4,5,6],
        [7,8,9]
];
document.write(arr[1][2]);
```

4.4 游戏初始界面设计

该游戏的初始界面包括一个五子棋的棋盘、一个“先手”按钮、一个“后手”按钮和一个“开始”按钮。五子棋的棋盘是由 15 条横线和 15 条竖线垂直交叉而成的。在棋盘上，横竖线交叉形成的 225 个交叉点为对弈时的落子点。初始界面的效果如图 4.2 所示。

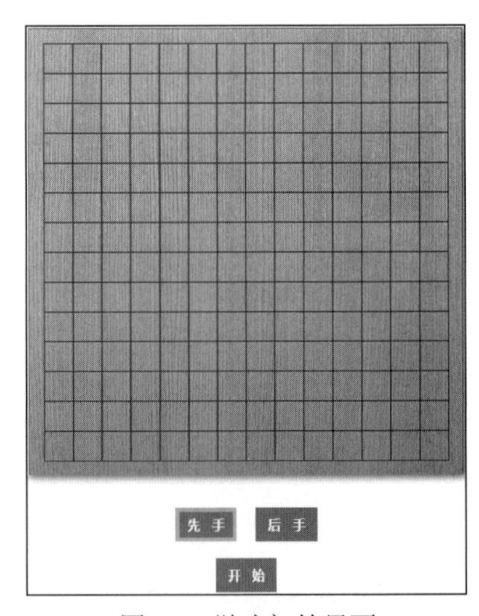

图 4.2　游戏初始界面

4.4.1 创建主页

开发五子棋小游戏需要创建主页文件 index.html，还需要为页面中的元素设置样式。主页的实现步骤如下。

（1）在 index.html 文件中定义一个 id 属性值为 wrapper 的 div 元素，在该元素中添加两个 div 元素，第一个 div 元素用于定义棋盘，在第二个 div 元素中添加 3 个超链接，分别作为游戏的“先手”“后手”和“开始”按钮。代码如下：

```
<div class="wrapper">
        <div class="chessboard" id="chessboard"></div>
        <div class="right">
                <a id="first_btn" class="btn" href="#">先   手</a>
                <a id="back_btn" class="btn" href="#">后   手</a>
                <a id="play_btn" class="btn" href="#">开   始</a>
        </div>
</div>
```

（2）新建 css 文件夹，在文件夹中创建 chess.css 文件，在文件中编写游戏界面的样式，代码如下：

```
.wrapper {
        width: 600px;                                          /*设置宽度*/
```

```
        margin:0 auto;                                          /*设置外边距*/
        position: relative;                                     /*设置相对定位*/
}
div.chessboard {
        margin: 60px auto;                                      /*设置外边距*/
        width: 542px;                                           /*设置宽度*/
        background: url(../images/chessboard.png) no-repeat;    /*设置背景图像*/
        overflow: hidden;                                       /*设置溢出内容隐藏*/
        box-shadow: 2px 2px 8px #888;                           /*设置阴影*/
}
div.chessboard div {
        float: left;                                            /*设置左浮动*/
        width: 36px;                                            /*设置宽度*/
        height: 36px;                                           /*设置高度*/
        border: 0;                                              /*设置无边框*/
        cursor: pointer;                                        /*设置鼠标形状*/
}
div.chessboard div.black {
        background: url(../images/black.png) no-repeat 4px 4px;         /*设置背景图像*/
}
div.chessboard div.white {
        background: url(../images/white.png) no-repeat 4px 4px;         /*设置背景图像*/
}
div.chessboard div.hover {
        background: url(../images/hover.png) no-repeat 1px 1px;         /*设置背景图像*/
}
div.chessboard div.hover-up {
        background: url(../images/hover_up.png) no-repeat 1px 1px;      /*设置背景图像*/
}
div.chessboard div.hover-down {
        background: url(../images/hover_down.png) no-repeat 1px 1px;    /*设置背景图像*/
}
div.chessboard div.hover-up-left {
        background: url(../images/hover_up_left.png) no-repeat 1px 1px;         /*设置背景图像*/
}
div.chessboard div.hover-up-right {
        background: url(../images/hover_up_right.png) no-repeat 1px 1px;        /*设置背景图像*/
}
div.chessboard div.hover-left {
        background: url(../images/hover_left.png) no-repeat 1px 1px;    /*设置背景图像*/
}
div.chessboard div.hover-right {
        background: url(../images/hover_right.png) no-repeat 1px 1px;   /*设置背景图像*/
}
div.chessboard div.hover-down-left {
        background: url(../images/hover_down_left.png) no-repeat 1px 1px;       /*设置背景图像*/
}
div.chessboard div.hover-down-right {
        background: url(../images/hover_down_right.png) no-repeat 1px 1px;      /*设置背景图像*/
}
div.chessboard div.white-last {
        background: url(../images/white_last.png) no-repeat 4px 4px;    /*设置背景图像*/
}
div.chessboard div.black-last {
        background: url(../images/black_last.png) no-repeat 4px 4px;    /*设置背景图像*/
}
div.right {
        position: absolute;                                     /*设置绝对定位*/
        left: 200px;                                            /*设置元素到父元素左端的距离*/
        top: 570px;                                             /*设置元素到父元素顶端的距离*/
        width: 200px;                                           /*设置宽度*/
        text-align: center;                                     /*设置文本水平居中显示*/
```

```
}
.right a {
	display: inline-block;                       /*设置元素为行内块元素*/
	margin: 10px;                                /*设置外边距*/
	padding: 10px 15px;                          /*设置内边距*/
	background: #3399FF;                         /*设置背景颜色*/
	text-decoration: none;                       /*设置无下画线*/
	color: #FFF;                                 /*设置文字颜色*/
	font-weight: bold;                           /*设置字体粗细*/
	font-size: 16px;                             /*设置字体大小*/
	font-family: "微软雅黑";                      /*设置字体*/
}
.right a:hover {
	background: #AACCFF;                         /*设置背景颜色*/
	text-decoration: none;                       /*设置无下画线*/
}
.right a.disable{
	cursor: default;                             /*设置鼠标形状*/
	background: #CCCCCC;                         /*设置背景颜色*/
	color: #777777;                              /*设置文字颜色*/
}
.right a.selected {
	border: 5px solid #F3C246;                   /*设置边框*/
	padding: 5px 10px;                           /*设置内边距*/
}
#result_tips {
	color: #CE4246;                              /*设置文字颜色*/
	font-size: 26px;                             /*设置字体大小*/
	font-family: "微软雅黑";                      /*设置字体*/
}
#result_info {
	margin-bottom: 26px;                         /*设置下外边距*/
}
.imgDiv{
	border:1px solid #FF0000;                    /*设置边框*/
	position:absolute;                           /*设置绝对定位*/
	top:0;                                       /*设置元素到父元素顶端距离*/
	z-index:10;                                  /*设置堆叠顺序*/
}
```

（3）在 index.html 文件中引入 chess.css 文件。引入 CSS 文件的代码如下：

```
<link rel="stylesheet" type="text/css" href="css/chess.css">
```

4.4.2 游戏初始化

要生成五子棋的棋盘，需要对游戏进行初始化操作。游戏初始化的实现方法如下。

（1）新建 js 文件夹，在文件夹中创建 chess.js 文件，在文件中编写 JavaScript 代码。创建一个名为 Gobang 的对象，在对象中定义多个属性和初始化棋盘的方法 init()。在 init()方法中分别定义单击“先手”按钮、单击“后手”按钮和单击“开始”按钮执行的操作。代码如下：

```
var Gobang = {
    NO_CHESS: 0,                                 //无棋位置的值
    BLACK_CHESS: -1,                             //黑棋的值
    WHITE_CHESS: 1,                              //白棋的值
    chessArr: [],                                //记录棋子
    chessboardHtml: "",                          //棋盘 HTML
    playerColor: "black",                        //玩家棋子颜色
```

```
    comColor: "white",                                          //计算机棋子颜色
    isPlayerTurn: true,                                         //是否轮到玩家下棋
    isGameStart: false,                                         //游戏是否已经开始
    isGameOver: false,                                          //游戏是否已经结束
    playerLastChess: [],                                        //玩家最后下子位置
    comLastChess: [],                                           //计算机最后下子位置
    isBack: false,
    init: function () {
        var chessboard = document.getElementById("chessboard");
        //初始化棋盘
        for(var i = 0; i < 15 * 15;i++){
            var div = document.createElement("div");            //创建 div 元素
            chessboard.appendChild(div);                        //添加 div 元素
        }
        this.chessboardHtml = chessboard.innerHTML;             //设置棋盘内容
        var _t = this;
        var firstBtn = document.getElementById("first_btn");
        var backBtn = document.getElementById("back_btn");
        var playBtn = document.getElementById("play_btn");
        firstBtn.classList.add("selected");                     //添加类
        firstBtn.onclick = function(event){
            event.preventDefault();
            if(!_t.isGameStart){
                this.classList.add("selected");                 //添加类
                backBtn.classList.remove("selected");           //移除类
                _t.isBack = false;
            }
        }
        backBtn.onclick = function(event){
            event.preventDefault();
            if(!_t.isGameStart) {
                this.classList.add("selected");                 //添加类
                firstBtn.classList.remove("selected");          //移除类
                _t.isBack = true;
            }
        }
        //单击操作按钮
        playBtn.onclick = function (event) {
            event.preventDefault();
            _t.resetChessBoard();                               //重置棋盘
            if (_t.isGameStart) {                               //如果游戏已经开始
                firstBtn.classList.remove("disable");           //移除类
                backBtn.classList.remove("disable");            //移除类
                _t.gameOver();                                  //游戏结束
            } else {
                firstBtn.classList.add("disable");              //添加类
                backBtn.classList.add("disable");               //添加类
                _t.gameStart();                                 //游戏开始
                if(_t.isBack) _t.comTurn();                     //如果选择后手，就让计算机先下子
            }
        };
        this.resetChessBoard();                                 //重置棋盘
    }
}
```

（2）当页面加载完成后，调用 Gobang 对象中的 init()方法对游戏进行初始化。代码如下：

```
window.onload = function() {
    Gobang.init();                                              //游戏初始化
};
```

4.5 实现人机对弈

在开始游戏时，玩家执黑棋，计算机执白棋。棋子只能下在棋盘中的空白交叉点上。如果选择玩家先手，则玩家先下子，计算机后下子，效果如图 4.3 所示；如果选择玩家后手，则计算机先下子，玩家后下子，效果如图 4.4 所示。

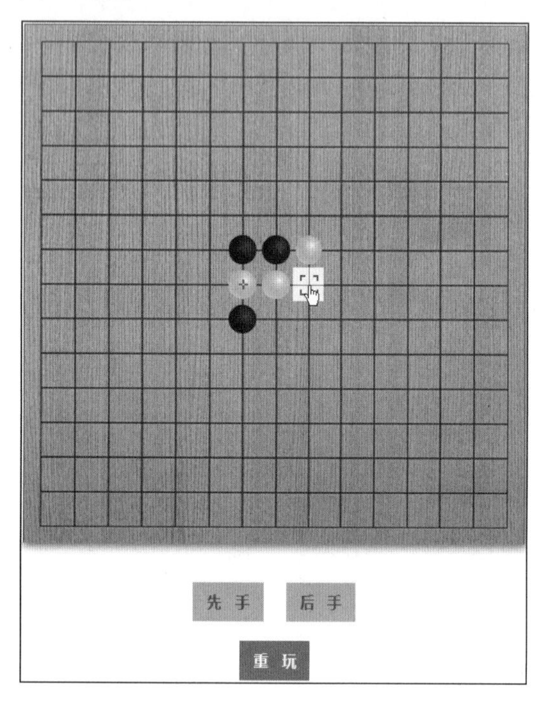

图 4.3 玩家先手

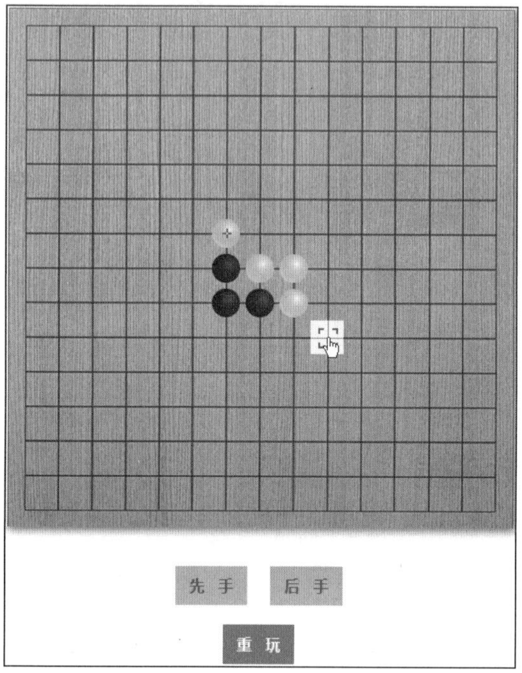

图 4.4 玩家后手

4.5.1 玩家下棋

如果选择玩家先手，玩家直接单击棋盘中的交叉点就开始下子，或者先单击“开始”按钮，再单击棋盘中的交叉点开始下子。玩家下棋的实现方法如下。

（1）在 Gobang 对象中分别定义游戏开始的方法 gameStart()、游戏结束的方法 gameOver()，以及玩家或计算机下棋的方法 playChess()，代码如下：

```
//游戏开始
gameStart: function () {
    this.isGameStart = true;
    document.getElementById("play_btn").innerHTML = "重   玩";        //设置按钮文字
},
//游戏结束
gameOver: function () {
    this.isGameStart = false;
    var firstBtn = document.getElementById("first_btn");
    var backBtn = document.getElementById("back_btn");
    firstBtn.classList.remove("disable");                                           //移除类
    backBtn.classList.remove("disable");                                            //移除类
```

```
        document.getElementById("play_btn").innerHTML = "开   始";        //设置按钮文字
    },
    //下棋
    playChess: function (i, j, color) {
        //设置该位置棋子的值
        this.chessArr[i][j] = color === "black" ? this.BLACK_CHESS : this.WHITE_CHESS;
        var chessboard = document.getElementById("chessboard");
        var divs = chessboard.getElementsByTagName("div");
        if (color === this.comColor) {
            //为计算机上一个棋子添加类
            chessboard.getElementsByClassName(color + "-last")[0]?.classList.add(color);
            //移除计算机上一个棋子的类
            chessboard.getElementsByClassName(color + "-last")[0]?.classList.remove(color + "-last");
            divs[i * 15 + j].classList.add(color + "-last");                    //为计算机新下的棋子添加类
        } else {
            divs[i * 15 + j].classList.add(color);                              //为玩家新下的棋子添加类
        }
    }
```

（2）在 Gobang 对象中定义重置棋盘的方法 resetChessBoard()，在方法中定义单击棋盘时执行的函数，以及鼠标在棋盘上移动时执行的函数。单击棋盘时进行判断，如果当前位置没有棋子就调用 playChess()方法实现下棋。代码如下：

```
    //重置棋盘
    resetChessBoard: function () {
        var chessboard = document.getElementById("chessboard");
        chessboard.innerHTML = this.chessboardHtml;                             //设置棋盘内容
        this.isGameOver = false;
        //初始化棋子状态
        var i, j;
        for (i = 0; i < 15; i++) {
            this.chessArr[i] = [];
            for (j = 0; j < 15; j++) {
                this.chessArr[i][j] = this.NO_CHESS;
            }
        }
        //玩家下棋
        var _t = this;
        var divs = chessboard.getElementsByTagName("div");
        for(i = 0; i < divs.length; i++){
            divs[i].index = i;
        }
        for(i = 0; i < divs.length; i++){
            divs[i].onclick = function () {
                if (!_t.isPlayerTurn || _t.isGameOver) {
                    return;
                }
                if (!_t.isGameStart && _t.isBack) {
                    return;
                }
                if (!_t.isGameStart) {
                    var firstBtn = document.getElementById("first_btn");
                    var backBtn = document.getElementById("back_btn");
                    firstBtn.classList.add("disable");                          //添加类
                    backBtn.classList.add("disable");                           //添加类
                    _t.gameStart();                                             //开始游戏
                }
                var index = this.index,
                    i = Math.floor(index / 15),
                    j = index % 15;
                if (_t.chessArr[i][j] === _t.NO_CHESS) {                        //如果当前位置没有棋子
```

```
                _t.playChess(i, j, _t.playerColor);                    //下子
                //根据单击的位置移除指定的样式
                if (i === 0 && j === 0) {
                    this.classList.remove("hover-up-left");
                }
                else if (i === 0 && j === 14) {
                    this.classList.remove("hover-up-right");
                }
                else if (i === 14 && j === 0) {
                    this.classList.remove("hover-down-left");
                }
                else if (i === 14 && j === 14) {
                    this.classList.remove("hover-down-right");
                }
                else if (i === 0) {
                    this.classList.remove("hover-up");
                }
                else if (i === 14) {
                    this.classList.remove("hover-down");
                }
                else if (j === 0) {
                    this.classList.remove("hover-left");
                }
                else if (j === 14) {
                    this.classList.remove("hover-right");
                }
                else {
                    this.classList.remove("hover");
                }
                _t.playerLastChess = [i, j];
                _t.isPlayerWin(i, j);                                  //判断玩家是否取胜
            }
        };
    }
    //鼠标在棋盘上的移动效果
    for(i = 0; i < divs.length; i++){
        divs[i].onmouseenter = function () {
            if (!_t.isPlayerTurn || _t.isGameOver) {
                return;
            }
            if (!_t.isGameStart && _t.isBack) {
                return;
            }
            var index = this.index,
                i = Math.floor(index / 15),
                j = index % 15;
            if (_t.chessArr[i][j] === _t.NO_CHESS) {                   //如果当前位置没有棋子
                //根据鼠标指向的位置添加指定的样式
                if (i === 0 && j === 0) {
                    this.classList.add("hover-up-left");
                }
                else if (i === 0 && j === 14) {
                    this.classList.add("hover-up-right");
                }
                else if (i === 14 && j === 0) {
                    this.classList.add("hover-down-left");
                }
                else if (i === 14 && j === 14) {
                    this.classList.add("hover-down-right");
                }
                else if (i === 0) {
                    this.classList.add("hover-up");
```

```
                }
                else if (i === 14) {
                    this.classList.add("hover-down");
                }
                else if (j === 0) {
                    this.classList.add("hover-left");
                }
                else if (j === 14) {
                    this.classList.add("hover-right");
                }
                else {
                    this.classList.add("hover");
                }
            }
        };
        divs[i].onmouseleave = function () {
            if (!_t.isPlayerTurn || _t.isGameOver) { return; }
            var index = this.index,
                i = Math.floor(index / 15),
                j = index % 15;
            //根据鼠标移开的位置移除指定的样式
            if (i === 0 && j === 0) {
                this.classList.remove("hover-up-left");
            }
            else if (i === 0 && j === 14) {
                this.classList.remove("hover-up-right");
            }
            else if (i === 14 && j === 0) {
                this.classList.remove("hover-down-left");
            }
            else if (i === 14 && j === 14) {
                this.classList.remove("hover-down-right");
            }
            else if (i === 0) {
                this.classList.remove("hover-up");
            }
            else if (i === 14) {
                this.classList.remove("hover-down");
            }
            else if (j === 0) {
                this.classList.remove("hover-left");
            }
            else if (j === 14) {
                this.classList.remove("hover-right");
            }
            else {
                this.classList.remove("hover");
            }
        };
    }
}
```

4.5.2 判断玩家是否取胜

玩家下棋后需要判断玩家是否取胜。在 Gobang 对象中分别定义判断玩家是否获胜的方法 isPlayerWin()和玩家获胜时调用的方法 playerWin()。在 isPlayerWin()方法中，分别在水平、垂直、左斜和右斜四个方向上计算玩家连续棋子的个数，如果个数大于或等于 5 就可以判断玩家获得胜利。代码如下：

```
//玩家是否取胜
```

```
isPlayerWin: function (i, j) {
    var nums = 1,                                         //连续棋子个数
        chessColor = this.BLACK_CHESS,
        m, n;
    //x 方向
    for (m = j - 1; m >= 0; m--) {
        if (this.chessArr[i][m] === chessColor) {
            nums++;
        } else {
            break;
        }
    }
    for (m = j + 1; m < 15; m++) {
        if (this.chessArr[i][m] === chessColor) {
            nums++;
        } else {
            break;
        }
    }
    if (nums >= 5) {
        this.playerWin();                                 //玩家胜利
        return;
    } else {
        nums = 1;
    }
    //y 方向
    for (m = i - 1; m >= 0; m--) {
        if (this.chessArr[m][j] === chessColor) {
            nums++;
        } else {
            break;
        }
    }
    for (m = i + 1; m < 15; m++) {
        if (this.chessArr[m][j] === chessColor) {
            nums++;
        } else {
            break;
        }
    }
    if (nums >= 5) {
        this.playerWin();                                 //玩家胜利
        return;
    } else {
        nums = 1;
    }
    //左斜方向
    for (m = i - 1, n = j - 1; m >= 0 && n >= 0; m--, n--) {
        if (this.chessArr[m][n] === chessColor) {
            nums++;
        } else {
            break;
        }
    }
    for (m = i + 1, n = j + 1; m < 15 && n < 15; m++, n++) {
        if (this.chessArr[m][n] === chessColor) {
            nums++;
        } else {
            break;
        }
    }
    if (nums >= 5) {
        this.playerWin();                                 //玩家胜利
        return;
```

```
        } else {
            nums = 1;
        }
        //右斜方向
        for (m = i - 1, n = j + 1; m >= 0 && n < 15; m--, n++) {
            if (this.chessArr[m][n] === chessColor) {
                nums++;
            } else {
                break;
            }
        }
        for (m = i + 1, n = j - 1; m < 15 && n >= 0; m++, n--) {
            if (this.chessArr[m][n] === chessColor) {
                nums++;
            } else {
                break;
            }
        }
        if (nums >= 5) {
            this.playerWin();                          //玩家胜利
            return;
        }
        this.comTurn();                                //计算机下棋
    },
    //玩家获胜
    playerWin: function () {
        this.showResult(true);                         //显示结果
        this.gameOver();                               //游戏结束
    }
```

4.5.3 计算机下棋

通过 isPlayerWin()方法可以判断玩家是否取胜，如果玩家未取胜，则会调用实现计算机下棋的方法 comTurn()。在 Gobang 对象中定义 comTurn()方法，在方法中调用 playChess()方法实现计算机下棋，并判断计算机是否满足获胜的条件，如果计算机获胜就显示游戏结果。代码如下：

```
//计算机下棋
    comTurn: function () {
        this.isPlayerTurn = false;
        var maxX = 0,
            maxY = 0,
            maxWeight = 0,
            i, j, tem;
        for (i = 14; i >= 0; i--) {
            for (j = 14; j >= 0; j--) {
                if (this.chessArr[i][j] !== this.NO_CHESS) {     //如果该位置有棋子
                    continue;
                }
                tem = this.comWeight(i, j);                     //调用 comWeight()方法计算权重
                if (tem > maxWeight) {
                    maxWeight = tem;                            //获取最大权重
                    maxX = i;
                    maxY = j;
                }
            }
        }
        this.playChess(maxX, maxY, this.comColor);              //计算机下棋
        this.comLastChess = [maxX, maxY];
        //计算机胜利的条件
        if ((maxWeight >= 100000 && maxWeight < 250000) || (maxWeight >= 500000)) {
            this.showResult(false);                             //显示结果
```

```
                this.gameOver();                                    //游戏结束
                this.isPlayerTurn = true;
            } else {
                this.isPlayerTurn = true;
            }
        }
```

4.5.4 棋子权重的判断

计算机在下棋时首先需要计算棋盘中各个空白交叉点的权重，权重最高的交叉点即为计算机下棋的位置。判断棋子权重的实现方法如下。

（1）在 Gobang 对象中分别定义统计水平、垂直、左斜和右斜四个方向连续棋子个数并判断连续棋子两端是否为空的方法，代码如下：

```
//统计 X 方向连子个数并判断两端是否为空
    numAndSideX: function (i, j, chessColor) {
        var m,
            nums = 1,
            side1 = false,
            side2 = false;
        for (m = j - 1; m >= 0; m--) {
            if (this.chessArr[i][m] === chessColor) {
                nums++;
            } else {
                if (this.chessArr[i][m] === this.NO_CHESS) {
                    side1 = true;
                }
                break;
            }
        }
        for (m = j + 1; m < 15; m++) {
            if (this.chessArr[i][m] === chessColor) {
                nums++;
            } else {
                if (this.chessArr[i][m] === this.NO_CHESS) {
                    side2 = true;
                }
                break;
            }
        }
        return {"nums": nums, "side1": side1, "side2": side2};
    },
    //统计 Y 方向连子个数并判断两端是否为空
    numAndSideY: function (i, j, chessColor) {
        var m,
            nums = 1,
            side1 = false,
            side2 = false;
        for (m = i - 1; m >= 0; m--) {
            if (this.chessArr[m][j] === chessColor) {
                nums++;
            } else {
                if (this.chessArr[m][j] === this.NO_CHESS) {
                    side1 = true;
                }
                break;
            }
        }
        for (m = i + 1; m < 15; m++) {
            if (this.chessArr[m][j] === chessColor) {
                nums++;
```

```
            } else {
                if (this.chessArr[m][j] === this.NO_CHESS) {
                    side2 = true;
                }
                break;
            }
        }
        return {"nums": nums, "side1": side1, "side2": side2};
    },
    //统计左斜方向连子个数并判断两端是否为空
    numAndSideXY: function (i, j, chessColor) {
        var m, n,
            nums = 1,
            side1 = false,
            side2 = false;
        for (m = i - 1, n = j - 1; m >= 0 && n >= 0; m--, n--) {
            if (this.chessArr[m][n] === chessColor) {
                nums++;
            } else {
                if (this.chessArr[m][n] === this.NO_CHESS) {
                    side1 = true;
                }
                break;
            }
        }
        for (m = i + 1, n = j + 1; m < 15 && n < 15; m++, n++) {
            if (this.chessArr[m][n] === chessColor) {
                nums++;
            } else {
                if (this.chessArr[m][n] === this.NO_CHESS) {
                    side2 = true;
                }
                break;
            }
        }
        return {"nums": nums, "side1": side1, "side2": side2};
    },
    //统计右斜方向连子个数并判断两端是否为空
    numAndSideYX: function (i, j, chessColor) {
        var m, n,
            nums = 1,
            side1 = false,
            side2 = false;
        for (m = i - 1, n = j + 1; m >= 0 && n < 15; m--, n++) {
            if (this.chessArr[m][n] === chessColor) {
                nums++;
            } else {
                if (this.chessArr[m][n] === this.NO_CHESS) {
                    side1 = true;
                }
                break;
            }
        }
        for (m = i + 1, n = j - 1; m < 15 && n >= 0; m++, n--) {
            if (this.chessArr[m][n] === chessColor) {
                nums++;
            } else {
                if (this.chessArr[m][n] === this.NO_CHESS) {
                    side2 = true;
                }
                break;
            }
        }
        return {"nums": nums, "side1": side1, "side2": side2};
```

```
    }
```

（2）在 Gobang 对象中定义 judgeWeight()方法，在方法中使用 switch 语句，在语句中根据连续棋子的个数和棋子两端是否为空来判断权重。代码如下：

```
//判断权重
    judgeWeight: function (nums, side1, side2, isCom) {
        var weight = 0;
        switch (nums) {
            case 1:
                if (side1 && side2) {
                    weight = isCom ? 15 : 10;                //一个子两边为空
                }
                break;
            case 2:
                if (side1 && side2) {
                    weight = isCom ? 100 : 50;               //两个连子两边为空
                }
                else if (side1 || side2) {
                    weight = isCom ? 10 : 5;                 //两个连子一边为空
                }
                break;
            case 3:
                if (side1 && side2) {
                    weight = isCom ? 500 : 200;              //三个连子两边为空
                }
                else if (side1 || side2) {
                    weight = isCom ? 30 : 20;                //三个连子一边为空
                }
                break;
            case 4:
                if (side1 && side2) {
                    weight = isCom ? 5000 : 2000;            //四个连子两边为空
                }
                else if (side1 || side2) {
                    weight = isCom ? 400 : 100;              //四个连子一边为空
                }
                break;
            case 5:
                weight = isCom ? 100000 : 10000;
                break;
            default:
                weight = isCom ? 500000 : 250000;
                break;
        }
        return weight;
    }
```

（3）在 Gobang 对象中定义 comWeight()方法，在该方法中计算玩家下棋后棋盘中某个空白位置的权重。代码如下：

```
//计算下子权重
    comWeight: function (i, j) {
        var weight = 14 - (Math.abs(i - 7) + Math.abs(j - 7)),     //基于棋盘位置的权重
            pointInfo = {},                                        //存储连子个数及两端是否为空的信息
            chessColor = this.WHITE_CHESS;
        //x 方向
        pointInfo = this.numAndSideX(i, j, chessColor);
        //计算机下子权重
        weight += this.judgeWeight(pointInfo.nums, pointInfo.side1, pointInfo.side2, true);
        pointInfo = this.numAndSideX(i, j, -chessColor);
        //玩家下子权重
        weight += this.judgeWeight(pointInfo.nums, pointInfo.side1, pointInfo.side2, false);
        //y 方向
```

```
        pointInfo = this.numAndSideY(i, j, chessColor);
        //计算机下子权重
        weight += this.judgeWeight(pointInfo.nums, pointInfo.side1, pointInfo.side2, true);
        pointInfo = this.numAndSideY(i, j, -chessColor);
        //玩家下子权重
        weight += this.judgeWeight(pointInfo.nums, pointInfo.side1, pointInfo.side2, false);
        //左斜方向
        pointInfo = this.numAndSideXY(i, j, chessColor);
        //计算机下子权重
        weight += this.judgeWeight(pointInfo.nums, pointInfo.side1, pointInfo.side2, true);
        pointInfo = this.numAndSideXY(i, j, -chessColor);
        //玩家下子权重
        weight += this.judgeWeight(pointInfo.nums, pointInfo.side1, pointInfo.side2, false);
        //右斜方向
        pointInfo = this.numAndSideYX(i, j, chessColor);
        //计算机下子权重
        weight += this.judgeWeight(pointInfo.nums, pointInfo.side1, pointInfo.side2, true);
        pointInfo = this.numAndSideYX(i, j, -chessColor);
        //玩家下子权重
        weight += this.judgeWeight(pointInfo.nums, pointInfo.side1, pointInfo.side2, false);
        return weight;
}
```

4.6 显示游戏结果

在玩家和计算机分出胜负后，页面中会显示游戏结果，获胜方形成 5 子连线的棋子会以特定的标记进行显示。玩家获胜的界面效果如图 4.5 所示。计算机获胜的界面效果如图 4.6 所示。

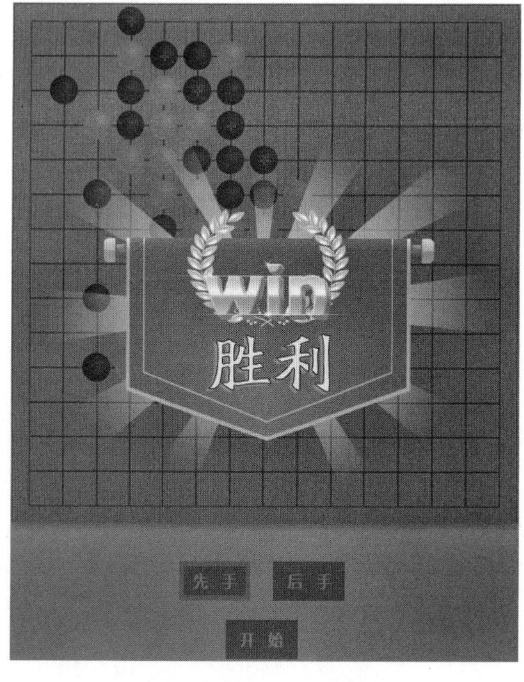

图 4.5 玩家获胜

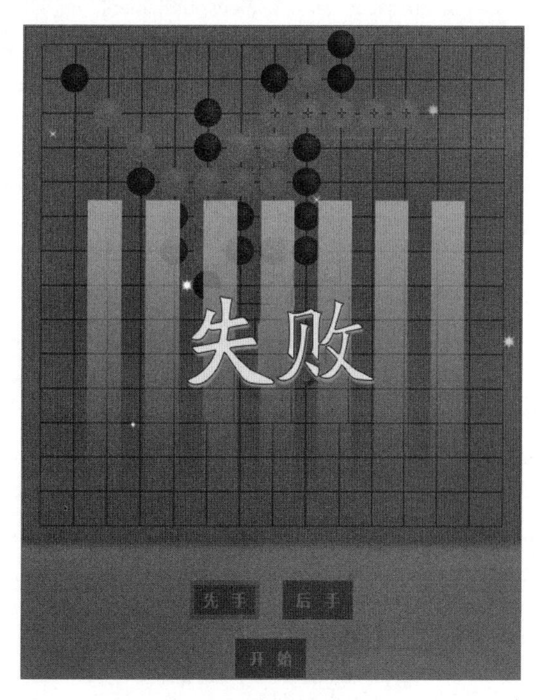

图 4.6 计算机获胜

显示游戏结果的实现方法如下。

（1）在 Gobang 对象中定义 markChess()方法，在该方法中为获胜方形成 5 子连线的棋子标记样式。代码如下：

```
//标记棋子样式
    markChess: function (pos, color) {
        var chessboard = document.getElementById("chessboard");
        var divs = chessboard.getElementsByTagName("div");
        divs[pos].classList.remove(color);                          //移除类
        divs[pos].classList.add(color + "-last");                   //添加类
    }
```

（2）在 Gobang 对象中定义 markWinChesses()方法，在该方法中使用数组保存获胜方连续棋子的位置，并统计连续棋子的个数，再调用 markChess()方法标记连续棋子的样式。代码如下：

```
//标记显示获胜棋子
    markWinChesses: function (isPlayerWin) {
        var nums = 1,                                               //连续棋子个数
            lineChess = [],                                         //连续棋子位置
            i,
            j,
            k,
            chessColor,
            m, n;
        if (isPlayerWin) {
            chessColor = this.BLACK_CHESS;
            i = this.playerLastChess[0];
            j = this.playerLastChess[1];
        } else {
            chessColor = this.WHITE_CHESS;
            i = this.comLastChess[0];
            j = this.comLastChess[1];
        }
        var chessboard = document.getElementById("chessboard");
        var divs = chessboard.getElementsByTagName("div");
        //为计算机最后下子添加类
        chessboard.getElementsByClassName(this.comColor + "-last")[0]?.classList.add(this.comColor);
        //移除计算机最后下子的类
        chessboard.getElementsByClassName(this.comColor + "-last")[0]?.classList.remove(this.comColor + "-last");
        //x 方向
        lineChess[0] = [i,j];                                       //定义第一个数组元素
        for (m = j - 1; m >= 0; m--) {
            if (this.chessArr[i][m] === chessColor) {
                lineChess[nums] = [i,m];
                nums++;
            } else {
                break;
            }
        }
        for (m = j + 1; m < 15; m++) {
            if (this.chessArr[i][m] === chessColor) {
                lineChess[nums] = [i,m];
                nums++;
            } else {
                break;
            }
        }
        if (nums >= 5) {
            for (k = nums - 1; k >= 0; k--) {
                //调用 markChess()方法标记棋子样式
                this.markChess(lineChess[k][0] * 15 + lineChess[k][1], isPlayerWin ? this.playerColor : this.comColor);
            }
            return;
        }
```

```
//y 方向
nums = 1;
lineChess[0] = [i,j];
for (m = i - 1; m >= 0; m--) {
    if (this.chessArr[m][j] === chessColor) {
        lineChess[nums] = [m,j];
        nums++;
    } else {
        break;
    }
}
for (m = i + 1; m < 15; m++) {
    if (this.chessArr[m][j] === chessColor) {
        lineChess[nums] = [m,j];
        nums++;
    } else {
        break;
    }
}
if (nums >= 5) {
    for (k = nums - 1; k >= 0; k--) {
        //调用 markChess()方法标记棋子样式
        this.markChess(lineChess[k][0] * 15 + lineChess[k][1], isPlayerWin ? this.playerColor : this.comColor);
    }
    return;
}
//左斜方向
nums = 1;
lineChess[0] = [i,j];
for (m = i - 1, n = j - 1; m >= 0 && n >= 0; m--, n--) {
    if (this.chessArr[m][n] === chessColor) {
        lineChess[nums] = [m,n];
        nums++;
    } else {
        break;
    }
}
for (m = i + 1, n = j + 1; m < 15 && n < 15; m++, n++) {
    if (this.chessArr[m][n] === chessColor) {
        lineChess[nums] = [m,n];
        nums++;
    } else {
        break;
    }
}
if (nums >= 5) {
    for (k = nums - 1; k >= 0; k--) {
        //调用 markChess()方法标记棋子样式
        this.markChess(lineChess[k][0] * 15 + lineChess[k][1], isPlayerWin ? this.playerColor : this.comColor);
    }
    return;
}
//右斜方向
nums = 1;
lineChess[0] = [i,j];
for (m = i - 1, n = j + 1; m >= 0 && n < 15; m--, n++) {
    if (this.chessArr[m][n] === chessColor) {
        lineChess[nums] = [m,n];
        nums++;
    } else {
        break;
    }
```

```
            }
            for (m = i + 1, n = j - 1; m < 15 && n >= 0; m++, n--) {
                if (this.chessArr[m][n] === chessColor) {
                    lineChess[nums] = [m,n];
                    nums++;
                } else {
                    break;
                }
            }
            if (nums >= 5) {
                for (k = nums - 1; k >= 0; k--) {
                    //调用 markChess()方法标记棋子样式
                    this.markChess(lineChess[k][0] * 15 + lineChess[k][1], isPlayerWin ? this.playerColor : this.comColor);
                }
            }
        }
```

（3）在 Gobang 对象中定义 showResult()方法，在该方法中创建 div 元素，如果玩家获胜，就在 div 元素中显示胜利的图片效果，3 秒后图片消失，否则就在 div 元素中显示失败的图片效果，3 秒后图片消失。代码如下：

```
//显示结果
    showResult: function(isPlayerWin) {
        var resultDiv = document.createElement("div");              //创建 div 元素
        if (isPlayerWin) {
            resultDiv.id = "success";                                //设置元素 id
            resultDiv.classList.add("imgDiv");                       //为 div 添加类
            resultDiv.innerHTML = "<img src='images/success.png' width='100%' height='100%'>";//为 div 设置图片
            document.body.appendChild(resultDiv);                    //向 body 中添加 div 元素
            //3 秒后移除 div 元素
            setTimeout(function (){
                document.body.removeChild(resultDiv);
            },3000);
        } else {
            resultDiv.id = "failure";                                //设置元素 id
            resultDiv.classList.add("imgDiv");                       //为 div 添加类
            resultDiv.innerHTML = "<img src='images/failure.png' width='100%' height='100%'>";//为 div 设置图片
            document.body.appendChild(resultDiv);                    //向 body 中添加 div 元素
            //3 秒后移除 div 元素
            setTimeout(function (){
                document.body.removeChild(resultDiv);
            },3000);
        }
        this.isGameOver = true;
        this.markWinChesses(isPlayerWin);                            //调用 markWinChesses()方法标记显示获胜棋子
    }
```

4.7 项目运行

通过前述步骤，设计并完成了“五子棋小游戏”项目的开发。下面运行该项目，检验一下我们的开发成果。在浏览器中打开项目文件夹中的 index.html 文件即可成功运行该项目，运行后会进入游戏初始界面，效果如图 4.7 所示。如果选择玩家先手，直接单击棋盘中的交叉点，或者单击“开始”按钮后再单击棋盘中的交叉点开始下子，效果如图 4.8 所示。

如果选择玩家后手，单击“开始”按钮后计算机会先下子，效果如图 4.9 所示。

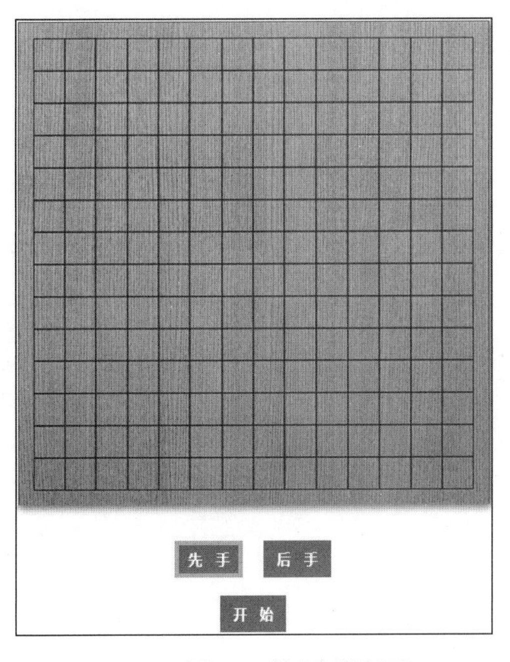

图 4.7　游戏初始界面

图 4.8　玩家先下子

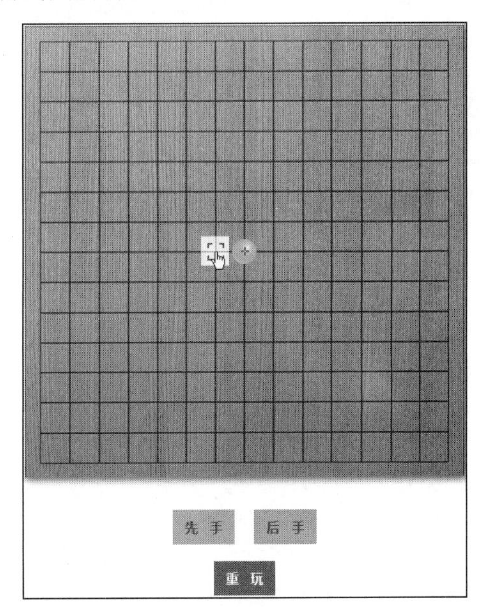

图 4.9　计算机先下子

4.8　源 码 下 载

虽然本章详细地讲解了如何编码实现“五子棋小游戏”的各个功能，但给出的代码都是代码片段。为了方便读者学习，本书提供了完整的项目源码，扫描右侧二维码即可下载。

第 5 章

明日在线教育网站

——图像处理 + Form 对象 + Window 对象 + localStorage

在线教育网站是一种新型在线教育平台。在线教育平台作为教育创新的重要组成部分，为用户提供了全新的教育方式和学习资源。本章将使用 JavaScript 中的图像处理、Form 对象、Window 对象和 localStorage 等技术开发一个在线教育平台——明日在线教育网站。

本项目的核心功能及实现技术如下：

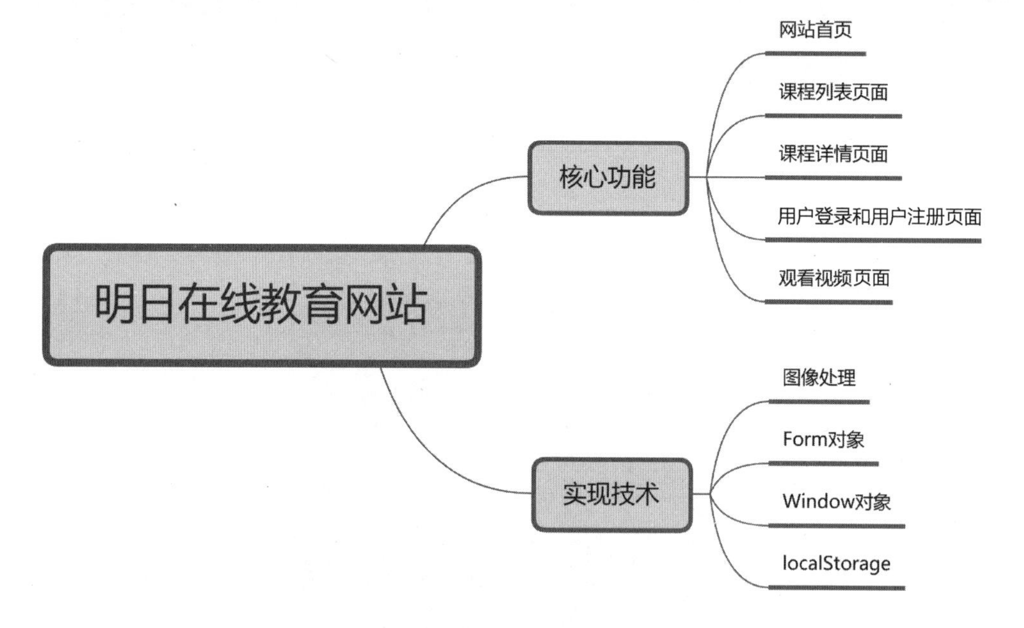

5.1 开发背景

随着网络技术的发展，在线教育逐渐成为教育领域的热门话题。各大教育机构都开始向网络教育方向发展，并开始制作网络课程。在线教育改变了人们使用互联网的习惯，从一开始的上网购物、休闲娱乐，到如今的利用碎片化时间进行学习。近年来，互联网技术发展迅速，以慕课、微课为代表的教育技术创新应用备受行业关注，线上课程教育已经成为未来的发展趋势。

本章将使用图像处理、Form 对象、Window 对象和 localStorage 开发一个在线教育网站，其实现目标如下：

☑ 网站首页。

☑ 课程列表页面。

☑ 课程详情页面。

☑ 登录和注册页面。

☑ 观看视频页面。

5.2 系统设计

5.2.1 开发环境

本项目的开发及运行环境如下：

☑ 操作系统：推荐 Windows 10、11 及以上，兼容 Windows 7（SP1）。
☑ 开发工具：WebStorm。
☑ 开发语言：JavaScript。

5.2.2 业务流程

明日在线教育网站由多个页面组成，包括网站首页、课程列表页面、课程详情页面、用户登录和用户注册页面等。如果用户未注册，或已经注册但是未登录，则只能浏览网站首页、课程列表页面和课程详情页面。用户登录成功之后，除了可以浏览所有页面之外，还可以观看课程视频。

本项目的业务流程如图 5.1 所示。

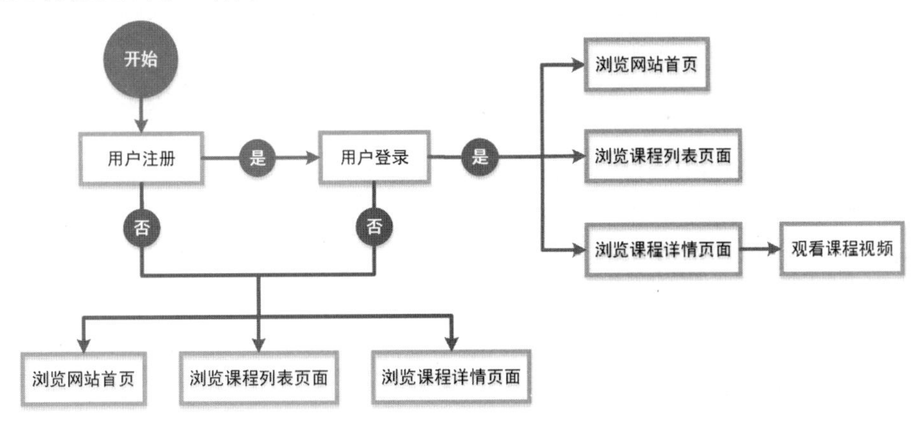

图 5.1 业务流程

5.2.3 功能结构

本项目的功能结构已经在章首页中给出。作为一个在线教育网站的应用，本项目实现的具体功能如下：

☑ 网站首页：用户访问网站的入口页面，包括网站导航、广告轮播图、课程分类、合作出版社、版权信息和浮动窗口等内容。
☑ 课程列表页面：以列表的方式展示体系课程和实战课程。展示的课程中包括课程的主要信息，信息包括课程图片、课程名称、课程时长、是否收费以及学习人数等。
☑ 课程详情页面：展示指定课程的详细内容，包括学习人数、课程时长、学习时长、授课老师、课程概述、课程提纲和相关课程。
☑ 用户登录和用户注册页面：用户登录页面主要包括用于输入用户名和密码的输入框，以及“7 天内免登录”的复选框和“登录”按钮。用户注册页面主要包括用于输入用户名、密码和确认密码的输入框，以及“阅读并同意注册协议”的复选框和“注册”按钮。

☑ 观看视频页面：在课程详情页面中，如果用户已经登录，单击课程提纲中小节标题右侧的“开始学习”按钮，会进入观看视频页面观看该节课程视频。

5.3 技 术 准 备

5.3.1 技术概览

在开发明日在线教育网站时应用了 JavaScript 中的图像处理、Form 对象、Window 对象，下面将简述本项目所用的这些核心技术点及其具体作用。

1. 图像处理

JavaScript 提供了图像处理功能。在本项目中，为了显示课程列表中的图片，应用了图像预装载的方法。预装载是在 HTTP 请求图像之前将其下载到缓存的一种方式。通过使用这一方式，当页面需要图像时，图像可以立即从缓存中取出并显示在页面上。

JavaScript 有一个内嵌 Image 对象，使用该对象可以进行图像的预装载。将图像的 URL 传递给该对象的 src 之后，浏览器将会进行装载请求，并将预装载的图像保存到本地缓存中。如果有图像请求，则将调用本地缓存内的图像，从而将图像立即显示，而不是重新装载。

实例化一个图像对象，进行图像预装载的语法格式如下：

```
var preimg=new Image();
preimg.src="a.gif";
```

上述语法中，preimg 代表图像对象。也可以将多个图像进行预装载。具体操作是将这些图像放入数组中，然后使用循环将其放入缓存中。语法格式如下：

```
var test=['img1','img2','img3'];
var test2=[];
for(var i=0;i<test.length;i++){
	test2[i]=new Image();
	test2[i].src=test[i]+".gif";
}
```

使用图像预装载的一个常见应用是在页面中以幻灯的形式显示图像。当页面被初始化时，图像以幻灯的形式显示在页面中。

2. Form 对象

Form 对象又被称为表单对象，通过该对象可以实现输入文字、选择选项和提交数据等功能。Form 对象代表了 HTML 文档中的表单，由于表单是由表单元素组成的，因此 Form 对象也包含多个子对象。在操作表单元素之前，首先应当确定要访问的表单，JavaScript 中主要有 3 种访问表单的方式，分别是按编号进行访问、按名称进行访问和按表单 id 进行访问。

例如，定义一个用户登录表单，代码如下：

```
<form id="form1" name="myform" method="post" action="">
	用户名：<input type="text" name="username" size="15"><br>
	密码：<input type="password" name="password" maxlength="8" size="15"><br>
	<input type="submit" name="sub1" value="登录">
</form>
```

对于该表单，可以使用 document.forms[0]、document.myform 和 document.getElementById("form1") 3 种方式进行访问。

和访问表单一样，访问表单元素同样也有 3 种方式，分别是按编号进行访问、按名称进行访问和按表单元素的 id 进行访问。

例如，定义一个用户登录表单，代码如下：

```
<form name="form1" method="post" action="">
    用户名：<input id="user" type="text" name="username" size="15"><br>
    密码：<input type="password" name="password" maxlength="8" size="15"><br>
    <input type="submit" name="sub1" value="登录">
</form>
```

对于该登录表单，可以使用 document.form1.elements[0]访问第一个表单元素；也可以使用名称访问表单元素，如 document.form1.password；还可以使用表单元素的 id 来定位表单元素，如 document.getElementById("user ")。

在表单对象中，每一种表单元素都有一些常用的属性和方法。在本项目中，主要应用了文本框的 value 属性和 focus()方法、复选框的 checked 属性，以及按钮的 disabled 属性。

文本框的 value 属性用于返回或设置文本框中的文本，即文本框的值。文本框的 focus()方法用于将焦点赋给文本框。例如，定义一个用户登录表单，当单击“登录”按钮时，验证用户名是否为空，如果为空则给出提示信息，并为文本框设置焦点。代码如下：

```
<form name="form1">
  <div class="title">用户登录</div>
  <div class="one">
    <label for="name">用户名：</label>
    <input type="text" name="name">
  </div>
  <div class="one">
    <label for="password">密码：</label>
    <input type="password" name="pwd">
  </div>
  <div class="two">
    <input type="submit" name="send" value="登录" onclick="return checkinput()">
    <input type="reset" name="res" value="重置">
  </div>
</form>
<script type="text/javascript">
function checkinput(){                          //自定义函数
        if(form1.name.value==""){               //判断用户名是否为空
            alert("请输入用户名!");              //弹出对话框
            form1.name.focus();                 //为文本框设置焦点
            return false;                       //返回 false 不允许提交表单
        }
        return true;                            //返回 true 允许提交表单
    }
</script>
```

复选框的 checked 属性用于返回或设置一个复选框是否处于被选中状态。当该属性值为 true 时，复选框处于被选中状态；当该属性值为 false 时，复选框处于未被选中状态。例如，在表单中有一组名称为 interest 的复选框，获取选中的复选框的值的代码如下：

```
for(var i=0; i<form1.interest.length; i++){         //循环获取复选框
    if(form1.interest[i].checked){                  //如果该复选框被选中
        message += form1.interest[i].value + " ";   //获取用户爱好并连接字符串
    }
}
```

按钮的 disabled 属性用于返回或设置按钮是否被禁用，该属性值为 true 时禁用按钮，该属性值为 false

时启用按钮。例如，表单中有一个 id 属性值为 but 的按钮，设置该按钮禁用的代码如下：

```
document.getElementById("but").disabled = true;
```

3. Window 对象

Window 对象代表打开的浏览器窗口。通过 Window 对象，可以控制窗口的大小和位置、由窗口弹出对话框、打开窗口与关闭窗口。Window 对象作为对象的一种，也有着自己的方法和属性。在本项目中，主要应用了 Window 对象中的 alert()方法、open()方法、setInterval()方法和 clearInterval()方法。

alert()方法可以弹出一个警告对话框，并在警告对话框内显示提示字符串文本。语法格式如下：

```
window.alert(str)
```

说明

用户可以单击警告对话框中的“确定”按钮来关闭该警告对话框。不同浏览器的警告对话框样式可能会有些不同。

例如，在页面中定义一个函数，当页面被载入时，就执行这个函数，应用 alert()方法弹出一个警告对话框。代码如下：

```
<body onLoad="al()">
<script type="text/javascript">
    function al(){
        window.alert("欢迎访问明日学院!");
    }
</script>
</body>
```

open()方法可以打开一个新的窗口，并在窗口中装载指定 URL 地址的网页，还可以指定新窗口的大小以及窗口中可用的选项，并且可以为打开的窗口定义一个名称。其语法格式如下：

```
windowVar=window.open(url,windowname[,location]);
```

例如，使用 open()方法打开一个指定大小和位置的新窗口，窗口中显示 new.html 网页的内容。代码如下：

```
window.open("new.html","new","height=200,width=500,top=100,left=200");
```

setInterval()方法用于间隔指定的毫秒数不停地执行指定的代码。语法格式如下：

```
setInterval("javascript function",milliseconds);
```

例如，通过 setInterval()方法在页面中动态显示当前的时间。代码如下：

```
<p id="demo"></p>
<script>
var myVar=setInterval(function(){myTimer()},1000);
function myTimer(){
    var d = new Date();
    var t = d.toLocaleTimeString();
    document.getElementById("demo").innerHTML = t;
}
</script>
```

clearInterval()方法用于停止 setInterval()方法执行的函数代码。语法格式如下：

```
clearInterval(intervalVariable)
```

例如，通过 setInterval()方法在页面中动态显示当前的时间，当单击“停止”按钮时，停止运行显示当前时间的代码。代码如下：

```
<p id="demo"></p>
<button onclick="stopFunction()">停止</button>
<script>
var myVar = setInterval(function(){myTimer()},1000);
function myTimer(){
	var d = new Date();
	var t = d.toLocaleTimeString();
	document.getElementById("demo").innerHTML = t;
}
function stopFunction(){
	clearInterval(myVar);
}
</script>
```

有关图像处理、Form 对象和 Window 对象等方面的基础知识在《JavaScript 从入门到精通（第 5 版）》中有详细的讲解，对这些知识不太熟悉的读者可以参考该书对应的内容。下面将对 localStorage 进行必要介绍，以确保读者可以顺利完成本项目。

5.3.2 localStorage

localStorage 是作为本地存储来使用的，解决了 cookie 存储空间不足的问题。localStorage 是持久化的本地存储，存储在其中的数据没有时间限制，永远不会过期，除非手动删除。数据存储后，只要在相同的协议、相同的主机名、相同的端口下，就能读取或修改同一份 localStorage 数据。localStorage 的常用属性和方法如下：

☑ setItem(key,value)方法：设置 key（键）的值为 value（值）。key 的类型是字符串类型。value 可以是包括字符串、布尔值、整数或者浮点数在内的任意 JavaScript 支持的类型。但是，最终数据是以字符串类型存储的。如果指定的 key 已经存在，那么新传入的数据会覆盖原来的数据。例如，使用 localStorage 对象保存键为 name、值为 mr 的数据，代码如下：

```
localStorage.setItem("name", "mr");
```

☑ length 属性：获得 localStorage 中保存的数据项（item）的个数。例如，想要获取 localStorage 中存储的数据项的个数，可以使用下面的代码：

```
localStorage.length;
```

☑ key(index)方法：返回某个索引（从 0 开始计数）对应的 key，即 localStorage 中的第 index 个数据项的键。例如，想要获取 localStorage 中索引为 0 的数据项的键，可以使用下面的代码：

```
localStorage.key(0);
```

☑ getItem(key)方法：返回指定 key 的值，即存储的内容，类型为 String 字符串类型。如果传入的 key 不存在，那么会返回 null，而不会抛出异常。例如，想要获取 localStorage 中 key 为 name 的数据项的值，可以使用下面的代码：

```
localStorage.getItem("name");
```

☑ removeItem(key)方法：从存储列表删除指定 key（包括对应的值）。例如，想要删除 localStorage 中 key 为 name 的数据项，可以使用下面的代码：

```
localStorage.removeItem("name");
```

☑ clear()方法：清空 localStorage 的全部数据项。例如，想要清空 localStorage 中的数据项，可以使用下面的代码：

```
localStorage.clear();
```

5.4 首页设计

明日在线教育网站的首页包括网站导航、广告轮播图、课程分类、合作出版社、版权信息和浮动窗口等内容。限于篇幅，本节只介绍首页中的几个关键部分的实现过程。首页效果如图 5.2 所示。

图 5.2　首页

5.4.1 轮播图设计

在首页的导航菜单下方是广告轮播图。共有 4 张广告图片，每隔两秒就会切换下一张图片，单击图片下方的数字按钮也会切换到相应的图片。轮播图效果如图 5.3 和图 5.4 所示。

图 5.3　轮播图 1

图 5.4　轮播图 2

实现轮播图的关键步骤如下。

（1）创建 index.html 文件，在文件中定义<div>标签，在<div>标签中定义两个<ul>标签，第一个<ul>标签用于显示 4 张轮播图，第二个<ul>标签用于显示 4 个数字按钮。代码如下：

```
<div class="mrit-index-content">
    <div class="mrit-content-img">
        <div class="mrit-content-center">
            <div class="page-wrap">
                <div class="fullpage-rotate">
                </div>
            </div>
            <div id="full-screen-slider">
                <ul id="slides_full">
                    <li
                        style="background: url(images/slider1.png) center top no-repeat;">
                    </li>
                    <li
                        style="background: url(images/slider2.png) center top no-repeat;">
                    </li>
                    <li
                        style="background: url(images/slider3.png) center top no-repeat;">
                    </li>
                    <li
                        style="background: url(images/slider4.png) center top no-repeat;">
                    </li>
                </ul>
                <ul id="btn" class="count">
                    <li class="current">1</li>
                    <li>2</li>
                    <li>3</li>
                    <li>4</li>
                </ul>
            </div>
        </div>
    </div>
</div>
```

（2）在 index.html 文件中编写 JavaScript 代码，将实现轮播图功能的代码定义在 onload 事件处理函数中。为了实现轮播图的功能，需要为每个数字按钮设置一个索引，当单击某个数字按钮时，调用定义的 show() 函数显示对应的广告图片。当鼠标移动到图片上时，调用 stopPlay()函数停止广告图片的轮播，当鼠标移出图片时，在 setInterval()方法中调用 autoPlay()函数，两秒后继续播放广告图片。代码如下：

```
<script>
    window.onload = function (){
        var slides_full = document.getElementById("slides_full");          //获取指定 id 的元素
        var liObj = slides_full.getElementsByTagName("li");                 //获取指定 id 元素下的 li 标签
        var btn = document.getElementById("btn");                           //获取指定 id 的元素
        var btnObj = btn.getElementsByTagName("li");                        //获取指定 id 元素下的 li 标签
        var box = document.getElementById("full-screen-slider");            //获取指定 id 的元素
        for(var i = 0; i < btnObj.length; i++){
            btnObj[i].index = i;                                            //设置索引
            btnObj[i].onclick = function (){
                show(this.index);                                           //显示对应图片
                index = this.index;                                         //修改当前图片索引
            }
        }
        liObj[0].style.display = "block";                                   //显示第一张图片
        function show(j){
            //隐藏所有图片并移除数字按钮样式
            for(var i = 0; i < liObj.length; i++){
                liObj[i].style.display = "none";
                btnObj[i].classList.remove("current");
            }
            liObj[j].style.display = "block";                               //显示单击的数字按钮对应的图片
            btnObj[j].classList.add("current");                             //为单击的数字按钮添加类
        }
        box.onmouseenter = function (){
            stopPlay();                                                     //轮播图停止播放
        }
        box.onmouseleave = function (){
            //2 秒后继续播放轮播图
            timerId = setInterval(function (){
                autoPlay();
            }, 2000);
        }
        var index = 0;                                                      //当前图片索引
        function autoPlay(){
            index = index === 3 ? 0 : index + 1;
            show(index);
        }
        //2 秒后自动播放轮播图
        var timerId = setInterval(function (){
            autoPlay();
        }, 2000);
        function stopPlay(){
            clearInterval(timerId);                                         //停止播放轮播图
        }
    }
</script>
```

5.4.2　实战课程展示

在轮播图下方是实战课程展示部分。展示的课程信息主要包括课程图片、课程名称、课程所属语言、课程分类、课程时长、是否收费以及学习人数等。实战课程展示效果如图 5.5 所示。

图 5.5　实战课程展示

实现实战课程部分的关键步骤如下。

（1）在 index.html 文件中编写实战课程部分的 HTML 代码。其中，class 属性值为 PracticeCourse-content 的<div>标签用于显示所有实战课程信息。代码如下：

```
<div class="PracticeCourse-all">
    <div class="PracticeCourse">
        <div class="PracticeCourse-nav">
            <div class="PracticeCourse-nav-title">
                <img src="images/ico_01.png" width="24" height="19" alt="">实战课程
            </div>
            <div class="PracticeCourse-nav-more">
                <a href="courseList.html">
                    <div class="PracticeCourse-nav-txt">更多&gt;&gt;</div>
                </a>
            </div>
        </div>
        <div class="PracticeCourse-content"></div>
    </div>
</div>
```

（2）在 onload 事件处理函数中继续编写 JavaScript 代码。首先定义课程列表 courseList，使用图像预装载的方式将课程图片保存到本地缓存中。然后使用 for 循环语句遍历课程列表，再将遍历的结果显示在 class 属性值为 PracticeCourse-content 的<div>标签中。代码如下：

```
<script>
    window.onload = function (){
        /* 此处是实现轮播图的代码 */
        var courseList = [//课程列表
            {
                imgSrc: "images/5583cf0489544.png",
                courseName: "命令方式修改数据库",
                language: "Oracle",
                category: "实例",
                duration: "12 分 9 秒",
                number: 344
```

```
        },
        {
            imgSrc: "images/5629c6a953ec6.png",
            courseName: "实现手机 QQ 农场的进入游戏界面",
            language: "Android",
            category: "实例",
            duration: "12 分 19 秒",
            number: 560
        },
        {
            imgSrc: "images/583e66875dcd2.png",
            courseName: "第 1 讲  企业门户网站-功能概述",
            language: "Java",
            category: "模块",
            duration: "1 分 34 秒",
            number: 535
        },
        {
            imgSrc: "images/583e7140c88ab.png",
            courseName: "第 1 讲  酒店管理系统-概述",
            language: "Java",
            category: "项目",
            duration: "1 分 32 秒",
            number: 772
        },
        {
            imgSrc: "images/58115b7e54107.png",
            courseName: "编写一个考试的小程序",
            language: "Java",
            category: "实例",
            duration: "3 分 57 秒",
            number: 1534
        },
        {
            imgSrc: "images/58115a5342fed.png",
            courseName: "画桃花游戏",
            language: "C#",
            category: "实例",
            duration: "12 分 48 秒",
            number: 373
        },
        {
            imgSrc: "images/5811596ecb458.png",
            courseName: "三天打鱼两天晒网",
            language: "C++",
            category: "实例",
            duration: "29 分 26 秒",
            number: 685
        },
        {
            imgSrc: "images/5873049a3a84c.png",
            courseName: "统计学生成绩",
            language: "C++",
            category: "实例",
            duration: "9 分 51 秒",
            number: 259
        }
];
    var courseStr = "";
    var imgArr = [];
    for(var i = 0; i < courseList.length; i++){
      //图像预装载
```

```
            imgArr[i] = new Image();
            imgArr[i].src = courseList[i].imgSrc;
        }
        for(var j = 0; j < courseList.length; j++){//遍历课程信息
            courseStr += '<div class="PracticeCourse-content-li">';
            courseStr += '<div class="PracticeCourse-content-top"><a href="courseInfo.html">';
            courseStr += '<img src="' + imgArr[j].src + '" width="284" height="163" alt=""></a></div>';
            courseStr += '<div class="PracticeCourse-content-bottom">';
            courseStr += '<div class="PracticeCourse-content-bottom-write">';
            courseStr += '<a href="courseInfo.html">' + courseList[j].courseName + '</a></div>';
            courseStr += '<div class="PracticeCourse-content-bottom-type"><div class="img-practice-index">';
            courseStr += '<img src="images/bothcourse.png" width="30" height="17" alt=""></div>';
            courseStr += '<div class="name-practice">' + courseList[j].language + ' | ';
            courseStr += courseList[j].category + '</div><div class="type-practice">免费</div></div>';
            courseStr += '<div class="PracticeCourse-content-time">';
            courseStr  +=  '<div  class="PracticeCourse-time-image"><img  src="images/clocktwo-icon.png"  width="30"
height="17" alt=""></div>';
            courseStr += '<div class="PracticeCourse-time-left">' + courseList[j].duration + '</div>';
            courseStr    +=    '<div    class="PracticeCourse-time-right">'    +    courseList[j].number    +    '  人  学  习
</div></div></div></div>';
        }
        document.getElementsByClassName("PracticeCourse-content")[0].innerHTML = courseStr;
    }
</script>
```

5.4.3 实现最新动态的向上间断滚动效果

在展示最新动态信息时使用了向上间断滚动的效果，每隔 3 秒，最新动态信息就会向上滚动指定的距离，实现效果如图 5.6 所示。

最新动态

- 恭喜Tony在【幸运大抽奖】活动中获得了奖品：明日学院代金券
- 恭喜Kelly在【幸运大抽奖】活动中获得了奖品：明日科技企业店铺10元
- 恭喜Jerry在【幸运大抽奖】活动中获得了奖品：明日学院V2会员1个月
- 恭喜Alice在【幸运大抽奖】活动中获得了奖品：《编程词典》个人版
- 恭喜Henry在【幸运大抽奖】活动中获得了奖品：《SQL即查即用》

图 5.6 最新动态展示效果

最新动态的向上间断滚动效果的实现方法如下。

（1）在 index.html 文件中编写最新动态信息部分的 HTML 代码。将最新动态定义在一个 ul 列表中。代码如下：

```
<div class="course-content-center-right">
    <div class="newest-dynamic">
        <div class="newest-dynamic-top">
            <div  class="newest-dynamic-top-left"><img  src="images/ico_04.png"
width="24" height="22"
                                                          alt="">最新动态
            </div>
            <div class="newest-dynamic-top-right">

            </div>
        </div>
        <div class="newest-dynamic-bottom">
            <ul>
                <li>恭喜 Tony 在【幸运大抽奖】活动中获得了奖品：明日学院代金券</li>
                <li>恭喜 Kelly 在【幸运大抽奖】活动中获得了奖品：明日科技企业店铺 10 元</li>
                <li>恭喜 Jerry 在【幸运大抽奖】活动中获得了奖品：明日学院 V2 会员 1 个月</li>
                <li>恭喜 Alice 在【幸运大抽奖】活动中获得了奖品：《编程词典》个人版</li>
                <li>恭喜 Henry 在【幸运大抽奖】活动中获得了奖品：《SQL 即查即用》</li>
                <li>恭喜 Tom 在【幸运大抽奖】活动中获得了奖品：数字书一本</li>
            </ul>
        </div>
    </div>
</div>
```

（2）在 index.html 文件中编写 JavaScript 代码。首先获取最新动态信息所在的 div 元素，然后定义

autoScroll()函数，在该函数中使用 setInterval()方法实现最新动态向上间断滚动的效果。接下来设置每隔 3 秒执行一次 autoScroll()函数，最后设置鼠标移入时停止滚动和鼠标移出时继续滚动的效果。代码如下：

```
<script>
    var newest = document.getElementsByClassName("newest-dynamic-bottom")[0];
    function autoScroll(){
        var newUl = newest.getElementsByTagName("ul")[0];
        newUl.style.position = "relative";                              //设置定位属性
        var toTop = 0;
        var timer = setInterval(function(){                             //设置超时
            toTop -= 1;
            newUl.style.top = toTop + "px";                             //设置元素到顶部的距离
            if(toTop === -50){
                clearInterval(timer);                                   //中止超时
                newUl.style.top = "0px";
                newUl.appendChild(newUl.getElementsByTagName("li")[0]); //第一个 li 元素移动到最后
            }
        },10);
    }
    var timeID=setInterval('autoScroll()',3000);                        //设置超时函数，每隔 3 秒执行一次函数
    newest.onmouseover = function(){
        clearTimeout(timeID);                                           //中止超时，即停止滚动
    }
    newest.onmouseout = function(){
        timeID=setInterval('autoScroll()',3000);                        //设置超时函数，每隔 3 秒执行一次函数
    }
</script>
```

5.4.4 实现图片的不间断滚动

在网站首页中，展示合作出版社的图片采用了不间断滚动的形式，实现效果如图 5.7 所示。

图 5.7 合作出版社图片展示效果

合作出版社图片不间断滚动的实现方法如下。

（1）在 index.html 文件中编写展示合作出版社图片部分的 HTML 代码。将 4 张图片定义在一个 id 属性值为 mr_fu 的 ul 列表中。为了实现图片的不间断滚动效果，在该 ul 列表下方还需要定义一个 id 属性值为 second 的 ul 列表。代码如下：

```
<div class="more-attention-user">
    <div class="index-box">
        <div class="mr_frbox">
            <img class="mr_frBtnL prev" src="images/btn_l.png" width="45" height="50" alt="">
            <div class="mr_frUl">
                <div class="tempWrap">
                    <ul id="mr_fu">
                        <li>
                            <img src="images/Tsinghua-press.png">
                        </li>
                        <li>
                            <img src="images/posts-press.png">
                        </li>
```

```
                        <li>
                            <img src="images/Industry-press.png">
                        </li>
                        <li>
                            <img src="images/MAchine-press.png">
                        </li>
                    </ul>
                    <ul id="second"></ul>
                </div>
            </div>
            <img class="mr_frBtnR next" src="images/btn_r.png" width="45" height="45" alt="">
        </div>
    </div>
</div>
```

（2）在 index.html 文件中编写 JavaScript 代码。首先分别获取图片所在的 div 元素和两个 ul 列表，将第二个 ul 列表的 HTML 内容定义为第一个 ul 列表的 HTML 内容，然后定义 move()函数，在函数中使用 setInterval()方法实现图片向左不间断滚动的效果。接下来设置鼠标移入时图片停止滚动和鼠标移出时图片继续滚动的效果，最后调用 move()函数实现图片的自动滚动。代码如下：

```
<script>
    var box = document.getElementsByClassName("mr_frUl")[0];
    var scrollUl = document.getElementById("mr_fu");
    var second = document.getElementById("second");
    second.innerHTML = scrollUl.innerHTML;
    var timeId;
    function move(){
        timeId = setInterval(function (){
            if(scrollUl.offsetWidth <= box.scrollLeft){      //如果元素向左滚动的距离大于或等于一组图片的总宽度
                box.scrollLeft -= scrollUl.offsetWidth;      //重置元素的位置
            }else{
                box.scrollLeft += 1;                         //向左滚动的距离加 1
            }
        }, 10);
    }
    box.onmouseover = function (){
        clearInterval(timeId);                               //图片停止滚动
    }
    box.onmouseout = function (){
        move();                                              //图片继续滚动
    }
    move();                                                  //图片自动滚动
</script>
```

5.4.5　实现浮动窗口

图 5.8　浮动窗口

在网站首页的右侧设计了一个浮动窗口，在浮动窗口中展示了三个不同的客服选项。无论页面内容如何滚动，该浮动窗口始终显示在浏览器中的固定位置。浮动窗口的实现效果如图 5.8 所示。

浮动窗口的实现方法如下。

（1）在 index.html 文件中添加一个用于显示浮动窗口的<div>标签，设置其 class 属性值为 service，在标签中添加浮动窗口中的图片和文字内容，代码如下：

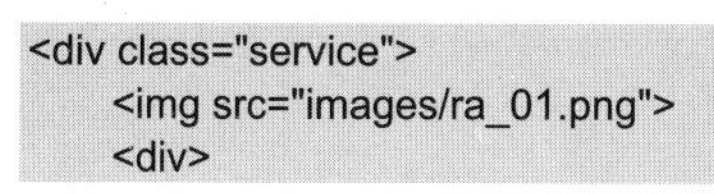

```
<div class="service">
    <img src="images/ra_01.png">
    <div>
```

```
            <img src="images/phone_service.png">
            <span>手机同步</span>
            <img src="images/college_service.png">
            <span>学院网客服</span>
            <img src="images/book_service.png">
            <span>图书客服</span>
        </div>
        <img src="images/ra_02.png">
</div>
```

（2）在 onload 事件处理函数中定义窗口滚动时执行的事件处理函数，在函数中首先获取浮动窗口所在的 div 元素，然后分别设置该元素在垂直方向的绝对位置和在水平方向的绝对位置。代码如下：

```
<script>
    window.onscroll = function (){
        var service = document.getElementsByClassName("service")[0];
        //设置元素在垂直方向的绝对位置
        service.style.top = document.documentElement.scrollTop + 300 + "px";
        //设置元素在水平方向的绝对位置
        service.style.right = 20 - document.documentElement.scrollLeft + "px";
    }
</script>
```

5.5 课程列表页面设计

单击首页导航栏中的“课程”超链接会进入课程列表页面，在课程列表页面中以列表的方式展示体系课程和实战课程。在展示实战课程时采用了分页的功能。展示的课程信息主要包括课程图片、课程名称、课程时长、是否收费以及学习人数等。课程列表页面的效果如图 5.9 所示。

限于篇幅，本节只介绍课程列表页面中分页展示实战课程的实现过程。关键步骤如下。

（1）创建 courseList.html 文件，在文件中编写课程列表页面中实战课程部分的 HTML 代码。其中，class 属性值为 PracticeCourse-none 的<div>标签用于显示所有实战课程信息，class 属性值为 center 的<div>标签用于控制分页。代码如下：

```
<div class="independent-PracticeCourse-index">
    <div class="independent-PracticeCourse-banner">
        <div class="independent-PracticeCourse-bannerleft">
            <div class="independent-PracticeCourse-bannerleft-left"><img
                    src="images/Curriculum-icon.png" width="15" height="15" alt=""></div>
            <div class="independent-PracticeCourse-bannerleft-right"><a href="courseList.html"
                                                        style="color:#339dd2;">实战课程</a></div>
        </div>
        <div class="independent-PracticeCourse-bannerright">
            <a href="courseList.html">
                <div class="PracticeCourse-nav-txt">更多&gt;&gt;</div>
            </a>
        </div>
    </div>
    <div class="independent-PracticeCourse-content">
        <div class="PracticeCourse-none" style="height:620px;"></div>
        <!-- 分页器 -->
        <div class="center">
            <div class="pages">
                <button id="prev">上一页</button>
                <span id="num"></span>
```

```
                    <button id="next">下一页</button>
                </div>
            </div>
        </div>
</div>
```

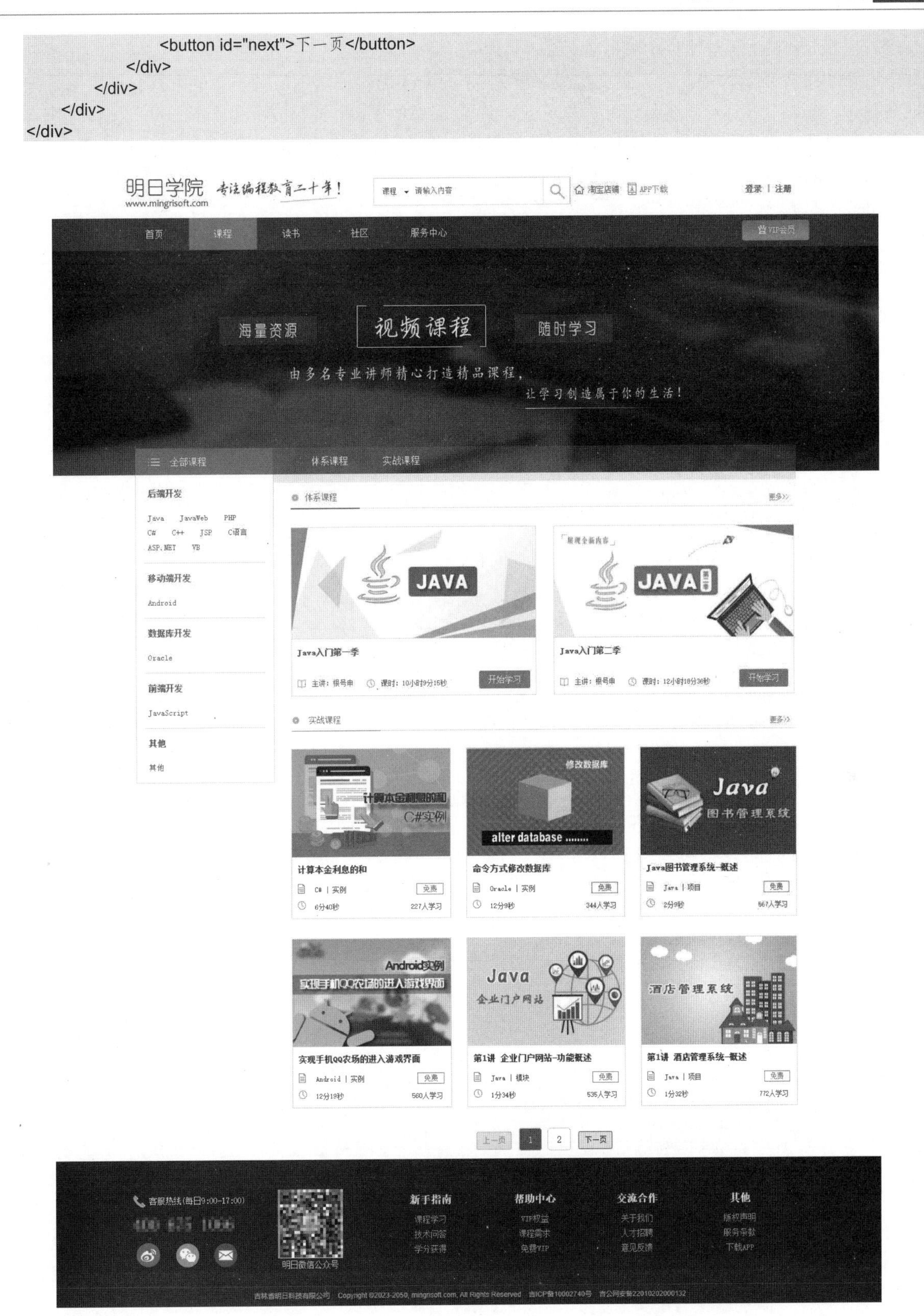

图5.9　课程列表页面

（2）在 courseList.html 文件中编写 JavaScript 代码，将实现数据分页功能的代码定义在 onload 事件处理函数中。在事件处理函数中，首先定义实战课程列表 courseList，使用图像预装载的方式将课程图片保存到本地缓存中。然后使用 for 循环语句遍历总页数，并设置单击“上一页”按钮和“下一页”按钮时执行的操作。接下来定义 page()函数，在函数中将分页数据显示在 class 属性值为 PracticeCourse-none 的<div>标签中，最后调用 page()函数实现分页功能。代码如下：

```
<script>
    window.onload = function (){
        var courseList = [                                          //所有实战课程列表
            {
                imgSrc: "images/5629c667e4e1c.JPG",
                courseName: "计算本金利息的和",
                language: "C#",
                category: "实例",
                duration: "6 分 40 秒",
                number: 227
            },
            {
                imgSrc: "images/5583cf0489544.png",
                courseName: "命令方式修改数据库",
                language: "Oracle",
                category: "实例",
                duration: "12 分 9 秒",
                number: 344
            },
            {
                imgSrc: "images/5809d4edc5b48.jpg",
                courseName: "Java 图书管理系统-概述",
                language: "Java",
                category: "项目",
                duration: "2 分 9 秒",
                number: 567
            },
            {
                imgSrc: "images/5629c6a953ec6.png",
                courseName: "实现手机 QQ 农场的进入游戏界面",
                language: "Android",
                category: "实例",
                duration: "12 分 19 秒",
                number: 560
            },
            {
                imgSrc: "images/583e66875dcd2.png",
                courseName: "第 1 讲  企业门户网站-功能概述",
                language: "Java",
                category: "模块",
                duration: "1 分 34 秒",
                number: 535
            },
            {
                imgSrc: "images/583e7140c88ab.png",
                courseName: "第 1 讲  酒店管理系统-概述",
                language: "Java",
                category: "项目",
                duration: "1 分 32 秒",
                number: 772
            },
            {
                imgSrc: "images/58115b7e54107.png",
                courseName: "编写一个考试的小程序",
                language: "Java",
                category: "实例",
                duration: "3 分 57 秒",
```

```
            number: 1534
        },
        {
            imgSrc: "images/58115a5342fed.png",
            courseName: "画桃花游戏",
            language: "C#",
            category: "实例",
            duration: "12 分 48 秒",
            number: 373
        },
        {
            imgSrc: "images/5809dac33f825.jpg",
            courseName: "进销存管理系统-概述",
            language: "C#",
            category: "项目",
            duration: "2 分 10 秒",
            number: 369
        },
        {
            imgSrc: "images/5811596ecb458.png",
            courseName: "三天打鱼两天晒网",
            language: "C++",
            category: "实例",
            duration: "29 分 26 秒",
            number: 685
        },
        {
            imgSrc: "images/5873049a3a84c.png",
            courseName: "统计学生成绩",
            language: "C++",
            category: "实例",
            duration: "9 分 51 秒",
            number: 259
        }
];
var imgArr = [];
for(var i = 0; i < courseList.length; i++){
    //图像预装载
    imgArr[i] = new Image();
    imgArr[i].src = courseList[i].imgSrc;
}
var curPage = 1;                                                //当前页码
var pageSize = 6;                                               //每页显示的课程数量
var totalPage = Math.ceil(courseList.length / pageSize);        //总页数
for(var m = 1; m <= totalPage; m++){
    var span = document.createElement("span");
    span.innerHTML = m.toString();
    span.onclick = function (){                                 //单击页码时调用 page()函数实现分页显示
        page(parseInt(this.innerHTML));
    }
    document.getElementById("num").appendChild(span);
}
document.getElementById("prev").onclick = function (){
    curPage--;                                                  //当前页码减 1
    page(curPage);                                              //调用 page()函数实现分页显示
}
document.getElementById("next").onclick = function (){
    curPage++;                                                  //当前页码加 1
    page(curPage);                                              //调用 page()函数实现分页显示
}
function page(n){
    curPage = n;
    var courseStr = "";
    var spans = document.getElementById("num").getElementsByTagName("span");
    for(var i = 0; i < spans.length; i++){
```

```
                if(curPage === i + 1){
                    //设置当前页码的样式
                    spans[i].style.backgroundColor = "#238BCE";
                    spans[i].style.color = "#FFFFFF";
                }else{
                    spans[i].style.backgroundColor = "";
                    spans[i].style.color = "";
                }
            }
            //如果当前页是第一页，设置上一页按钮禁用
            if(curPage === 1){
                document.getElementById("prev").disabled = true;
            }else{
                document.getElementById("prev").disabled = false;
            }
            //如果当前页是最后一页，设置下一页按钮禁用
            if(curPage === totalPage){
                document.getElementById("next").disabled = true;
            }else{
                document.getElementById("next").disabled = false;
            }
            var firstN = (curPage - 1) * pageSize;
            var lastN = firstN + pageSize;
            var pageData = courseList.slice(firstN, lastN);                //当前页的课程信息
            for(var j = 0; j < pageData.length; j++){
                courseStr += '<div class="independent-PracticeCourse-contentli">';
                courseStr += '<div class="independent-PracticeCourse-contentli-content">';
                courseStr += '<div class="independent-PracticeCourse-contentli-top"><a href="courseInfo.html">';
                courseStr += '<img src="' + imgArr[j].src + '" width="306" height="192" alt=""></a></div>';
                courseStr += '<div class="independent-PracticeCourse-contentli-bottom">';
                courseStr += '<div class="independent-PracticeCourse-contentli-bottom-top">';
                courseStr += '<a href="courseInfo.html" target="_blank">' + pageData[j].courseName + '</a></div>';
                courseStr += '<div class="independent-PracticeCourse-contentli-bottom-bottom" style="text-align:left;"><div
class="img-practice">';
                courseStr += '<img src="images/bothcourse.png" width="30" height="17" alt=""></div>';
                courseStr += '<div class="name-practice">' + pageData[j].language + ' | ';
                courseStr += pageData[j].category + '</div><div class="type-practice">免费</div></div>';
                courseStr += '<div class="independent-PracticeCourse-contentli-bottom-bottom">';
                courseStr += '<div class="independent-PracticeCourse-contentli-bottom-time">';
                courseStr += '<img src="images/clocktwo-icon.png" width="30" height="17" alt="">' + pageData[j].duration +
'</div>';
                courseStr += '<div class="independent-PracticeCourse-contentli-bottom-number">' + pageData[j].number +
'人学习</div></div></div></div></div>';
            }
            document.getElementsByClassName("PracticeCourse-none")[0].innerHTML = courseStr;
        }
        page(curPage);
    }
</script>
```

5.6 课程详情页面设计

单击课程列表中的课程图片或课程名称会进入课程详情页面。课程详情页面主要由 3 部分组成，分别是课程信息、课程提纲以及相关课程。其中，课程信息包括课程名称、学习人数、课程时长、学习时长、授课老师和课程概述，课程提纲用于展示课程中的所有章节标题，相关课程用于向用户展示与所学课程相关的课程。课程详情页面效果如图 5.10 所示。

明日学院
专注编程教育二十年！
www.mingrisoft.com
课程 请输入内容
淘宝店铺
APP下载
登录 | 注册
首页
课程
读书
社区
服务中心
VIP会员
Java入门第一季
3763
10小时9分15秒
0分0秒
继续学习
授课老师
根号申
金牌讲师
10小时9分15秒
明日科技
MINGRISOFT
课程概述
Java是一种可以撰写跨平台应用程序的面向对象的程序设计语言。Java 技术具有卓越的通用性、高效性、平台移植性和安全性，广泛应用于PC、数据中心、游戏控制台、科学超级计算机、移动电话和互联网，同时拥有全球最大的开发者专业社群。
课程提纲
全部
视频
练习
第一章 初识Java
1.1 一分钟学一章
1.2 什么是Java
1.3 Java的版本及API文档
1.4 搭建开发环境
1.5 第一个Java程序
1.6 Eclipse的下载与使用
1.7 程序调试
1.8 练习——输出笑脸
1.9 练习——输出数学公式
1.10 练习——软件启动项
第二章 Java编码规范
2.1 代码注释
2.2 编码规范
第三章 变量和常量
3.1 标识符与关键字
3.2 变量
3.3 常量
3.4 整数类型
3.5 浮点类型
3.6 字符类型
3.7 布尔类型
3.8 数据类型转换
3.9 练习——输出字符画
3.10 练习——打印汇款单
3.11 练习——模拟移动充值
3.12 练习——输出天气预报
3.13 练习——输出象棋口诀
3.14 练习——模拟儿童购票
3.15 练习——输出列车时刻表
免费
相关课程
Java 图书管理系统
图书管理系统
进销存管理系统
进销存管理系统
Java医药管理系统
医药管理系统
Java 企业门户网站
企业门户网站
客服热线(每日9:00-17:00)
400 675 1066
明日微信公众号
新手指南
课程学习
技术问答
学分获得
帮助中心
VIP权益
课程需求
免费VIP
交流合作
关于我们
人才招聘
意见反馈
其他
版权声明
服务条款
下载APP
吉林省明日科技有限公司 Copyright ©2023-2050, mingrisoft.com, All Rights Reserved 吉ICP备10002740号 吉公网安备22010202000132

图 5.10　课程详情页面

5.6.1 构建页面

创建 courseInfo.html 文件，在文件中编写 HTML 代码。HTML 代码主要分为 3 部分，分别是课程信息部分、课程提纲部分和相关课程部分。在课程提纲部分，单击每一小节标题右侧的“开始学习”按钮会调用 study()函数。关键代码如下。

```
<div class="course-list">
    <!--课程信息开始-->
    <div class="course-list-second">
        <div class="course-list-second-image">
            <font class="course-list-font">Java 入门第一季</font><br>
        </div>
        <div class="course-list-second-center">
            <div class="course-list-second-center-state">
                <div class="course-list-second-center-state-bottom">3763</div>
                <div class="course-list-second-center-state-top">学习人数</div>
            </div>
            <div class="course-list-second-center-hour">
                <div class="course-list-second-center-hour-bottom">10 小时 9 分 15 秒</div>
                <div class="course-list-second-center-hour-top">课程时长</div>
            </div>
            <div class="course-list-second-center-study">
                <div class="course-list-second-center-study-bottom">0 分 0 秒</div>
                <div class="course-list-second-center-study-top">学习时长</div>
            </div>
        </div>
        <div class="course-list-second-interest"><a href="javascript:;" id="collect">收藏此课程</a></div>
        <div class="course-list-second-study">
            <a href="#" target="_blank">继续学习</a>
        </div>
    </div>
    <div class="course-list-content">
        <div class="course-list-content-left">
            <div class="course-list-content-left-top">
                <div class="course-list-arrow"><img src="images/arrow-image.png" id="cata_img" width="20"
                        height="20" alt="" style="margin-top:6px;"></div>
                <div class="course-list-write">授课老师</div>
            </div>
            <div class="teacher-content">
                <div class="teacher-head"><a href="#"><img src="images/20160614171641l108.png" width="95"
                            height="95" alt=""></a>
                </div>
                <div class="teacher-write">
                    <div class="teacher-name"><a href="#" style="color:#666;">根号申</a>
                    </div>
                    <div class="teacher-info">金牌讲师</div>
                    <div class="course-list-content-left-teacher-hour"><img src="images/clock-image.png"
                            width="14" height="14" alt="" style=" margin-top:15px; margin-right:10px;">10 小时 9 分 15 秒
                          
                    </div>
                </div>
            </div>
            <div class="course-list-content-left-top">
                <div class="course-list-arrow"><img src="images/arrow-image.png" id="cata_img" width="20"
                        height="20" alt="" style="margin-top:6px;"></div>
                <div class="course-list-write">课程概述</div>
            </div>
            <div class="course-list-introduce">Java 是一种可以撰写跨平台应用程序的面向对象的程序设计语言。Java
                技术具有卓越的通用性、高效性、平台移植性和安全性，广泛应用于 PC、数据中心、游戏控制台、
```

```
                科学超级计算机、移动电话和互联网，同时拥有全球最大的开发者专业社群。
            </div>
        </div>
        <!--课程信息结束-->
        <!--课程提纲开始-->
        <div class="course-list-content-right">
            <div class="course-list-second-classify">
                <font style="float:left;font-size:20px;">课程提纲</font>
                <a href="#" style="background-color:#19A0F5; color:#fff;">全部</a>
                <a href="#">视频</a>
                <a href="#">练习</a>
            </div>
            <div class="course-list-second-section-contents">
                <div class="course-list-second-section-contents-li">
                    <div class="chapters"
                        onclick="showOrHide('583','Public/images/gray_close.png','Public/images/gray_open.png')"
                        id="583">
                        <div class="course-list-second-section-contents-li-top">
                            <div class="course-list-name">第一章 初识 Java</div>
                            <div class="course-list-second-add-subtract">
                                <div class="course-list-icon">
                                    <img src="images/gray_close.png" width="14"
                                        style="height:auto; margin-top:18px;" alt="" id="chapter_img_583">
                                </div>
                            </div>
                        </div>
                    </div>
                    <div id="child_catalog_583" style="padding-top:45px;">
                        <div class="course-list-second-section-contents-li-bottom">
                            <div class="course-list-second-section-contents-li-bottomli">
                                <!--添加开始-->
                                <div class="course-list-free">免费</div>
                                <!--添加结束-->
                                <div class="course-list-second-section-arrow"><img src="images/list-icon.png"
                                        width="18" height="17" alt="" style=" position:relative; left:-10px;">
                                </div>
                                <div class="course-list-second-section-write">
                                    <div class="course-list-left"><a href="#" target="_blank">1.1
                                            一分钟学一章</a></div>
                                    <div class="course-list-right<a href="#" target="_blank" onClick="study(1)">开始学
习</a>

                                    </div>
                                </div>
                                <div class="course-list-second-section-circle"><img src="images/empty.png"
                                        width="16" height="14" alt="">
                                </div>
                            </div>
                    </div>
                        <!—……此处省略了其他项的代码-->
        <!--课程提纲结束-->
    </div>
    <!--相关课程开始-->
    <div class="course-list-related">
        <div class="course-list-related-top">
            <div class="course-list-related-top-arrow"><img src="images/arrow-image.png" width="20" height="20"
                    alt="" style="margin-top:6px;"></div>
            <div class="course-list-related-top-write">相关课程</div>
            <div class="course-list-related-top-write-more"></div>
        </div>
        <div class="course-list-related-bottom">
            <div class="course-list-related-bottom-li">
                <div class="course-list-related-bottom-li-top"><a href="#"> <img src="images/5809d4edc5b48.jpg"
```

```
                        width="266" height="129" alt=""></a>
                </div>
                <div class="course-list-related-bottom-li-bottom">
                 <a href="#" target="_blank">图书管理系统</a></div>
            </div>
            <!--……此处省略剩下 3 条课程信息的代码-->
        </div>
    </div>
<!--相关课程结束-->
```

5.6.2 观看视频页面设计

在课程提纲上，当鼠标移动到每一小节标题上时，在右侧会显示“开始学习”按钮，如果用户已登录，单击该按钮可以进入观看视频页面观看该节课程视频。观看视频页面效果如图 5.11 所示。

图 5.11 观看视频页面

这里以课程提纲中第一章第一小节标题为例，介绍实现观看视频功能的过程。关键步骤如下。

（1）在项目文件夹下创建 see 文件夹，在该文件夹下创建观看视频页面 see1.html。在该文件中使用<video>标签和<source>标签实现视频的播放。代码如下：

```
<body>
<video controls autoplay>
  <source src="../video/1.mp4" type="video/mp4">
  您的浏览器不支持 HTML5 video 标签。
</video>
</body>
```

（2）在 courseInfo.html 文件中编写 JavaScript 代码。定义 getExpiry()函数，在函数中获取 localStorage 存储的登录用户名，再定义 study()函数，在该函数中判断用户是否已登录，如果已登录，就使用 Window 对象的 open()方法打开一个指定大小和位置的新窗口，在窗口中显示指定 HTML 页面的内容。代码如下：

```
<script>
    //获取一个带有过期时间的 localStorage 值
```

```
    function getExpiry(key) {
        const itemStr = localStorage.getItem(key);                    //获取 localStorage 存储的值
        if (!itemStr) {
            return null;
        }
        const item = JSON.parse(itemStr);                             //将 JSON 字符串转换为对象
        const now = new Date();
        if (now.getTime() > item.expiry) {                            //如果保存的值已过期
            localStorage.removeItem(key);                             //删除 localStorage 存储的值
            return null;
        }
        return item.value;
    }
    function study(n){
        event.preventDefault();                                       //阻止浏览器默认行为
        if(getExpiry("username") || sessionStorage.getItem("username")){
            //打开窗口
            window.open("see/see"+n+".html","_blank","width=1280,height=720,top=0,left=0");
        }else{
            alert("请您先登录");
            location.href = "login.html";                             //跳转到登录页面
        }
    }
</script>
```

5.7 登录和注册页面设计

单击首页右上角的“登录”超链接可以进入用户登录页面。登录页面主要包括用于输入用户名和密码的输入框，以及“7 天内免登录”的复选框和“登录”按钮。登录页面效果如图 5.12 所示。单击首页右上角的“注册”超链接可以进入用户注册页面。用户注册页面主要包括用于输入用户名、密码和确认密码的输入框，以及“阅读并同意注册协议”的复选框和“注册”按钮。注册页面效果如图 5.13 所示。

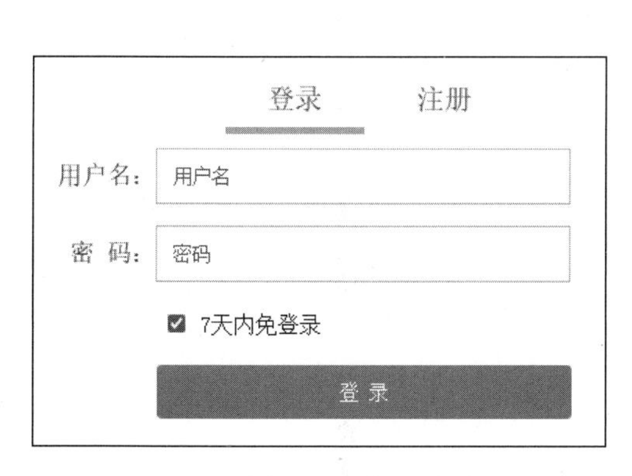

图 5.12　登录页面

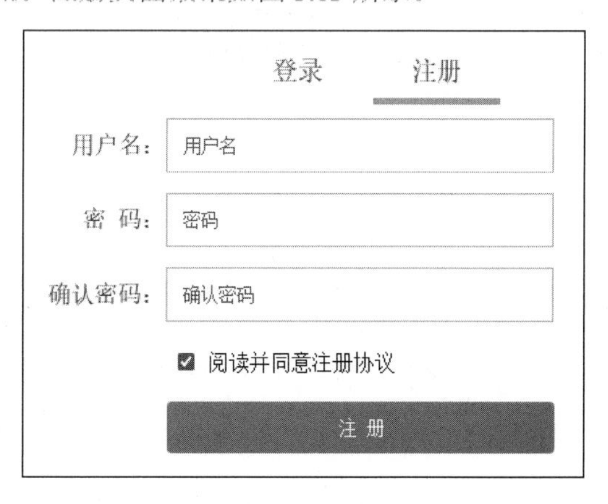

图 5.13　注册页面

5.7.1 登录功能的实现

在实现用户登录的过程中需要对用户输入的用户名和密码进行验证，只有输入的用户名和密码都正确，单击“登录”按钮后才会提示“登录成功”。对输入的内容进行验证的效果如图 5.14 和图 5.15 所示。

图 5.14　验证登录用户名

图 5.15　验证登录密码

用户登录成功后，首页右上角的“登录”和“注册”超链接会变成登录用户名和“退出”超链接。登录前和登录后的效果如图 5.16 所示。

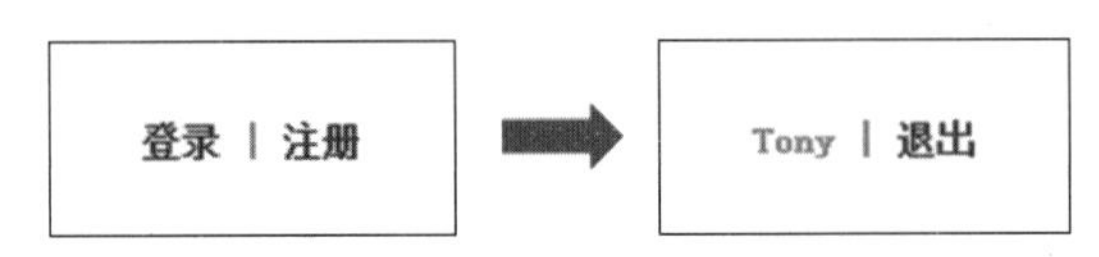

图 5.16　登录前和登录后的效果对比

用户登录功能的实现方法如下。

（1）创建 login.html 文件，在文件中编写 HTML 代码。首先定义“登录”和“注册”超链接，然后添加用户登录表单，在表单中添加用户名文本框、密码框、“7 天内免登录”的复选框和“登录”按钮。关键代码如下：

```
<div class="middle-box">
    <div>
        <span>
            <a class="active" href="login.html">登录</a>
                <a href="register.html">注册</a>
        </span>
        <form id="form" name="form" method="post" action=""  autocomplete="off">
            <div class="form-group">
                <label>用户名：</label>
                <input name="name" id="name" type="text"  class="form-control" placeholder="用户名" >
            </div>
            <div class="form-group">
                <label>密  码：</label>
                <input name="password" id="password" type="password" class="form-control" placeholder="密码">
            </div>
            <div class="seven">
                <input type="checkbox" value="1" id="no_login" style="cursor:pointer;" checked="checked">
                <label for="no_login">7 天内免登录</label>
            </div>
            <button type="button" id="login" class="btn-primary">登  录</button>
        </form>
    </div>
</div>
```

（2）在 login.html 文件中编写 JavaScript 代码，将实现用户登录功能的代码定义在 onload 事件处理函数中。在事件处理函数中首先获取各个表单元素，然后设置用户名文本框和密码框失去焦点时执行的操作。接下来定义 setExpiry()函数，在函数中使用 localStorage 存储登录用户名和登录过期时间。最后定义单击“登录”按钮时执行的事件处理函数，在事件处理函数中对用户输入的用户名和密码进行判断，如果用户名和密码都正确，并且用户选中了“7 天内免登录”的复选框，就调用 setExpiry()函数存储登录用户名和登录过期时间，再将页面跳转到网站首页。代码如下：

```
<script>
    window.onload = function (){
        var name = document.getElementById("name");                        //获取用户名文本框
        var password = document.getElementById("password");                //获取密码框
        var no_login = document.getElementById("no_login");                //获取复选框
        var login = document.getElementById("login");                      //获取登录按钮
        name.onblur = function (){
            this.parentNode.querySelector("span")?.remove();               //删除 span 元素
            var span = document.createElement("span");                     //创建 span 元素
            if(this.value === ""){
                span.classList.add("error");                               //为 span 元素添加 error 类
                span.innerHTML = "请输入用户名";                             //设置提示文字
            }
            this.parentNode.appendChild(span);                             //添加 span 元素
        }
        password.onblur = function (){
            this.parentNode.querySelector("span")?.remove();
            var span = document.createElement("span");                     //创建 span 元素
            if(this.value === ""){
                span.classList.add("error");                               //为 span 元素添加 error 类
                span.innerHTML = "请输入密码";                               //设置提示文字
            }
            this.parentNode.appendChild(span);                             //添加 span 元素
        }
        //设置一个带有过期时间的 localStorage 值
        function setExpiry(key, value, ttl) {
            const now = new Date();
            //ttl 是过期时间，单位是毫秒
            const item = {
                value: value,
                expiry: now.getTime() + ttl,
            };
            localStorage.setItem(key, JSON.stringify(item));
        }
        login.onclick = function (){
            name.parentNode.querySelector("span")?.remove();
            password.parentNode.querySelector("span")?.remove();
            var span = document.createElement("span");                     //创建 span 元素
            if(name.value === ""){
                span.classList.add("error");                               //为 span 元素添加 error 类
                span.innerHTML = "请输入用户名";                             //设置提示文字
                name.focus();                                              //用户名文本框获得焦点
                name.parentNode.appendChild(span);                         //添加 span 元素
                return false;
            }else if(name.value !== "Tony"){
                span.classList.add("error");                               //为 span 元素添加 error 类
                span.innerHTML = "用户名不正确";                             //设置提示文字
                name.parentNode.appendChild(span);                         //添加 span 元素
                return false;
            }
            if(password.value === ""){
                span.classList.add("error");                               //为 span 元素添加 error 类
                span.innerHTML = "请输入密码";                               //设置提示文字
                password.focus();                                          //密码框获得焦点
                password.parentNode.appendChild(span);                     //添加 span 元素
                return false;
            }else if(password.value !== "123456"){
                span.classList.add("error");                               //为 span 元素添加 error 类
                span.innerHTML = "密码不正确";                               //设置提示文字
                password.parentNode.appendChild(span);                     //添加 span 元素
                return false;
            }
            alert("登录成功");
```

```
                if(no_login.checked){
                    //如果选择了7天免登录复选框，就保存用户名并设置过期时间
                    setExpiry("username", name.value, 7 * 24 * 60 * 60 * 1000);
                }else{
                    sessionStorage.setItem("username", name.value);
                }
                location.href = "index.html";
            }
        }
</script>
```

（3）在 index.html 文件中编写 JavaScript 代码。在 onload 事件处理函数中首先定义 getExpiry()函数，在函数中获取 localStorage 存储的登录用户名，然后判断用户是否已登录，如果已登录就获取登录用户名，用登录用户名和“退出”超链接替换页面中原有的“登录”和“注册”超链接。当单击“退出”超链接时，删除保存的用户名，再跳转到登录页面。如果用户未登录，就在首页的指定位置显示“登录”和“注册”超链接。代码如下：

```
<script>
    window.onload = function (){
        /* 此处是其他 JavaScript 代码 */
        //获取一个带有过期时间的 localStorage 值
        function getExpiry(key) {
            const itemStr = localStorage.getItem(key);                    //获取 localStorage 存储的值
            if (!itemStr) {
                return null;
            }
            const item = JSON.parse(itemStr);                             //将 JSON 字符串转换为对象
            const now = new Date();
            if (now.getTime() > item.expiry) {                            //如果保存的值已过期
                localStorage.removeItem(key);                             //删除 localStorage 存储的值
                return null;
            }
            return item.value;
        }
        if(getExpiry("username") || sessionStorage.getItem("username")){
            //获取登录用户名
            var username = getExpiry("username") ? getExpiry("username") : sessionStorage.getItem("username");
            document.getElementsByClassName("mrit-header-logina")[0].innerHTML = username + ' | <a id="logout"
href="javascript:void(0)">退出</a>';
            document.getElementById("logout").onclick = function (){
                if(getExpiry("username")){
                    localStorage.removeItem("username");                  //删除保存的用户名
                }
                if(sessionStorage.getItem("username")){
                    sessionStorage.removeItem("username");                //删除保存的用户名
                }
                location.href = "login.html";                             //跳转到登录页面
            }
        }else{
            document.getElementsByClassName("mrit-header-logina")[0].innerHTML = '<a href="login.html">登录</a>' + '
|<a href="register.html"> 注册</a>';
        }
    }
</script>
```

5.7.2 注册功能的实现

在实现用户注册功能的过程中需要验证用户输入是否为空，以及用户输入的内容是否符合要求，只有输入的内容都符合要求，单击“注册”按钮后才会提示“注册成功”。验证用户输入是否为空的效果如图 5.17

所示。验证用户输入的内容是否符合要求的效果如图 5.18 所示。

图 5.17　验证用户输入的内容是否为空

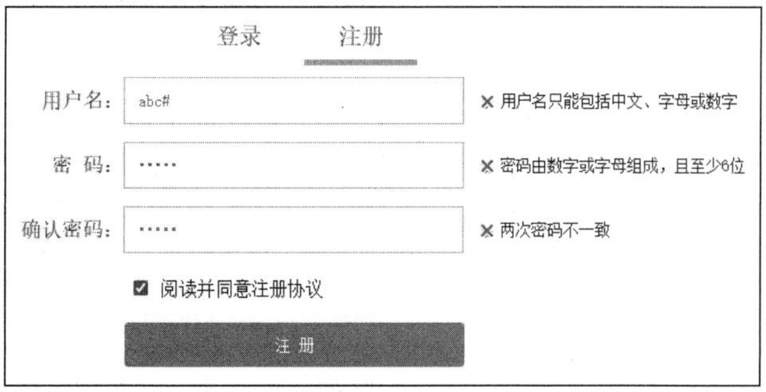

图 5.18　验证用户输入的内容是否符合要求

用户注册功能的实现方法如下。

（1）创建 register.html 文件，在文件中编写 HTML 代码。首先定义“登录”和“注册”超链接，然后添加用户注册表单，在表单中添加用户名文本框、密码框、确认密码框、“阅读并同意注册协议”的复选框和“注册”按钮。关键代码如下：

```
<div class="middle-box">
    <div>
        <span>
            <a href="login.html">登录</a>
                <a class="active" href="register.html">注册</a>
         </span>
        <form id="form" name="form" method="post" action=""  autocomplete="off">
            <div class="form-group">
                <label for="name">用户名：</label>
                <input name="name" id="name" type="text" class="form-control" placeholder="用户名" >
            </div>
            <div class="form-group">
                <label for="password">密  码：</label>
                <input name="password" id="password" type="password" class="form-control" placeholder="密码">
            </div>
            <div class="form-group">
                <label for="passwords">确认密码：</label>
                <input name="passwords" id="passwords" type="password" class="form-control" placeholder="确认密码">
            </div>
            <div class="agreement">
                <input type="checkbox" id="agree" checked="checked">
                <label for="agree">阅读并同意注册协议</label>
            </div>
            <div>
                <button type="button" id="send" class="btn-primary">注  册</button>
            </div>
        </form>
    </div>
</div>
```

（2）在 register.html 文件中编写 JavaScript 代码，将实现用户注册功能的代码定义在 onload 事件处理函数中。在事件处理函数中首先获取各个表单元素，然后设置用户名文本框、密码框和确认密码框失去焦点时执行的操作。接下来定义单击“阅读并同意注册协议”的复选框时执行的事件处理函数，在函数中判断用户是否选中了该复选框，如果选中了该复选框，就设置“注册”按钮可用，否则就设置“注册”按钮禁用。最后定义单击“注册”按钮时执行的事件处理函数，在函数中分别触发用户名文本框、密码框和确认密码框的 blur 事件，再判断页面中是否存在 error 类，如果不存在 error 类就提示“注册成功”，接着跳转到用户登录页面。代码如下：

```
<script>
    window.onload = function (){
        var name = document.getElementById("name");                    //获取用户名文本框
        var password = document.getElementById("password");            //获取密码框
        var passwords = document.getElementById("passwords");          //获取确认密码框
        var agree = document.getElementById("agree");                  //获取复选框
        var send = document.getElementById("send");                    //获取注册按钮
        name.onblur = function (){
            this.parentNode.querySelector("span")?.remove();           //删除 span 元素
            var span = document.createElement("span");                 //创建 span 元素
            if(this.value === ""){
                span.classList.add("error");                           //为 span 元素添加 error 类
                span.innerHTML = "用户名不能为空";                      //设置提示文字
            }else if(!/^[\u4e00-\u9fa5a-zA-Z0-9]+$/.test(this.value)){
                span.classList.add("error");                           //为 span 元素添加 error 类
                span.innerHTML = "用户名只能包括中文、字母或数字";      //设置提示文字
            }else{
                span.classList.remove("error");                        //删除 span 元素的 error 类
                span.classList.add("right");                           //为 span 元素添加 right 类
                span.innerHTML = "用户名正确";                          //设置提示文字
            }
            this.parentNode.appendChild(span);                         //添加 span 元素
        }
        password.onblur = function (){
            this.parentNode.querySelector("span")?.remove();           //删除 span 元素
            var span = document.createElement("span");                 //创建 span 元素
            if(this.value === ""){
                span.classList.add("error");                           //为 span 元素添加 error 类
                span.innerHTML = "密码不能为空";                        //设置提示文字
            }else if(!/^[0-9A-Za-z]{6,}$/.test(this.value)){
                span.classList.add("error");                           //为 span 元素添加 error 类
                span.innerHTML = "密码由数字或字母组成，且至少 6 位"; //设置提示文字
            }else{
                this.parentNode.querySelector("span")?.remove();       //删除 span 元素
            }
            this.parentNode.appendChild(span);                         //添加 span 元素
        }
        passwords.onblur = function (){
            this.parentNode.querySelector("span")?.remove();           //删除 span 元素
            var span = document.createElement("span");                 //创建 span 元素
            if(this.value === ""){
                span.classList.add("error");                           //为 span 元素添加 error 类
                span.innerHTML = "确认密码不能为空";                    //设置提示文字
            }else if(this.value !== password.value){
                span.classList.add("error");                           //为 span 元素添加 error 类
                span.innerHTML = "两次密码不一致";                      //设置提示文字
            }else{
                this.parentNode.querySelector("span")?.remove();       //删除 span 元素
            }
            this.parentNode.appendChild(span);                         //添加 span 元素
        }
        agree.onclick = function (){
            if(this.checked){                                          //如果选中了复选框
                send.disabled = false;                                 //设置注册按钮可用
                send.style.backgroundColor="#1AB394";
                send.style.cursor="pointer";
            }else{
                send.disabled = true;                                  //设置注册按钮禁用
                send.style.backgroundColor="#AAAAAA";
                send.style.cursor="auto";
```

```
            }
        }
        send.onclick = function (){
            var blurEvent = new Event('blur');                    //创建一个 blur 事件
            name.dispatchEvent(blurEvent);                        //用户名文本框触发 blur 事件
            password.dispatchEvent(blurEvent);                    //密码框触发 blur 事件
            passwords.dispatchEvent(blurEvent);                   //确认密码框触发 blur 事件
            //如果页面中存在 error 类就返回 false
            if(document.getElementsByClassName("error").length){
                return false;
            }
            alert("注册成功！");
            location.href = "login.html";                         //跳转到登录页面
        }
    }
</script>
```

说明

dispatchEvent 是 DOM 中的一个方法，该方法用于手动触发元素上的事件。它接收一个参数，即触发的事件对象。

5.8 项 目 运 行

通过前述步骤，设计并完成了“明日在线教育网站”项目的开发。下面运行该项目，检验一下我们的开发成果。在浏览器中打开项目文件夹中的 index.html 文件即可成功运行该项目，运行后的界面效果如图 5.2 所示。

单击课程列表中的课程图片或课程名称会进入课程详情页面。课程详情页面主要包括课程信息、课程提纲以及相关课程等内容。课程详情页面效果如图 5.10 所示。在课程详情页面，当鼠标移动到课程提纲中的每一小节标题上时，在其右侧会显示“开始学习”按钮，如果用户已登录，单击该按钮则可以进入观看视频页面观看该节课程视频。

5.9 源 码 下 载

虽然本章详细地讲解了如何编码实现“明日在线教育网站”的各个功能，但给出的代码都是代码片段。为了方便读者学习，本书提供了完整的项目源码，扫描右侧二维码即可下载。

源码下载

第 6 章

飞马城市旅游信息网

——模块 + JSON + BOM 浏览器对象模型

目前，旅游行业十分兴旺，越来越多的人开始把旅游作为主要的休闲娱乐方式。随着互联网的普及，不断地有机构开发并运营旅游类网站，这些网站为人们寻找旅游信息和预订旅游产品提供了便利。本章将使用 JavaScript 中的模块、JSON 和 BOM 浏览器对象模型等技术开发一个旅游类网站——飞马城市旅游信息网。

本项目的核心功能及实现技术如下：

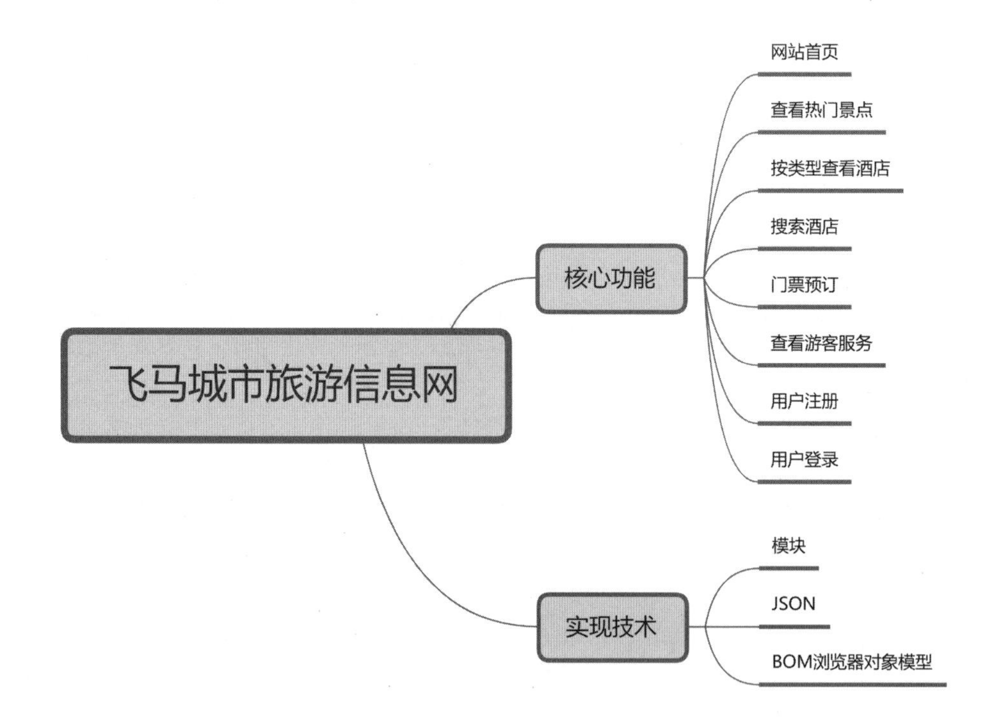

6.1 开发背景

高速发展的互联网，带给人们的不仅仅是技术，更是一种以信息为标志的崭新的生活方式。旅游业是一类对信息技术依赖性很强的产业。信息是旅游业的基础，信息化是旅游业发展的强大推动力。随着经济的发展和人们生活水平的不断提高，旅游活动已经成为人们生活的重要组成部分。旅游者在旅游之前都会收集一些和目的地有关的旅游信息，比如当地的景区景点位置、景区活动项目，以及旅游目的地的交通和住宿等情况。因此，为了更好地利用旅游资源，吸引更多的游客前来旅游，开发并运营旅游信息网站并为游客提供全面的旅游信息服务是非常必要的。

本章将使用模块、JSON 和 BOM 浏览器对象模型等技术开发一个旅游信息类网站，其实现目标如下：

☑ 旅游广告轮播图。
☑ 查看热门景点。
☑ 为各景点提供详情展示。
☑ 按酒店类型查询酒店。
☑ 为各酒店提供详情展示。
☑ 酒店搜索功能。
☑ 门票预订功能。
☑ 游客服务功能。
☑ 用户注册和登录。

6.2 系统设计

6.2.1 开发环境

本项目的开发及运行环境如下：

☑ 操作系统：推荐 Windows 10、11 及以上，兼容 Windows 7（SP1）。
☑ 开发工具：WebStorm。
☑ 开发语言：JavaScript。

6.2.2 业务流程

飞马城市旅游信息网由多个页面组成，包括网站首页、热门景点页面、酒店住宿页面、门票预订页面、游客服务页面和用户中心页面等。如果用户未注册，或已经注册但是未登录，则可以浏览网站首页、热门景点页面、酒店住宿页面和游客服务页面。用户登录成功之后，除了可以浏览上述页面之外，还可以进入门票预订页面进行门票预订。根据本项目的业务需求，设计如图 6.1 所示的业务流程图。

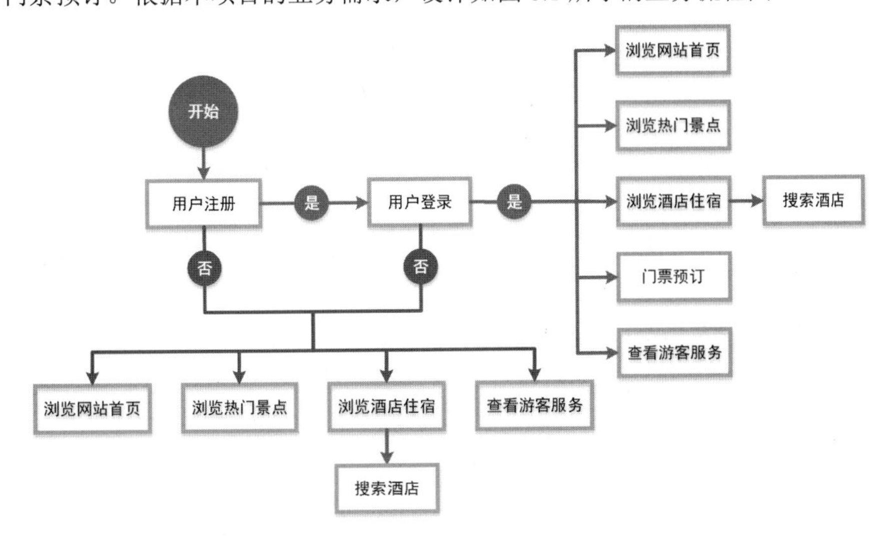

图 6.1 业务流程

6.2.3 功能结构

本项目的功能结构已经在章首页中给出，其实现的具体功能如下：

☑ 网站首页：提供网站导航、旅游广告轮播图、热门景点图片展示和酒店住宿图片展示。
☑ 热门景点页面：分页展示景点图片。单击景点图片进入景点详情页面。
☑ 景点详情页面：展示各景点的详细信息。
☑ 酒店住宿页面：分页展示酒店信息。按经济型、舒适型、豪华型等对酒店进行分类，单击不同的类型展示不同的酒店。单击酒店名称进入酒店详情页面。
☑ 酒店详情页面：展示各酒店的详细信息。
☑ 酒店搜索结果页面：酒店住宿页面提供一个搜索框，在搜索框中输入搜索关键词，单击“搜索”按钮进入酒店搜索结果页面，在该页面中展示了酒店名称中包含搜索关键词的所有酒店的列表。
☑ 门票预订页面：用户登录成功后可以进入门票预订页面。在门票预订页面可以选择购买门票的日期、设置购买张数。另外提供了新增游客信息的功能。
☑ 游客服务页面：在游客服务页面可以查看导游信息和游客须知。
☑ 用户注册：在注册时需要输入用户名、密码和确认密码，并验证用户输入的内容是否符合要求。
☑ 用户登录：在登录时需要输入用户名和密码，并验证用户输入的用户名和密码是否正确。

6.3 技术准备

在开发飞马城市旅游信息网时主要应用了 JavaScript 中的模块、JSON 和 BOM 浏览器对象模型等技术。下面将简述本项目所用的这些核心技术点及其具体作用。

1. 模块

在 JavaScript 中，模块是一种用于组织和封装代码的机制。通过模块可以将代码封装在单独的文件中，并按需导出和导入其中的功能。模块可以包含变量、函数、类和其他任何 JavaScript 实体。模块有自己的作用域，而不是和脚本一样在全局作用域内执行代码。

每个文件本身都是一个模块，在文件中定义的变量、函数和类对于该文件都是私有的，需要将它们显式导出。另外，一个模块导出的内容只有在显式导入它们的模块中才可以使用。导出和导入模块需要分别使用 ECMAScript 6 提供的 export 和 import 关键字。

1）导出模块

为了获得模块的功能，首先需要把它们导出来。要从 ECMAScript 6 模块中导出变量、函数或类，需要使用 export 语句。最简单的方法是将 export 语句放在想要导出的项前面。例如，创建一个测试文件夹 demo，在 demo 文件夹下创建一个模块 module.js，模块中定义了一个变量、一个函数和一个类，并使用 export 语句进行导出，代码如下：

```
export var name = "Tony";

export function product(a, b){
	return a * b;
}

export class Person{
	//定义构造函数
	constructor(name, sex, age) {
```

```
            this.name = name;
            this.sex = sex;
            this.age = age;
        }
        //添加 show()方法
        show(){
            return "姓名：" + this.name + "\n 性别：" + this.sex + "\n 年龄：" + this.age;
        }
}
```

如果不想使用多个 export 关键字进行导出，可以先正常定义变量、函数和类，然后在模块末尾使用一个 export 语句声明想要导出的内容。这种语法要求在一对大括号中给出一个被逗号分隔的标识符列表。例如，将上述代码进行修改，在模块末尾使用一个 export 语句进行导出。代码如下：

```
var name = "Tony";

function product(a, b){
        return a * b;
}

class Person{
        //定义构造函数
      constructor(name, sex, age) {
            this.name = name;
            this.sex = sex;
            this.age = age;
        }
        //添加 show()方法
        show(){
            return "姓名：" + this.name + "\n 性别：" + this.sex + "\n 年龄：" + this.age;
        }
}
export {name, product, Person};
```

在使用 export 语句进行导出时，可以使用 as 关键字对导出的标识符进行重命名。例如，对上述代码中导出的标识符进行重命名，代码如下：

```
export {name as n, product as p, Person as P};
```

在有些情况下，如果只想导出模块中的一个函数或类，可以使用默认导出的形式，即 export default 语句。例如，只导出模块中的 product()函数，使用 export default 语句进行导出，代码如下：

```
var name = "Tony";

function product(a, b){
        return a * b;
}

class Person{
        //定义构造函数
      constructor(name, sex, age) {
            this.name = name;
            this.sex = sex;
            this.age = age;
        }
        //添加 show()方法
        show(){
            return "姓名：" + this.name + "\n 性别：" + this.sex + "\n 年龄：" + this.age;
        }
}
export default product;
```

使用 export 语句只能导出已经命名的变量、函数或类。而使用 export default 语句的默认导出则可以导出任意表达式，包括匿名函数。例如，将上述代码中的 product()函数修改为导出匿名函数的形式。代码如下：

```
export default function(a, b){
	return a * b;
}
```

说明

一个模块只能有一个默认导出，因此 export default 在一个模块中只能使用一次。

2）导入模块

如果想在模块外面使用模块中的一些功能，就需要进行导入。导入其他模块导出的内容需要使用 import 语句。例如，导入 module.js 模块导出的内容，代码如下：

```
import {name, product, Person} from './module.js';
```

首先是 import 关键字，然后用一对大括号包含需要导入的标识符列表，标识符之间使用逗号进行分隔。然后是 from 关键字，后面是模块文件的路径。

在使用 import 语句进行导入时，也可以使用 as 关键字对导入的标识符进行重命名。例如，对上述代码中导入的标识符进行重命名，代码如下：

```
import {name as n, product as p, Person as P} from './module.js';
```

如果需要导入的模块功能过多，使用上面的方法会使代码变得冗长。这时，可以使用通配符“*”将每一个模块功能导入一个模块功能对象上。例如，使用“*”导入 module.js 模块导出的内容，代码如下：

```
import * as obj from './module.js';
```

使用这种方式可以创建一个对象 obj，被导入模块的每个非默认导出都会变成这个对象的一个属性。非默认导出的标识符将作为这个对象的属性名。

如果要导入默认导出的内容，可以使用 default 关键字并提供别名进行导入，也可以直接使用自定义的标识符作为默认导出的别名进行导入。例如，导入 module.js 模块中默认导出的内容，可以使用如下两种方式中的任意一种：

```
import {default as exam} from './module.js';
```

或

```
import exam from './module.js';
```

3）在网页中使用模块

如果想在 HTML 文件中使用 ECMAScript 6 模块，需要将<script>标签的 type 属性值设置为 module，用于声明该<script>标签所包含的代码作为模块在浏览器中执行。

例如，在 HTML 文件中使用 module.js 模块。首先在 demo 文件夹下创建 index.html 文件，在文件中导入模块，然后调用模块中定义的变量、函数和类，将结果显示在页面中。代码如下：

```
<script type="module">
	import {name, product, Person} from './module.js';
	var info = "";
	info += name + "<br>";
	info += product(5,6) + "<br>";
	var p = new Person("张三","男",20);
	info += p.show();
	document.getElementById("test").innerHTML = info;
```

```
</script>
<div id="test"></div>
```

运行结果如下：

```
Tony
30
姓名：张三 性别：男 年龄：20
```

如果使用通配符“*”的方式将每一个模块功能导入一个对象，可以使用下面的代码：

```
<script type="module">
	import * as obj from './module.js';
	var info = "";
	info += obj.name + "<br>";
	info += obj.product(5,6) + "<br>";
	var p = new obj.Person("张三","男",20);
	info += p.show();
	document.getElementById("test").innerHTML = info;
</script>
<div id="test"></div>
```

说明

在使用 ECMAScript 6 模块时，只能从包含模块的 HTML 文档所在的域加载模块，不能在开发模式下使用“file:URL”来测试包含模块的 Web 页面。因此，要想正常运行程序，需要使用本地 Web 服务器来进行测试。要搭建 Web 服务器，可以使用 Apache 服务器。安装服务器后，将程序文件夹 demo 存储在网站根目录（通常为安装目录下的 htdocs 文件夹）下，在地址栏中输入“http://localhost/demo/index.html”，然后单击 Enter 键运行。

2. JSON

JSON 是指 JavaScript 对象表示法，它使用 JavaScript 语法来描述数据对象。JSON 是一种字符串形式的数据，它本身不提供任何方法，非常适合在网络中进行传输。

JSON 的语法格式和 JavaScript 中的对象格式非常相似。在 JSON 中主要使用以下两种方式来表示数据。

1）对象

这种格式是键/值对的集合，使用大括号{}保存对象。在每个键/值对中，键表示数据的名称，需要以双引号字符串的形式定义，每个“键”后跟一个冒号“:”，后面是值。多个键/值对之间使用逗号“,”分隔。例如，使用对象方式表示 JSON 数据，代码如下：

```
{
	"name": "JavaScript 从入门到精通",
	"type": "JavaScript",
	"author": "明日科技"
}
```

2）数组

这种格式是值的有序集合，使用中括号[]保存数组。数组中的每个值之间使用逗号“,”分隔。值可以是数值、字符串、布尔值、null、对象或者数组。例如，使用数组方式表示 JSON 数据，代码如下：

```
[
	{"name": "Tony","position": "前端工程师","year": 5},
	{"name": "Kelly","position": "一二线运维","year": 6},
	{"name": "Alice","position": "平面设计","year": 7}
]
```

3. BOM 浏览器对象模型

BOM 浏览器对象模型提供了独立于内容而与浏览器窗口进行交互的对象。BOM 的核心是 Window 对象，它由一系列相关的对象构成，并且每个对象都提供了很多属性和方法。在本项目中，主要应用了 BOM 中的 location 对象的 href 属性和 search 属性。

href 属性用于获取完整的 URL 地址，search 属性用于获取 URL 的查询字符串。示例代码如下：

```
document.write(location.href + "<br>");          //获取完整的 URL 地址
document.write(location.search);                 //获取 URL 的查询字符串
```

6.4 公共文件设计

在开发项目时，通过编写公共文件可以减少重复代码的编写，有利于代码的重用及维护。在设计飞马城市旅游信息网时，大部分页面都会用到两个公共文件，一个是页面头部文件 head.js，另一个是页面底部文件 bottom.js。下面将详细介绍这两个文件。

6.4.1 页面头部文件设计

头部文件主要提供网站导航栏的功能，其界面效果如图 6.2 所示。

图 6.2 头部文件界面效果

头部文件的实现过程比较简单。在项目文件夹下新建 public 文件夹，在 public 文件夹下新建 head.js 文件，在文件中定义网站 logo 和导航栏，并使用 document.writeln()语句进行输出。代码如下：

```
document.writeln('<div class="nav my-header">');
document.writeln('<div class="center">');
document.writeln('<div class="area">');
document.writeln('<div>');
document.writeln('<img src="img/logo.png" />');
document.writeln('</div>');
document.writeln('<ul id="nav">');
document.writeln('<li>');
document.writeln('<a href="index.html">');
document.writeln('<div></div><span>首页</span>');
document.writeln('</a>');
document.writeln('</li>');
document.writeln('<li>');
document.writeln('<a href="scenery.html">');
document.writeln('<div></div><span>热门景点</span>');
document.writeln('</a>');
document.writeln('</li>');
document.writeln('<li>');
document.writeln('<a href="hotel.html">');
document.writeln('<div></div><span>酒店住宿</span>');
document.writeln('</a>');
document.writeln('</li>');
```

```
document.writeln('<li>');
document.writeln('<a href="ticket.html">');
document.writeln('<div></div><span>门票预定</span>');
document.writeln('</a>');
document.writeln('</li>');
document.writeln('<li>');
document.writeln('<a href="service.html">');
document.writeln('<div></div><span>游客服务</span>');
document.writeln('</a>');
document.writeln('</li>');
document.writeln('<li>');
document.writeln('<a href="login.html">');
document.writeln('<div></div><span>用户中心</span>');
document.writeln('</a>');
document.writeln('</li>');
document.writeln('</ul>');
document.writeln('</div>');
document.writeln('</div>');
document.writeln('</div>');
```

6.4.2 页面底部文件设计

页面底部文件主要展示友情链接、咨询投诉热线和网站官方的联系方式，其界面效果如图 6.3 所示。

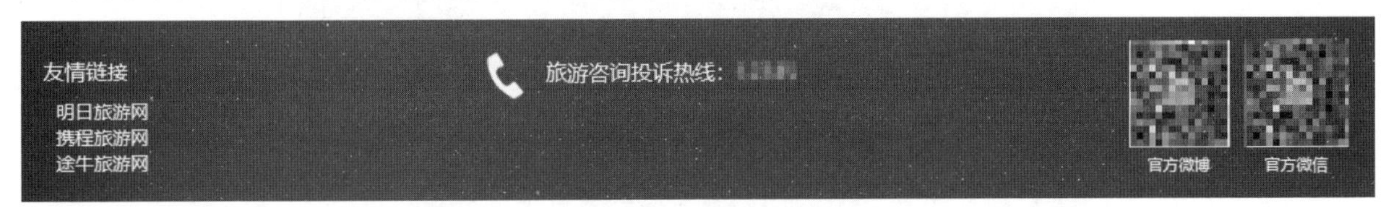

图 6.3 底部文件界面效果

底部文件的实现过程也比较简单。在 public 文件夹下新建 bottom.js 文件，在文件中定义友情链接、旅游咨询投诉热线，以及官方微博、微信二维码图片，并使用 document.writeln()语句进行输出。代码如下：

```
document.writeln('<div class="foot my-footer">');
document.writeln('<div class="center">');
document.writeln('<div class="main">');
document.writeln('<div class="box1">');
document.writeln('<p>友情链接</p>');
document.writeln('<div>');
document.writeln('<a href="#">明日旅游网</a>');
document.writeln('<a href="https://www.ctrip.com/">携程旅游网</a>');
document.writeln('<a href="https://www.tuniu.com/">途牛旅游网</a>');
document.writeln('</div>');
document.writeln('</div>');
document.writeln('<div class="box2">');
document.writeln('<img src="img/icon1.png" />');
document.writeln('<span>旅游咨询投诉热线：12345</span>');
document.writeln('</div>');
document.writeln('<div class="box3">');
document.writeln('<div>');
document.writeln('<img src="img/weibo.png" />');
document.writeln('<p>官方微博</p>');
document.writeln('</div>');
document.writeln('<div>');
document.writeln('<img src="img/weixin.png" />');
document.writeln('<p>官方微信</p>');
document.writeln('</div>');
```

```
document.writeln('</div>');
document.writeln('</div>');
document.writeln('</div>');
document.writeln('</div>');
```

6.5 首页设计

飞马城市旅游信息网的首页主要提供网站导航、旅游广告轮播图、热门景点图片展示和酒店住宿图片展示等内容，首页效果如图 6.4 所示。

图 6.4　首页

飞马城市旅游信息网首页的实现过程如下。

（1）在项目文件夹下新建 index.html 文件，在文件中首先使用<script>标签分别引入页面头部文件和页面底部文件，然后编写 HTML 代码。使用<div>标签分别定义旅游广告轮播图、热门景点图片列表、酒店住宿图片列表和无间断向左滚动的旅游景点图片列表。单击热门景点图片列表区域中的“更多”超链接可以进入热门景点页面。单击酒店住宿图片列表区域中的“更多”超链接可以进入酒店住宿页面。代码如下：

```
<script src="public/head.js"></script>
<div id="app">
    <div>
        <!-- 轮播图 -->
        <div id="box">
            <ul id="imagesUI" class="list">
                <li><img src="img/banner/banner_1.jpg"></li>
                <li><img src="img/banner/banner_2.jpg"></li>
                <li><img src="img/banner/banner_3.jpg"></li>
                <li><img src="img/banner/banner_4.jpg"></li>
                <li><img src="img/banner/banner_5.jpg"></li>
            </ul>
            <ul id="btnUI" class="count">
                <li class="current">1</li>
                <li>2</li>
                <li>3</li>
                <li>4</li>
                <li>5</li>
            </ul>
        </div>
        <!-- 热门景点  -->
        <div class="scenery">
            <div class="center">
                <div class="row1">
                    <div class="txt2">
                        <div class="icon"></div>
                        <span>热门景点</span>
                    </div>
                    <a href="scenery.html">更多&gt;&gt;</a>
                </div>
                <div class="pic">
                    <div class="center">
                        <div class="left-pic">
                            <a href="scenery_show.html?scenery_id=1"
                            ><img src="img/index/lht.jpg"
                            /></a>
                            <p>大连老虎滩海洋公园</p>
                        </div>
                        <div class="right-pic">
                            <ul>
                                <li>
                                    <img src="img/index/1.jpg" alt="" />
                                    <p>海兽馆</p>
                                </li>
                                <li>
                                    <img src="img/index/2.jpg" alt="" />
                                    <p>虎滩传说</p>
                                </li>
                                <li>
                                    <img src="img/index/3.jpg" alt="" />
                                    <p>珊瑚馆</p>
                                </li>
                                <li>
                                    <img src="img/index/4.jpg" alt="" />
```

```
                                        <p>欢乐剧场</p>
                                    </li>
                                </ul>
                            </div>
                        </div>
                    </div>
                </div>
            </div>
            <div class="hotel">
                <div class="center">
                    <div class="row1">
                        <div class="txt2">
                            <div class="icon"></div>
                            <span>酒店住宿</span>
                        </div>
                        <a href="hotel.html">更多&gt;&gt;</a>
                    </div>
                    <div class="pic">
                        <div class="center">
                            <ul>
                                <li>
                                    <img src="img/hotel/1.jpg" alt="" />
                                    <p>大连香格里拉大酒店</p>
                                </li>
                                <li>
                                    <img src="img/hotel/7.jpg" alt="" />
                                    <p>大连新世界酒店</p>
                                </li>
                                <li>
                                    <img src="img/hotel/9.jpg" alt="" />
                                    <p>大连富丽华大酒店</p>
                                </li>
                            </ul>
                        </div>
                    </div>
                </div>
            </div>
            <div class="scenery2">
                <div class="center">
                    <div class="txt2">
                        <div class="icon"></div>
                        <span>欢迎来大连旅游</span>
                    </div>
                    <div class="area">
                        <ul>
                            <li class="active">
                                <img src="img/scenery/1.jpg" />
                                <p>大连老虎滩海洋公园</p>
                            </li>
                            <li>
                                <img src="img/scenery/3.jpg" />
                                <p>大连森林动物园</p>
                            </li>
                            <li>
                                <img src="img/scenery/5.jpg" />
                                <p>星海公园</p>
                            </li>
                            <li>
                                <img src="img/scenery/7.jpg" />
                                <p>大连金石滩旅游度假区</p>
                            </li>
                            <li>
```

```
                        <img src="img/scenery/1.jpg" />
                        <p>大连老虎滩海洋公园</p>
                    </li>
                    <li>
                        <img src="img/scenery/3.jpg" />
                        <p>大连森林动物园</p>
                    </li>
                    <li>
                        <img src="img/scenery/5.jpg" />
                        <p>星海公园</p>
                    </li>
                    <li>
                        <img src="img/scenery/7.jpg" />
                        <p>大连金石滩旅游度假区</p>
                    </li>
                </ul>
            </div>
        </div>
    </div>
</div>
</div>
<script src="public/bottom.js"></script>
```

（2）在项目文件夹下新建 module 文件夹，在文件夹下新建首页模块 index.js。在模块中分别定义用于获取页面指定元素的变量和函数，并使用 export 语句进行导出。其中，show()函数用于隐藏所有图片并移除数字按钮的样式，同时显示单击的数字按钮对应的图片，并为单击的数字按钮添加样式。setIndex()函数用于设置数字按钮的索引，并设置单击某个数字按钮时显示对应的图片。autoPlay()函数用于设置当前图片的索引，并调用 show()函数显示对应的图片。代码如下：

```
export var imagesUl = document.getElementById("imagesUl");      //获取指定 id 的元素
export var liObj = imagesUl.getElementsByTagName("li");         //获取指定 id 元素下的 li 标签
export var btn = document.getElementById("btnUl");              //获取指定 id 的元素
export var btnObj = btn.getElementsByTagName("li");             //获取指定 id 元素下的 li 标签
export var box = document.getElementById("box");                //获取指定 id 的元素
export function show(j) {
    //隐藏所有图片并移除数字按钮样式
    for (var i = 0; i < liObj.length; i++) {
        liObj[i].style.display = "none";
        btnObj[i].classList.remove("current");
    }
    liObj[j].style.display = "block";                           //显示单击的数字按钮对应的图片
    btnObj[j].classList.add("current");                         //为单击的数字按钮添加类
}
export function setIndex(){
    for (var i = 0; i < btnObj.length; i++) {
        btnObj[i].index = i;                                    //设置索引
        btnObj[i].onclick = function () {
            show(this.index);                                   //显示对应图片
            index = this.index;                                 //修改当前图片索引
        }
    }
}
export var index = 0;                                           //当前图片索引
export function autoPlay() {
    index = index === 4 ? 0 : index + 1;
    show(index);
}
export var navLi = document.querySelector("#nav").querySelectorAll("li");
```

（3）在 index.html 文件中导入模块，调用模块中定义的 setIndex()函数设置图片索引，每隔两秒调用一次 autoPlay()函数自动播放轮播图，当鼠标移入图片时停止播放轮播图，当鼠标移出图片时每隔两秒调用一次 autoPlay()函数继续播放轮播图。代码如下：

```
<script type="module">
    import * as obj from "./module/index.js";                //导入模块
    obj.show(obj.index);                                      //显示第一张图片
    obj.setIndex();                                           //设置图片索引
    var timerId = setInterval(function () {
        obj.autoPlay();                                       //自动播放轮播图
    }, 2000);
    obj.box.onmouseenter = function () {
        clearInterval(timerId);                               //停止播放轮播图
    }
    obj.box.onmouseleave = function () {
        //2 秒后继续播放轮播图
        timerId = setInterval(function () {
            obj.autoPlay();
        }, 2000);
    }
    obj.navLi[0].classList.add("active");
</script>
```

6.6 热门景点页面设计

单击导航栏中的“热门景点”超链接，或单击首页中热门景点图片列表区域的“更多”超链接可以进入热门景点页面。热门景点页面的效果如图 6.5 所示。

图 6.5　热门景点页面

热门景点的相关页面主要有两个，分别是景点列表页面和景点详情页面，下面对这两个页面进行详细介绍。

6.6.1 景点列表页面设计

景点列表页面主要包括景点列表和分页部件。每页显示 4 个景点列表项，每个景点列表项都展示了景点图片、景点名称和景点门票价格等信息。景点列表页面的实现过程如下。

（1）在项目文件夹下新建 scenery.html 文件，在文件中首先使用<script>标签分别引入页面头部文件和页面底部文件，然后编写 HTML 代码。使用<div>标签分别定义景点列表和分页部件。代码如下：

```
<script src="public/head.js"></script>
<div class="body">
    <div class="scenery">
        <div class="center">
            <div class="main">
                <ul id="data"></ul>
            </div>
        </div>
    </div>
    <!-- 分页器 -->
    <div class="center">
        <div class="pages">
            <button id="prev">上一页</button>
            <span id="num"></span>
            <button id="next">下一页</button>
        </div>
    </div>
</div>
<script src="public/bottom.js"></script>
```

（2）在 module 文件夹下新建景点列表页模块 scenery.js。在模块中分别定义变量和函数，并使用 export 语句进行导出。其中，list 变量用于存储景点 JSON 数据，setPage()函数用于设置分页部件中的页码，单击某个页码时调用 page()函数显示对应的景点列表。prevPage()函数用于显示上一页的景点列表，nextPage()函数用于显示下一页的景点列表，page()函数用于显示当前页的景点列表。代码如下：

```
export var list = [ //景点 JSON 数据
    {
        "scenery_id": 1,
        "pic": "img/scenery/1.jpg",
        "scenery_name": "大连老虎滩海洋公园",
        "scenery_price": 220
    },
    {
        "scenery_id": 2,
        "pic": "img/scenery/3.jpg",
        "scenery_name": "大连森林动物园",
        "scenery_price": 120
    },
    {
        "scenery_id": 3,
        "pic": "img/scenery/5.jpg",
        "scenery_name": "星海公园",
        "scenery_price": "免费"
    },
    {
        "scenery_id": 4,
        "pic": "img/scenery/7.jpg",
        "scenery_name": "大连金石滩旅游度假区",
        "scenery_price": 90
    },
    {
```

```
            "scenery_id": 5,
            "pic": "img/scenery/9.jpg",
            "scenery_name": "大连圣亚海洋世界",
            "scenery_price": 110
        },
        {
            "scenery_id": 6,
            "pic": "img/scenery/11.jpg",
            "scenery_name": "大连发现王国主题公园",
            "scenery_price": 220
        },
        {
            "scenery_id": 7,
            "pic": "img/scenery/13.jpg",
            "scenery_name": "冰峪沟",
            "scenery_price": 120
        },
        {
            "scenery_id": 8,
            "pic": "img/scenery/15.jpg",
            "scenery_name": "大连天门山国家森林公园",
            "scenery_price": 60
        }
];
export var curPage = 1;                                           //当前页码
export var pageSize = 4;                                          //每页显示的景点数量
export var totalPage = Math.ceil(list.length / pageSize);         //总页数
export function setPage(){
    for(var m = 1; m <= totalPage; m++){
        var span = document.createElement("span");
        span.innerHTML = m.toString();                            //数值转换为字符串
        span.onclick = function (){                               //单击页码时调用 page()函数实现分页显示
            page(parseInt(this.innerHTML));
        }
        document.getElementById("num").appendChild(span);   //添加 span 元素
    }
}
export function prevPage(){
    curPage--;                                                    //当前页码减 1
    page(curPage);                                                //调用 page()函数实现分页显示
}
export function nextPage(){
    curPage++;                                                    //当前页码加 1
    page(curPage);                                                //调用 page()函数实现分页显示
}
export function page(n){
    curPage = n;                                                  //当前页码
    var sceneryStr = "";                                          //景点信息字符串
    var spans = document.getElementById("num").getElementsByTagName("span");
    for(var i = 0; i < spans.length; i++){
        if(curPage === i + 1){
            //设置当前页码的样式
            spans[i].style.backgroundColor = "#238BCE";
            spans[i].style.color = "#FFFFFF";
        }else{
            //其他页码的样式
            spans[i].style.backgroundColor = "";
            spans[i].style.color = "";
        }
    }
    //如果当前页是第一页，设置上一页按钮禁用
    if(curPage === 1){
```

```
        document.getElementById("prev").disabled = true;
    }else{
        document.getElementById("prev").disabled = false;
    }
    //如果当前页是最后一页，设置下一页按钮禁用
    if(curPage === totalPage){
        document.getElementById("next").disabled = true;
    }else{
        document.getElementById("next").disabled = false;
    }
    var firstN = (curPage - 1) * pageSize;                    //当前页第一条数据索引
    var lastN = firstN + pageSize;                            //当前页最后一条数据索引
    var pageData = list.slice(firstN, lastN);                 //当前页的景点数据
    for(var j = 0; j < pageData.length; j++){                 //遍历景点数据
        sceneryStr += '<li class="scenery-cell">';
        sceneryStr += `<a href="scenery_show.html?scenery_id=${pageData[j].scenery_id}">`;
        sceneryStr += '<img src="' + pageData[j].pic + '" />';
        sceneryStr += '</a>';
        sceneryStr += '<p>' + pageData[j].scenery_name + '</p>';
        sceneryStr += '<span>￥' + pageData[j].scenery_price + '</span>';
        sceneryStr += '</li>';
    }
    document.getElementById("data").innerHTML = sceneryStr; //显示景点列表
}
export var navLi = document.querySelector("#nav").querySelectorAll("li");
```

（3）在 scenery.html 文件中导入模块，调用模块中的 setPage()函数设置页码，单击“上一页”按钮时调用 prevPage()函数显示上一页的景点列表，单击“下一页”按钮时调用 nextPage()函数显示下一页的景点列表，调用 page()函数显示当前页的景点列表。代码如下：

```
<script type="module">
    import * as obj from "./module/scenery.js";
    obj.setPage();                                            //调用函数设置页码
    document.getElementById("prev").onclick = function (){
        obj.prevPage();                                       //上一页
    }
    document.getElementById("next").onclick = function (){
        obj.nextPage();                                       //下一页
    }
    obj.page(obj.curPage);                                    //调用函数显示当前页景点数据
    obj.navLi[1].classList.add("active");
</script>
```

6.6.2 景点详情页面设计

单击热门景点页面中的景点图片可以进入该景点的景点详情页面。该页面主要展示了景点图片、景点名称、地理位置、开放时间、景点级别、门票价格、建议游玩时间和景点介绍等内容，效果如图 6.6 所示。

景点详情页面的实现过程如下。

（1）在项目文件夹下新建 scenery_show.html 文件。在文件中首先使用<script>标签分别引入页面头部文件和页面底部文件，然后编写 HTML 代码。使用<div>标签分别定义景点图片、景点名称、地理位置、开放时间、景点级别、门票价格、建议游玩时间和景点介绍等内容。代码如下：

```
<script src="public/head.js"></script>
<div class="body">
    <div class="center">
        <div class="txt" style="height:10px;"></div>
    </div>
```

```
    <div class="show">
        <div class="center">
            <div class="col1-1">
                <img id="small_pic" src="" />
            </div>
            <div class="col1-2">
                <div>
                    <h3 id="scenery_name"></h3>
                </div>
                <div>
                    <div class="icon1"></div>
                    <h4>地理位置：</h4>
                    <p id="address"></p>
                </div>
                <div>
                    <div class="icon2"></div>
                    <h4>开放时间：</h4>
                    <p id="time"></p>
                </div>
                <div>
                    <div class="icon3"></div>
                    <h4>景点级别：</h4>
                    <p id="level"></p>
                </div>
                <div>
                    <div class="icon4"></div>
                    <h4>门票价格：</h4>
                    <p id="tickets">
                    </p>
                </div>
                <div>
                    <div class="icon5"></div>
                    <h4>建议游玩时间：</h4>
                    <p id="playtime">
                    </p>
                </div>
            </div>
        </div>
    </div>
    <div class="f2"></div>
    <div class="introduce">
        <div class="center">
            <div class="main">
                <div>
                    <span>景点介绍</span>
                    <span></span>
                </div>
                <div>
                    <p id="intro">
                    </p>
                    <img id="big_pic" src=""/>
                    <br />
                    <br />
                </div>
            </div>
        </div>
    </div>
</div>
<script src="public/bottom.js"></script>
```

飞马旅游
首页
热门景点
酒店住宿
门票预定
游客服务
用户中心
大连老虎滩海洋公园
地理位置：大连市中山区滨海中路9号
开放时间：08:30-17:00
景点级别：AAAAA级
门票价格：220
建议游玩时间：3-4小时
景点介绍
大连老虎滩海洋公园坐落于国家级风景名胜区——大连南部海滨的中部。公园占地面积达到118万平方米，有着4000余米的曲折海岸线。该公园是展示海洋文化，突出滨城特色，集观光、娱乐、科普、购物、文化于一体的现代化海洋主题公园。2007年5月8日，大连老虎滩海洋公园经国家旅游局正式批准为国家5A级旅游景区。
友情链接
明日旅游网
携程旅游网
途牛旅游网
旅游咨询投诉热线：
官方微博
官方微信

图 6.6　景点详情页面

（2）在 module 文件夹下新建景点详情页模块 scenery_show.js。在模块中分别定义变量和函数，并使用 export 语句进行导出。其中，show 变量用于存储景点详情 JSON 数据，GetRequest()函数用于获取 URL 传递的参数值。代码如下：

```
export var show = [ //景点详情 JSON 数据
    {
        "scenery_id": 1,
        "area_pic": "img/scenery/1.jpg",
        "scenery_name": "大连老虎滩海洋公园",
        "address": "大连市中山区滨海中路 9 号",
        "start_time": "08:30",
```

```
        "end_time": "17:00",
        "level": "AAAAA 级",
        "tickets": 220,
        "playtime": "3-4 小时",
        "intro": "大连老虎滩海洋公园……",
        "spot_pic": "img/scenery/2.jpg"
    },
    {
        "scenery_id": 2,
        "area_pic": "img/scenery/3.jpg",
        "scenery_name": "大连森林动物园",
        "address": "大连市西岗区迎春路 60 号",
        "start_time": "09:00",
        "end_time": "16:00",
        "level": "AAAA 级",
        "tickets": 120,
        "playtime": "5-6 小时",
        "intro": "大连森林动物园……",
        "spot_pic": "img/scenery/4.jpg"
    },
    {
        "scenery_id": 3,
        "area_pic": "img/scenery/5.jpg",
        "scenery_name": "星海公园",
        "address": "大连市沙河口区中山路 634 号（西南路口）",
        "start_time": "00:00",
        "end_time": "24:00",
        "level": "无",
        "tickets": "免费",
        "playtime": "2-3 小时",
        "intro": "星海公园……",
        "spot_pic": "img/scenery/6.jpg"
    },
    {
        "scenery_id": 4,
        "area_pic": "img/scenery/7.jpg",
        "scenery_name": "大连金石滩旅游度假区",
        "address": "大连市金州区东部",
        "start_time": "00:00",
        "end_time": "24:00",
        "level": "AAAAA 级",
        "tickets": 90,
        "playtime": "6-8 小时",
        "intro": "金石滩……",
        "spot_pic": "img/scenery/8.jpg"
    },
    {
        "scenery_id": 5,
        "area_pic": "img/scenery/9.jpg",
        "scenery_name": "大连圣亚海洋世界",
        "address": "大连市沙河口区中山路 608-6-8 号",
        "start_time": "9:00",
        "end_time": "16:30",
        "level": "AAAA 级",
        "tickets": 110,
        "playtime": "5-6 小时",
        "intro": "圣亚海洋世界……",
        "spot_pic": "img/scenery/10.jpg"
    },
    {
        "scenery_id": 6,
        "area_pic": "img/scenery/11.jpg",
```

```
        "scenery_name": "大连发现王国主题公园",
        "address": "大连市金州区金石滩国家旅游度假区金石路 36 号",
        "start_time": "09:30",
        "end_time": "17:00",
        "level": "AAAA 级",
        "tickets": 220,
        "playtime": "4-8 小时",
        "intro": "发现王国……",
        "spot_pic": "img/scenery/12.jpg"
    },
    {
        "scenery_id": 7,
        "area_pic": "img/scenery/13.jpg",
        "scenery_name": "冰峪沟",
        "address": "大连市庄河市",
        "start_time": "07:00",
        "end_time": "17:00",
        "level": "AAAA 级",
        "tickets": 120,
        "playtime": "1-2 天",
        "intro": "冰峪沟……",
        "spot_pic": "img/scenery/14.jpg"
    },
    {
        "scenery_id": 8,
        "area_pic": "img/scenery/15.jpg",
        "scenery_name": "大连天门山国家森林公园",
        "address": "大连市庄河市",
        "start_time": "07:00",
        "end_time": "17:30",
        "level": "AAAA 级",
        "tickets": 60,
        "playtime": "5-6 小时",
        "intro": "天门山国家森林公园……",
        "spot_pic": "img/scenery/16.jpg"
    }
];
export function GetRequest() {//获取 URL 传递的参数值
    var url = location.search;
    if (url.indexOf("?") !== -1) {
        var str = url.slice(1);
        var arr = str.split("=");
        return arr[1];
    }
}
export var navLi = document.querySelector("#nav").querySelectorAll("li");
```

（3）在 scenery_show.html 文件中导入模块，调用模块中的 GetRequest()函数获取 URL 传递的景点 id，根据该景点 id 获取当前的景点信息，再将景点信息显示在页面中的指定位置。代码如下：

```
<script type="module">
    import {show,GetRequest,navLi} from "./module/scenery_show.js";    //导入模块
    const scenery_id = GetRequest();                                    //获取 URL 传递的景点 id
    var data = show[scenery_id-1];                                      //获取当前景点数据
    document.getElementById("small_pic").src = data.area_pic;
    document.getElementById("scenery_name").innerHTML = data.scenery_name;
    document.getElementById("address").innerHTML = data.address;
    document.getElementById("time").innerHTML = data.start_time + "-" + data.end_time;
    document.getElementById("level").innerHTML = data.level;
    document.getElementById("tickets").innerHTML = data.tickets;
    document.getElementById("playtime").innerHTML = data.playtime;
    document.getElementById("intro").innerHTML = data.intro;
```

```
        document.getElementById("big_pic").src = data.spot_pic;
        navLi[1].classList.add("active");
</script>
```

6.7 酒店住宿页面设计

单击导航栏中的“酒店住宿”超链接，或单击首页中酒店住宿图片列表区域的“更多”超链接可以进入酒店住宿页面。酒店住宿页面的效果如图 6.7 所示。

图 6.7　酒店住宿页面

酒店住宿的相关页面主要有 3 个，分别是酒店列表页面、酒店搜索结果页面和酒店详情页面，下面对这 3 个页面进行详细介绍。

6.7.1　酒店列表页面设计

酒店列表页面主要包括酒店搜索框、酒店类型、选择每页显示数据条数的下拉菜单、酒店列表和分页部件。在默认情况下，每页显示 8 个酒店列表项，每个酒店列表项都展示了酒店图片、酒店名称和酒店起始价格等信息。酒店列表页面的实现过程如下。

（1）在项目文件夹下新建 hotel.html 文件，在文件中首先使用<script>标签分别引入页面头部文件和页面底部文件，然后编写 HTML 代码。在<div>标签中首先定义酒店搜索框和“搜索”按钮，单击“搜索”按钮调用 toSearch()函数；然后定义酒店类型和用于选择每页显示数据条数的下拉菜单；接下来定义用于显示酒店列表的<ul>标签；最后定义分页部件。代码如下：

```
<script src="public/head.js"></script>
<div class="body">
    <div class="search">
        <div class="center">
            <div class="btn-search">
                <h3>酒店住宿</h3>
                <div>
                    <input id="keyword" type="text" placeholder="请输入酒店关键词" />
                    <button onClick="toSearch()">搜索</button>
                </div>
            </div>
            <div class="main">
                <div class="hotel-type">
                    <span>酒店类型：</span>
                    <a onClick="getType(0)">不限</a>
                    <a onClick="getType(1)">经济型</a>
                    <a onClick="getType(2)">舒适型</a>
                    <a onClick="getType(3)">豪华型</a>
                </div>
            </div>
        </div>
    </div>
    <div class="hotel-list">
        <div class="center">
            <select id="number" class="number">
                <option value="4">每页显示 4 条数据</option>
                <option value="8" selected>每页显示 8 条数据</option>
                <option value="16">每页显示 16 条数据</option>
            </select>
            <ul id="data">
            </ul>
        </div>
    </div>
    <!-- 分页器 -->
    <div class="center">
        <div class="pages">
            <button id="prev">上一页</button>
            <span id="num"></span>
            <button id="next">下一页</button>
        </div>
    </div>
</div>
<script src="public/bottom.js"></script>
```

（2）在 module 文件夹下新建酒店列表页模块 hotel.js。在模块中分别定义变量和函数，并使用 export 语句进行导出。其中，list 变量用于存储酒店 JSON 数据，prevPage()函数用于显示上一页的酒店列表，nextPage()函数用于显示下一页的酒店列表，setPage()函数用于设置分页部件中的页码，单击某个页码时调用 page()函数显示对应的酒店列表。setPageStyle()函数用于设置页码的显示样式。page()函数用于显示当前页的酒店列表。getHotelType()函数用于根据酒店类型分页显示酒店列表，getNumber()函数用于根据每页显示的酒店个数分页显示酒店列表，search()函数用于获取搜索关键词，并跳转到酒店搜索结果页面。代码如下：

```
export var list = [                                                //酒店 JSON 数据
    {
        "hid": 1,
        "hotel_type_id": 3,
        "hotel_pic": "img/hotel/1.jpg",
        "hotel_name": "大连香格里拉大酒店",
        "price": 875
    },
    {
        "hid": 2,
        "hotel_type_id": 2,
        "hotel_pic": "img/hotel/2.jpg",
        "hotel_name": "大连机场亚朵酒店",
        "price": 429
    },
    {
        "hid": 3,
        "hotel_type_id": 3,
        "hotel_pic": "img/hotel/3.jpg",
        "hotel_name": "大连恒力大酒店",
        "price": 833
    },
    {
        "hid": 4,
        "hotel_type_id": 1,
        "hotel_pic": "img/hotel/4.jpg",
        "hotel_name": "悦居酒店(大连高新万达广场店)",
        "price": 171
    },
    {
        "hid": 5,
        "hotel_type_id": 1,
        "hotel_pic": "img/hotel/5.jpg",
        "hotel_name": "大连澳橙智能精品酒店",
        "price": 152
    },
    {
        "hid": 6,
        "hotel_type_id": 2,
        "hotel_pic": "img/hotel/6.jpg",
        "hotel_name": "美丽豪酒店",
        "price": 465
    },
    {
        "hid": 7,
        "hotel_type_id": 3,
        "hotel_pic": "img/hotel/7.jpg",
        "hotel_name": "大连新世界酒店",
        "price": 815
    },
    {
        "hid": 8,
        "hotel_type_id": 3,
        "hotel_pic": "img/hotel/8.jpg",
        "hotel_name": "大连星海皇冠假日酒店",
        "price": 984
    },
    {
        "hid": 9,
        "hotel_type_id": 3,
        "hotel_pic": "img/hotel/9.jpg",
```

```
            "hotel_name": "大连富丽华大酒店",
            "price": 716
        }
];
export function prevPage(){
    curPage--;                                                        //当前页码减 1
    page(curPage);                                                    //调用 page()函数实现分页显示
}
export function nextPage(){
    curPage++;                                                        //当前页码加 1
    page(curPage);                                                    //调用 page()函数实现分页显示
}
export var curPage = 1;                                               //当前页码
export var newList = list;
export var pageSize = parseInt(document.getElementById("number").value); //每页显示的酒店数量
export var totalPage = 0;                                             //总页数
export var hotelTypeArr = document.querySelector(".hotel-type").querySelectorAll("a");
export function setPage(){
    document.getElementById("num").innerHTML = "";                    //清空页码
    totalPage = Math.ceil(newList.length / pageSize);                 //计算总页数
    if(totalPage === 1){
        //如果只有 1 页就不显示分页器
        document.getElementsByClassName("pages")[0].style.display = "none";
    }else{
        document.getElementsByClassName("pages")[0].style.display = "block";
        for(var m = 1; m <= totalPage; m++){
            var span = document.createElement("span");                //创建 span 元素
            span.innerHTML = m.toString();                            //数值转换为字符串
            span.onclick = function (){                               //单击页码时调用 page()函数实现分页显示
                page(parseInt(this.innerHTML));
            }
            document.getElementById("num").appendChild(span);         //添加 span 元素
        }
    }
}
export function setPageStyle(){
    var spans = document.getElementById("num").getElementsByTagName("span");
    for(var i = 0; i < spans.length; i++){
        if(curPage === i + 1){
            //设置当前页码的样式
            spans[i].style.backgroundColor = "#238BCE";
            spans[i].style.color = "#FFFFFF";
        }else{
            //其他页码的样式
            spans[i].style.backgroundColor = "";
            spans[i].style.color = "";
        }
    }
    //如果当前页是第一页，设置上一页按钮禁用
    if(curPage === 1){
        document.getElementById("prev").disabled = true;
    }else{
        document.getElementById("prev").disabled = false;
    }
    //如果当前页是最后一页，设置下一页按钮禁用
    if(curPage === totalPage){
        document.getElementById("next").disabled = true;
    }else{
        document.getElementById("next").disabled = false;
    }
}
export function page(n){
```

```
    curPage = n;                                                        //当前页码
    var hotelStr = "";                                                  //酒店信息字符串
    setPageStyle();                                                     //调用函数设置页码样式
    var firstN = (curPage - 1) * pageSize;                              //当前页第一条数据索引
    var lastN = firstN + pageSize;                                      //当前页最后一条数据索引
    var pageData;
    pageData = newList.slice(firstN, lastN);                            //当前页的酒店数据
    for(var j = 0; j < pageData.length; j++){                           //遍历酒店数据
        hotelStr += '<li class="hotel-cell">';
        hotelStr += '<img src="' + pageData[j].hotel_pic + '" />';
        hotelStr += `<a href="hotel_show.html?hid=${pageData[j].hid}">`;
        hotelStr += pageData[j].hotel_name;
        hotelStr += '</a>';
        hotelStr += '<h4>￥' + pageData[j].price + '起</h4>';
        hotelStr += '</li>';
    }
    document.getElementById("data").innerHTML = hotelStr;              //显示酒店列表
}
export var hotelTypeId = 0;                                             //酒店类型 id
export function getHotelType(n){
    curPage = 1;                                                        //设置当前页码为 1
    hotelTypeId = n;                                                    //设置酒店类型 id
    //删除所有酒店类型的 active 类
    for(var i = 0; i < hotelTypeArr.length; i++){
        hotelTypeArr[i]?.classList.remove("active");
    }
    hotelTypeArr[n].classList.add("active");                            //添加当前酒店类型的 active 类
    if(hotelTypeId === 0){
        newList = list;
    }else{
        //根据酒店类型过滤酒店数据
        newList = list.filter(function (item){
            return item.hotel_type_id === hotelTypeId;
        })
    }
    setPage();                                                          //设置页码
    page(curPage);                                                      //显示当前页数据
}
export function getNumber(){
    curPage = 1;                                                        //设置当前页码为 1
    pageSize = parseInt(document.getElementById("number").value);       //每页显示的酒店数量
    setPage();                                                          //设置页码
    page(curPage);                                                      //显示当前页数据
}
export function search(){
    var keyword = document.getElementById("keyword").value;             //获取搜索关键字
    location.href = "search_result.html?keyword=" + keyword;            //跳转到搜索页面
}
export var navLi = document.querySelector("#nav").querySelectorAll("li");
```

（3）在 hotel.html 文件中导入模块，调用模块中的 setPage()函数设置页码，单击“上一页”按钮时调用 prevPage()函数显示上一页的酒店列表，单击“下一页”按钮时调用 nextPage()函数显示下一页的酒店列表，调用 page()函数显示当前页的酒店列表。改变下拉菜单的选项时调用 getNumber()函数获取每页显示的酒店数量。单击某个酒店类型时调用 getHotelType()函数根据酒店类型显示对应的酒店列表，单击“搜索”按钮时调用 search()函数实现酒店搜索功能。代码如下：

```
<script type="module">
    import * as obj from "./module/hotel.js";                           //导入模块
    obj.hotelTypeArr[0].classList.add("active");
    obj.setPage();                                                      //调用函数设置页码
```

```
    document.getElementById("prev").onclick = function (){
        obj.prevPage();                                             //上一页
    }
    document.getElementById("next").onclick = function (){
        obj.nextPage();                                             //下一页
    }
    obj.page(obj.curPage);                                          //调用函数显示当前页酒店数据
    obj.navLi[2].classList.add("active");
    document.getElementById("number").onchange = obj.getNumber;     //改变每页显示的酒店数量
    window.getType = function (n){
        obj.getHotelType(n);                                        //根据酒店类型显示酒店数据
    }
    window.toSearch = function (){
        obj.search();                                               //搜索酒店
    }
</script>
```

6.7.2 酒店搜索结果页面设计

在酒店住宿页面中的搜索框中输入关键词，单击“搜索”按钮后会跳转到酒店搜索结果页面，在该页面中展示了酒店名称中包含搜索关键词的所有酒店的列表。例如，搜索酒店名称中包含“丽”的所有酒店，搜索结果如图6.8所示。

图6.8 酒店搜索结果

酒店搜索结果页面的实现过程如下。

（1）在项目文件夹下新建search_result.html文件。在文件中首先使用<script>标签分别引入页面头部文件和页面底部文件，然后编写HTML代码，将酒店搜索结果显示在id属性值为data的<ul>标签中。代码如下：

```
<script src="public/head.js"></script>
<div class="body">
    <div class="search">
        <div class="center">
            <div class="btn-search">
                <h3>酒店住宿</h3>
            </div>
        </div>
    </div>
    <div class="hotel-list">
        <div class="center">
            <ul id="data">
            </ul>
        </div>
    </div>
</div>
<script src="public/bottom.js"></script>
```

（2）在module文件夹下新建酒店搜索结果页模块search_result.js。在模块中分别定义变量和函数。其中，list变量用于存储酒店JSON数据，使用export default语句导出匿名函数，在函数中将酒店名称中包含搜索关键词的所有酒店信息显示在id属性值为data的元素中。代码如下：

```
var list = [                                    //酒店 JSON 数据
    {
        "hid": 1,
```

```
            "hotel_type_id": 3,
            "hotel_pic": "img/hotel/1.jpg",
            "hotel_name": "大连香格里拉大酒店",
            "price": 875
    },
    {
            "hid": 2,
            "hotel_type_id": 2,
            "hotel_pic": "img/hotel/2.jpg",
            "hotel_name": "大连机场亚朵酒店",
            "price": 429
    },
    {
            "hid": 3,
            "hotel_type_id": 3,
            "hotel_pic": "img/hotel/3.jpg",
            "hotel_name": "大连恒力大酒店",
            "price": 833
    },
    {
            "hid": 4,
            "hotel_type_id": 1,
            "hotel_pic": "img/hotel/4.jpg",
            "hotel_name": "悦居酒店(大连高新万达广场店)",
            "price": 171
    },
    {
            "hid": 5,
            "hotel_type_id": 1,
            "hotel_pic": "img/hotel/5.jpg",
            "hotel_name": "大连澳橙智能精品酒店",
            "price": 152
    },
    {
            "hid": 6,
            "hotel_type_id": 2,
            "hotel_pic": "img/hotel/6.jpg",
            "hotel_name": "美丽豪酒店",
            "price": 465
    },
    {
            "hid": 7,
            "hotel_type_id": 3,
            "hotel_pic": "img/hotel/7.jpg",
            "hotel_name": "大连新世界酒店",
            "price": 815
    },
    {
            "hid": 8,
            "hotel_type_id": 3,
            "hotel_pic": "img/hotel/8.jpg",
            "hotel_name": "大连星海皇冠假日酒店",
            "price": 984
    },
    {
            "hid": 9,
            "hotel_type_id": 3,
            "hotel_pic": "img/hotel/9.jpg",
            "hotel_name": "大连富丽华大酒店",
            "price": 716
    }
];
```

```
var param = new URLSearchParams(location.search);
var keyword = param.get('keyword');                               //获取搜索关键词
//过滤酒店数据
var results = list.filter(item => {
    return item.hotel_name.includes(keyword);
})
export default function(){
    var hotelStr = "";
    for(var j = 0; j < results.length; j++){
        hotelStr += '<li class="hotel-cell">';
        hotelStr += '<img src="' + results[j].hotel_pic + '" />';
        hotelStr += `<a href="hotel_show.html?hid=${results[j].hid}">`;
        hotelStr += results[j].hotel_name;
        hotelStr += '</a>';
        hotelStr += '<h4>￥' + results[j].price + '起</h4>';
        hotelStr += '</li>';
    }
    document.getElementById("data").innerHTML = hotelStr;      //显示搜索结果
}
export var navLi = document.querySelector("#nav").querySelectorAll("li");
```

（3）在 search_result.html 文件中导入上面模块中默认导出的匿名函数和变量，再调用匿名函数将搜索结果显示在页面中。代码如下：

```
<script type="module">
    import getHotelStr from "./module/search_result.js";          //导入模块中默认导出的匿名函数
    import {navLi} from "./module/search_result.js";              //导入变量
    getHotelStr();                                                 //调用函数显示搜索结果
    navLi[2].classList.add("active");
</script>
```

6.7.3 酒店详情页面设计

单击酒店住宿页面中的酒店名称可以进入该酒店的酒店详情页面。该页面主要展示了酒店图片、酒店名称、起始价格、地址、联系电话、入住时间、酒店介绍、酒店设施等内容，效果如图 6.9 所示。

图 6.9 酒店详情页面

酒店设施

图 6.9　酒店详情页面（续）

酒店详情页面的实现过程如下。

（1）在项目文件夹下新建 hotel_show.html 文件。在文件中首先使用<script>标签分别引入页面头部文件和页面底部文件，然后编写 HTML 代码。使用<div>标签分别定义酒店图片、酒店名称、起始价格、地址、联系电话、入住时间、酒店介绍和酒店设施等内容。代码如下：

```
<script src="public/head.js"></script>
<div>
    <div class="show">
        <div class="center">
            <div class="col1-1">
                <img id="small_pic" src="" />
            </div>
            <div class="col1-2">
                <div>
                    <h3 id="hotel_name"></h3>
                </div>
                <div class="price">
                    <h3 id="price"></h3>
                </div>
                <div>
                    <div class="icon1"></div>
                    <h4>地址：</h4>
                    <p id="hotel_address"></p>
                </div>
                <div>
                    <div class="icon2"></div>
                    <h4>联系电话：</h4>
                    <p id="hotel_phone"></p>
                </div>
                <div>
                    <div class="icon3"></div>
```

```
                    <h4>入住时间：</h4>
                    <p id="checkin_time"></p>
                </div>
            </div>
        </div>
    </div>
    <!-- 酒店介绍 -->
    <div class="introduce">
        <div class="center">
            <div class="icon">
                <span>酒店介绍</span>
                <div></div>
            </div>
            <p id="intro">
            </p>
            <img id="room_pic" src="" alt="" />
        </div>
    </div>
    <!-- 酒店设施 -->
    <div class="facility">
        <div class="center">
            <div class="icon">
                <span>酒店设施</span>
                <div></div>
            </div>
            <ul>
                <li>
                    <div></div>
                    <span>客房 WiFi</span>
                </li>
                <li>
                    <div></div>
                    <span>24 小时前台</span>
                </li>
                <li>
                    <div></div>
                    <span>免费停车场</span>
                </li>
                <li>
                    <div></div>
                    <span>叫醒服务</span>
                </li>
                <li>
                    <div></div>
                    <span>行李寄存</span>
                </li>
            </ul>
        </div>
    </div>
</div>
<script src="public/bottom.js"></script>
```

（2）在 module 文件夹下新建酒店详情页模块 hotel_show.js。在模块中分别定义变量和函数，并使用 export 语句进行导出。其中，hotel_detail 变量用于存储酒店详情 JSON 数据，GetRequest()函数用于获取 URL 传递的参数值。代码如下：

```
export var hotel_detail = [                                    //酒店详情 JSON 数据
    {
        "hid": 1,
        "hotel_pic": "img/hotel/1.jpg",
        "hotel_name": "大连香格里拉大酒店",
```

```
        "price": 875,
        "hotel_address": "大连中山区人民路 66 号",
        "hotel_phone": "1365676****",
        "checkin_time": "15:00 以后",
        "intro": "大连香格里拉位于繁华的商业街人民路，四周交通便利，距离地铁 2 号线港湾广场站约 510 米，距人民路公交站约 221 米。",
        "room_pic": "img/hotel/hotel_show/1.jpg"
    },
    {
        "hid": 2,
        "hotel_pic": "img/hotel/2.jpg",
        "hotel_name": "大连机场亚朵酒店",
        "price": 429,
        "hotel_address": "大连甘井子区迎客路 3 号",
        "hotel_phone": "1563626****",
        "checkin_time": "12:00 以后",
        "intro": "酒店位于……",
        "room_pic": "img/hotel/hotel_show/2.jpg"
    },
    {
        "hid": 3,
        "hotel_pic": "img/hotel/3.jpg",
        "hotel_name": "大连恒力大酒店",
        "price": 833,
        "hotel_address": "大连中山区港浦路 51 号",
        "hotel_phone": "1320798****",
        "checkin_time": "14:00 以后",
        "intro": "酒店位于……",
        "room_pic": "img/hotel/hotel_show/3.jpg"
    },
    {
        "hid": 4,
        "hotel_pic": "img/hotel/4.jpg",
        "hotel_name": "悦居酒店(大连高新万达广场店)",
        "price": 171,
        "hotel_address": "大连沙河口区火炬路 56B 号集电大厦 B 座",
        "hotel_phone": "1523356****",
        "checkin_time": "14:00 以后",
        "intro": "本店位于……",
        "room_pic": "img/hotel/hotel_show/4.jpg"
    },
    {
        "hid": 5,
        "hotel_pic": "img/hotel/5.jpg",
        "hotel_name": "大连澳橙智能精品酒店",
        "price": 152,
        "hotel_address": "大连中山区朝阳街 68 号",
        "hotel_phone": "1583726****",
        "checkin_time": "14:00 以后",
        "intro": "酒店坐落于……",
        "room_pic": "img/hotel/hotel_show/5.jpg"
    },
    {
        "hid": 6,
        "hotel_pic": "img/hotel/6.jpg",
        "hotel_name": "美丽豪酒店",
        "price": 465,
        "hotel_address": "大连甘井子区火炬路 21 号",
        "hotel_phone": "1515273****",
        "checkin_time": "15:00 以后",
        "intro": "酒店地处……",
        "room_pic": "img/hotel/hotel_show/6.jpg"
```

```
    },
    {
        "hid": 7,
        "hotel_pic": "img/hotel/7.jpg",
        "hotel_name": "大连新世界酒店",
        "price": 815,
        "hotel_address": "大连中山区人民路 41 号",
        "hotel_phone": "1565676****",
        "checkin_time": "15:00 以后",
        "intro": "酒店位于……",
        "room_pic": "img/hotel/hotel_show/7.jpg"
    },
    {
        "hid": 8,
        "hotel_pic": "img/hotel/8.jpg",
        "hotel_name": "大连星海皇冠假日酒店",
        "price": 984,
        "hotel_address": "大连沙河口区滨河街 60-3 号",
        "hotel_phone": "1365676****",
        "checkin_time": "15:00 以后",
        "intro": "大连星海皇冠假日酒店位于……",
        "room_pic": "img/hotel/hotel_show/8.jpg"
    },
    {
        "hid": 9,
        "hotel_pic": "img/hotel/9.jpg",
        "hotel_name": "大连富丽华大酒店",
        "price": 716,
        "hotel_address": "大连中山区人民路 60 号",
        "hotel_phone": "1375276****",
        "checkin_time": "15:00 以后",
        "intro": "大连富丽华大酒店位于……",
        "room_pic": "img/hotel/hotel_show/9.jpg"
    }
];
export function GetRequest() {                                          //获取 URL 传递的参数值
    var url = location.search;
    if (url.indexOf("?") !== -1) {
        var str = url.slice(1);
        var arr = str.split("=");
        return arr[1];
    }
}
export var navLi = document.querySelector("#nav").querySelectorAll("li");
```

（3）在 hotel_show.html 文件中导入模块，调用模块中的 GetRequest()函数获取 URL 传递的酒店 id，根据该酒店 id 获取当前的酒店信息，再将酒店信息显示在页面中的指定位置。代码如下：

```
<script type="module">
    import {hotel_detail,GetRequest,navLi} from "./module/hotel-show.js";     //导入模块
    const hid = GetRequest();                                               //获取 URL 传递的酒店 id
    var data = hotel_detail[hid-1];                                         //获取当前酒店数据
    document.getElementById("small_pic").src = data.hotel_pic;
    document.getElementById("hotel_name").innerHTML = data.hotel_name;
    document.getElementById("price").innerHTML = "￥" + data.price + "起";
    document.getElementById("hotel_address").innerHTML = data.hotel_address;
    document.getElementById("hotel_phone").innerHTML = data.hotel_phone;
    document.getElementById("checkin_time").innerHTML = data.checkin_time;
    document.getElementById("intro").innerHTML = data.intro;
    document.getElementById("room_pic").src = data.room_pic;
    navLi[2].classList.add("active");
</script>
```

6.8 门票预订页面设计

如果用户未登录，单击导航栏中的“门票预订”超链接会跳转到用户登录页面。如果用户已登录，单击导航栏中的“门票预订”超链接就可以进入门票预订页面。该页面主要展示景点名称、可以选择的日期、门票购买张数、新增游客信息表单、购票须知和使用说明等内容，效果如图 6.10 所示。

图 6.10 门票预订页面

门票预订页面的实现过程如下。

（1）在项目文件夹下新建 ticket.html 文件，在文件中首先使用<script>标签分别引入页面头部文件和页面底部文件，然后编写 HTML 代码。首先在<div>标签中定义景点名称，然后设置可以选择的日期。接下来定义“+”按钮和“-”按钮，通过单击这两个按钮可以设置门票购买张数。再接下来定义新增游客信息表单，在表单中需要用户输入姓名、手机号和身份证号。最后定义购票须知和门票使用说明等内容。代码如下：

```
<script src="public/head.js"></script>
<div class="main body">
    <div class="center">
        <div class="left">
            <div class="f1">
                <p>大连老虎滩海洋公园（成人票）</p>
                <span id="unit_price"></span>
            </div>
            <div class="f2">
                <span>选择日期</span>
                <div class="date">
                    <ul>
                        <li>
                            <span id="today"></span>
                            <h4>￥220</h4>
                        </li>
                        <li>
```

```
                    <span id="tomorrow"></span>
                    <h4>￥220</h4>
                </li>
                <li>
                    <span id="after_tomorrow"></span>
                    <h4>￥220</h4>
                </li>
            </ul>
        </div>
    </div>
    <div class="f3">
        <div>购买张数</div>
        <div>
            <button id="reduce" disabled="disabled">-</button>
            <input id="number" type="text" value="1" />
            <button id="add">+</button>
        </div>
        <div>最多订购 10 张</div>
    </div>
    <div class="user">
        <div class="user_f1">
            <div>新增游客信息</div>
            <div>请填写游客信息</div>
        </div>
        <div class="user_msg">
            <form>
                <div class="form-group">
                    <label for="tourist_name">姓名：</label>
                    <input type="text" id="tourist_name" class="form-control" placeholder="姓名">
                    <span id="name_tips"></span>
                </div>
                <div class="form-group">
                    <label for="phone">手机号：</label>
                    <input type="text" id="phone" class="form-control" placeholder="手机号">
                    <span id="phone_tips"></span>
                </div>
                <div class="form-group">
                    <label for="identity_card">身份证号：</label>
                    <input type="text" id="identity_card" class="form-control" placeholder="身份证号">
                    <span id="card_tips"></span>
                </div>
            </form>
        </div>
    </div>
    <div class="total">
        <span>订单总价</span>
        <span id="total_price">￥220</span>
        <span id="ticket_number">(1 张)</span>
        <button type="button" class="but" onClick="touristAdd()">提交订单</button>
    </div>
</div>
<div class="right">
    <div class="title">购票须知</div>
    <div class="refund">
        <h4>无须换票</h4>
        <p>无须换票，同时携带[入园码]和[身份证]直接入园。</p><br>
        <h4>随时退</h4>
        <p>未使用可随时申请全额退款</p>
    </div>
    <div class="title">使用说明</div>
    <div class="msg">
        <h4>入园时间</h4>
        <p>09:00—15:00</p><br>
        <h4>入园地址</h4>
        <p>大连老虎滩海洋公园检票处</p>
```

```
                </div>
                <button><a href="#mask">详情购买须知&gt;&gt;</a></button>
            </div>
        </div>
</div>
<script src="public/bottom.js"></script>
```

（2）在 module 文件夹下新建门票预订页模块 ticket.js。在模块中首先判断用户是否已登录，如果未登录就跳转到登录页面。然后分别定义变量和函数，并使用 export 语句进行导出。其中，unitPrice 变量用于存储门票价格，setValue()函数用于设置在文本框中输入内容后显示的门票张数。formatDate()函数用于获取指定格式的日期，add()函数用于将门票的数量加 1，reduce()函数用于将门票的数量减 1，getOrder()函数用于显示订单总价和购买门票的张数，touristAdd()函数用于对新增游客信息表单中输入的内容进行判断，如果输入正确就提交表单。代码如下：

```
if(!localStorage.getItem("username")){
    location.href = "login.html";                                          //用户未登录就跳转到登录页面
}
export var unitPrice = 220;                                                //门票价格
export function setValue(){
    if(this.value < 1 || isNaN(this.value)){
        this.value = 1;
    }
    if(this.value > 10){
        this.value = 10;
    }
    //获取输入的门票数量
    var number = parseInt(document.getElementById("number").value);
    //如果门票数量为 1，"-"按钮禁用
    document.getElementById("reduce").disabled = number === 1 ? true : false;
    //如果门票数量为 10，"+"按钮禁用
    document.getElementById("add").disabled = number === 10 ? true : false;
    getOrder();
}
export var navLi = document.querySelector("#nav").querySelectorAll("li");
export function formatDate(n){
    var now = new Date();                                                  //创建当前的日期对象
    var month = now.getMonth() + 1;                                        //获取当前月份
    var date = now.getDate();                                              //获取当前日期
    return month + "月" + (date + n) + "日";
}
export function add(){
    //获取文本框显示的门票数量
    var number = parseInt(document.getElementById("number").value);
    number++;                                                              //门票数量加 1
    document.getElementById("number").value = number;                      //重新设置门票数量
    //如果门票数量为 1，"-"按钮禁用
    document.getElementById("reduce").disabled = number === 1 ? true : false;
    //如果门票数量为 10，"+"按钮禁用
    document.getElementById("add").disabled = number === 10 ? true : false;
    getOrder();
}
export function reduce(){
    //获取文本框显示的门票数量
    var number = parseInt(document.getElementById("number").value);
    number--;                                                              //门票数量减 1
    document.getElementById("number").value = number;                      //重新设置门票数量
    //如果门票数量为 1，"-"按钮禁用
    document.getElementById("reduce").disabled = number === 1 ? true : false;
    //如果门票数量为 10，"+"按钮禁用
    document.getElementById("add").disabled = number === 10 ? true : false;
    getOrder();
}
```

```
export function getOrder(){
    //获取文本框显示的门票数量
    var number = parseInt(document.getElementById("number").value);
    document.getElementById("total_price").innerHTML = "￥" + unitPrice * number;
    document.getElementById("ticket_number").innerHTML = "(" +number + "张)";
}
export function touristAdd(){
    var tourist_name = document.getElementById("tourist_name");         //获取姓名
    var phone = document.getElementById("phone");                       //获取手机号
    var identity_card = document.getElementById("identity_card");       //获取身份证号
    var name_tips = document.getElementById("name_tips");               //获取姓名提示
    var phone_tips = document.getElementById("phone_tips");             //获取手机号提示
    var card_tips = document.getElementById("card_tips");               //获取身份证号提示
    name_tips.innerHTML = "";                                           //姓名提示设置为空
    phone_tips.innerHTML = "";                                          //手机号提示设置为空
    card_tips.innerHTML = "";                                           //身份证号提示设置为空
    if(tourist_name.value === ""){
        name_tips.innerHTML = "请输入姓名";                              //设置姓名提示
        return false;
    }else if(tourist_name.value.length < 3 || tourist_name.value.length > 15){
        name_tips.innerHTML = "用户名为 3~15 个字符";                     //设置姓名提示
        return false;
    }else if(phone.value === ""){
        phone_tips.innerHTML = "请输入手机号";                            //设置手机号提示
        return false;
    }else if(!/^1[345789]\d{9}$/.test(phone.value)){
        phone_tips.innerHTML = "请输入正确的手机号";                      //设置手机号提示
        return false;
    }else if(identity_card.value === ""){
        card_tips.innerHTML = "请输入身份证号";                           //设置身份证号提示
        return false;
    }else if(!(/(^\d{15}$)|(^\d{17}([0-9]|X)$)/.test(identity_card.value))){
        card_tips.innerHTML = "请输入正确的身份证号";                     //设置身份证号提示
        return false;
    }
    setTimeout(function (){
        alert("订单提交成功");
        document.querySelector("form").submit();                        //提交表单
    }, 200);
}
```

（3）在 ticket.html 文件中导入模块，分别在页面中显示门票价格、设置选择日期的样式，以及输出今天、明天和后天 3 个日期。输入购买门票数量时调用 setValue()函数显示门票张数，单击“-”按钮时调用 reduce()函数使门票数量减 1，单击“+”按钮时调用 add()函数使门票数量加 1，单击“提交订单”按钮时调用 touristAdd()函数，如果表单输入正确就提交表单。代码如下：

```
<script type="module">
    import * as obj from "./module/ticket.js";                          //导入模块
    document.getElementById("unit_price").innerHTML = "¥" + obj.unitPrice + "/张";
    //设置选择日期的样式
    var dateLi = document.querySelector(".date").querySelectorAll("li");
    dateLi[0].classList.add("active");
    for(var i = 0; i < dateLi.length; i++){
        dateLi[i].onclick = function (){
            for(var i = 0; i < dateLi.length; i++){
                dateLi[i].classList.remove("active");
            }
            this.classList.add("active");
        }
    }
    //输出 3 个日期
    document.getElementById("today").innerHTML = "今天(" + obj.formatDate(0) + ")";
    document.getElementById("tomorrow").innerHTML = "明天(" + obj.formatDate(1) + ")";
    document.getElementById("after_tomorrow").innerHTML = "后天(" + obj.formatDate(2) + ")";
```

```
        document.getElementById("number").oninput = obj.setValue;        //输入购买门票数量时调用 setValue()函数
        obj.navLi[3].classList.add("active");
        document.getElementById("reduce").onclick = obj.reduce;          //门票数量减 1
        document.getElementById("add").onclick = obj.add;                //门票数量加 1
        window.touristAdd = function (){
            obj.touristAdd();                                            //调用提交订单的函数
        }
</script>
```

6.9 游客服务页面设计

单击导航栏中的“游客服务”超链接可以进入游客服务页面。在游客服务页面中可以查看导游和游客须知等信息。游客服务页面的效果如图 6.11 所示。

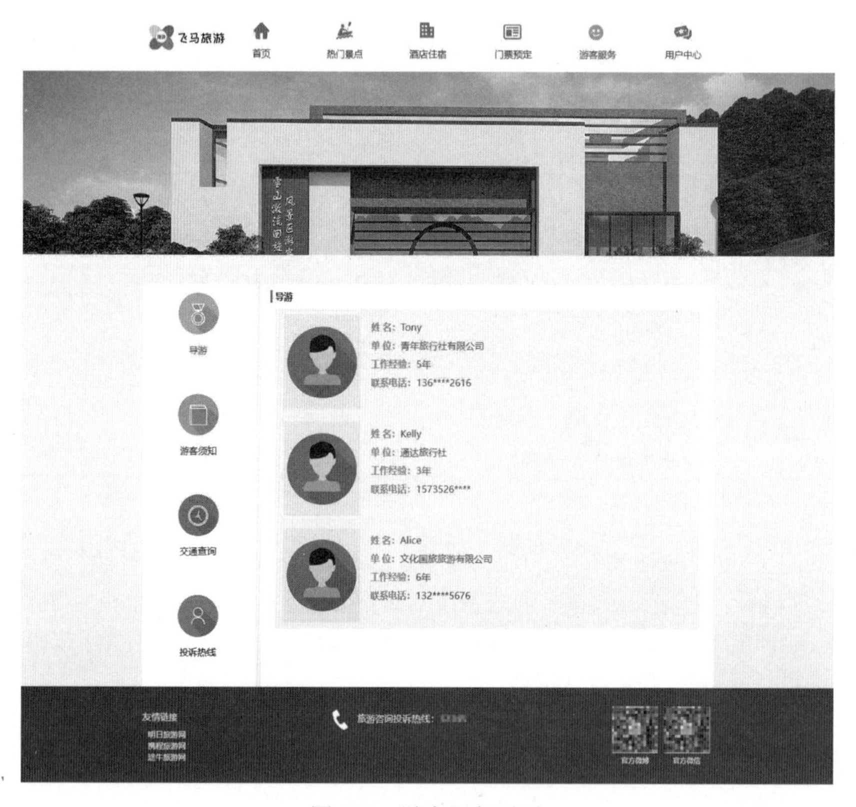

图 6.11　游客服务页面

游客服务页面的实现过程如下。

（1）在项目文件夹下新建 service.html 文件，在文件中首先使用<script>标签分别引入页面头部文件和页面底部文件，然后编写 HTML 代码。在<div>标签中定义游客服务选项，包括“导游”“游客须知”“交通查询”和“投诉热线”。其中，为“导游”和“游客须知”两个选项添加 onClick 事件属性。在游客服务选项下面使用<div>标签添加“导游”选项和“游客须知”选项的详细内容。其中，“游客须知”选项的详细内容默认不显示。代码如下：

```
<script src="public/head.js"></script>
<div class="body">
```

```
<div class="service_bg">
    <img src="img/service/service.jpg" alt="" />
</div>
<div class="service">
    <div class="center">
        <div class="main">
            <div class="menu">
                <ul>
                    <li onClick="show(0)">
                        <div class="icon1"><img src="img/service/index_01.png"></div>
                        <p>导游</p>
                    </li>
                    <li onClick="show(1)">
                        <div class="icon2"><img src="img/service/index_02.png"></div>
                        <p>游客须知</p>
                    </li>
                    <li>
                        <div class="icon3"><img src="img/service/index_03.png"></div>
                        <p>交通查询</p>
                    </li>
                    <li>
                        <div class="icon4"><img src="img/service/index_04.png"></div>
                        <p>投诉热线</p>
                    </li>
                </ul>
            </div>
            <div class="detail">
                <div class="guide">
                    <h4>导游</h4>
                    <ul id="show"></ul>
                </div>
                <div class="notice" style="display: none;">
                    <div class="txt">
                        <span></span>
                        <h3>游客须知</h3>
                    </div>
                    <p>
                        为保障景区内游客的游园安全，维护景区内车辆通行秩序，请认真阅读本须知并严格履行，防
                        止意外。
                    </p>
                    <h3>一、注意事项</h3>
                    <p>
                      1. 在游玩前请提前查询天气预报和游客流量情况，以便更好地安排行程。
                    </p>
                    <p>2. 在游览过程中，注意自身安全，特别是在水域附近。遵循景区的安全提示，如不在禁止游泳
                      的区域游泳、不在危险区域拍照等。</p>
                    <p>
                        3. 在游玩过程中，请注意保持环境卫生，不乱扔垃圾。同时，由于净月潭地势复杂，请注意安
                        全，不要攀爬未开放的区域。
                    </p>
                    <h3>二、温馨提示</h3>
                    <p>
                        1. 在出发前，准备好一些必需品，如水、食物、充电宝、相机等。这将有助于您在游览过程中
                        应对各种情况。
                    </p>
                    <p>
                        2. 如果您计划在净月潭景区附近过夜，可以提前预订酒店或民宿。选择合适的住宿地点，以确
                        保休息质量。
                    </p>
                    <p>
                        3. 在景区内，可能会有一些商贩推销商品。在购买商品时，请注意辨别真伪，避免被欺诈。同
                        时，合理安排消费，避免过度消费。
                    </p>
                </div>
            </div>
```

```
            </div>
        </div>
    </div>
</div>
<script src="public/bottom.js"></script>
```

（2）在 module 文件夹下新建游客服务页模块 service.js。在模块中分别定义变量和函数，并使用 export 语句进行导出。其中，guide 变量用于存储导游列表，getGuideStr()函数用于遍历导游列表并将导游信息显示在页面中。show()函数用于控制“导游”选项和“游客须知”选项的显示状态。代码如下：

```
var guide = [                                                    //导游列表
    {
        head: "img/guide/1.jpg",
        name: "Tony",
        unit: "青年旅行社有限公司",
        years: 5,
        phone: "136****2616"
    },
    {
        head: "img/guide/1.jpg",
        name: "Kelly",
        unit: "通达旅行社",
        years: 3,
        phone: "1573526****"
    },
    {
        head: "img/guide/1.jpg",
        name: "Alice",
        unit: "文化国旅旅游有限公司",
        years: 6,
        phone: "132****5676"
    }
];
export function getGuideStr(){
    var guideStr = "";                                           //导游信息字符串
    for(var i = 0; i < guide.length; i++){                       //遍历导游列表
        guideStr += '<li><img src="' + guide[i].head + '">';
        guideStr += '<div class="introduce">';
        guideStr += '<div><h4>姓  名：</h4><p>' + guide[i].name + '</p></div>';
        guideStr += '<div><h4>单  位：</h4><p>' + guide[i].unit + '</p></div>';
        guideStr += '<div><h4>工作经验：</h4><p>' + guide[i].years + '年</p></div>';
        guideStr += '<div><h4>联系电话：</h4><p>' + guide[i].phone + '</p></div>';
    }
    document.getElementById("show").innerHTML = guideStr;    //显示导游信息
}
export function show(n){
    if(n === 0){
        //显示导游信息
        document.querySelector(".guide").style.display = "block";
        document.querySelector(".notice").style.display = "none";
        document.querySelector(".menu").querySelectorAll("li")[n].querySelector("p").style.color = "#FF3300";
        document.querySelector(".menu").querySelectorAll("li")[n + 1].querySelector("p").style.color = "";
    }else{
        //显示游客须知
        document.querySelector(".guide").style.display = "none";
        document.querySelector(".notice").style.display = "block";
        document.querySelector(".menu").querySelectorAll("li")[n - 1].querySelector("p").style.color = "";
        document.querySelector(".menu").querySelectorAll("li")[n].querySelector("p").style.color = "#FF3300";
    }
}
export var navLi = document.querySelector("#nav").querySelectorAll("li");
```

（3）在 service.html 文件中导入模块，调用 getGuideStr()函数将导游信息显示在页面中，单击“导游”选项或“游客须知”选项时调用 show()函数控制这两个选项的显示状态。代码如下：

```
<script type="module">
    import {getGuideStr,show,navLi} from "./module/service.js";  //导入模块
    getGuideStr();                                              //调用函数显示导游信息
    window.show = function (n){
        show(n);
    }
    navLi[4].classList.add("active");
    document.querySelector(".menu").querySelectorAll("li")[0].querySelector("p").style.color = "#FF3300";
</script>
```

6.10 用户中心页面设计

用户中心页面包括注册页面和登录页面。单击导航栏中的“用户中心”超链接，默认会进入用户登录页面，效果如图 6.12 所示。如果用户还未注册，需要先进行注册再进行登录。单击登录页面中的“立即注册”超链接会进入用户注册页面，效果如图 6.13 所示。

图 6.12　用户登录界面

图 6.13　用户注册界面

用户中心的相关页面包括用户注册页面和用户登录页面，下面对这两个页面进行详细介绍。

6.10.1 用户注册页面设计

用户注册页面主要由注册表单组成。用户在注册表单中需要输入用户名、密码和确认密码。在注册时需要对用户输入的内容进行验证，如果输入的内容不符合要求就给出相应的提示信息，效果如图 6.14 所示。如果验证通过，单击“注册”按钮后会提示注册成功。

图 6.14 注册表单验证效果

用户注册页面的实现过程如下。

（1）在项目文件夹下新建 register.html 文件，在文件中首先使用<script>标签分别引入页面头部文件和页面底部文件，然后编写 HTML 代码。在<div>标签中定义用户注册表单，在每个输入框的下方都添加一个<span>标签用于显示验证输入框的提示信息。单击“注册”按钮时调用 reg()函数。代码如下：

```
<script src="public/head.js"></script>
<div class="body">
    <div class="center">
        <div style="height: 10px"></div>
        <div class="login">
            <div class="pic">
                <img src="img/reg/2.jpg" class="pic1" />
            </div>
            <div class="msg">
                <div class="user-title">
                    <img src="img/login/user.png" alt="" />
                    <span>注  册</span>
                </div>
                <div class="reg">
                    <span>已有账户?</span>
                    <a href="login.html">立即登录</a>
                </div>
                <form>
                    <div class="form-group">
                        <label for="username">用户名：</label>
                        <input type="text" id="username" class="form-control" placeholder="用户名">
                    </div>
                    <span id="name_tips"></span>
```

```
                    <div class="form-group">
                        <label for="password">密码：</label>
                        <input type="password" id="password" class="form-control" placeholder="密码">
                    </div>
                    <span id="password_tips"></span>
                    <div class="form-group">
                        <label for="passwords">确认密码：</label>
                        <input type="password" id="passwords" class="form-control" placeholder="确认密码">
                    </div>
                    <span id="passwords_tips"></span>
                    <button type="button" id="login" class="btn-primary" onClick="reg()">注册</button>
                    <button type="reset" id="reset" class="btn-primary">重置</button>
                </form>
            </div>
        </div>
        <div style="height: 50px"></div>
    </div>
</div>
<script src="public/bottom.js"></script>
```

（2）在 module 文件夹下新建用户注册页模块 register.js。在模块中定义 reg()函数和 navLi 变量，在 reg()函数中对表单输入的内容进行判断，如果输入的内容符合要求就提示“注册成功”，并跳转到登录页面。navLi 变量用于获取导航栏中的所有 li 元素。代码如下：

```
export function reg(){
    var username = document.getElementById("username");                    //获取用户名
    var password = document.getElementById("password");                    //获取密码
    var passwords = document.getElementById("passwords");                  //获取确认密码
    var name_tips = document.getElementById("name_tips");                  //获取用户名提示
    var password_tips = document.getElementById("password_tips");          //获取密码提示
    var passwords_tips = document.getElementById("passwords_tips");        //获取确认密码提示
    name_tips.innerHTML = "";                                              //用户名提示设置为空
    password_tips.innerHTML = "";                                          //密码提示设置为空
    passwords_tips.innerHTML = "";                                         //确认密码提示设置为空
    if(username.value === ""){
        name_tips.innerHTML = "请输入用户名";                              //设置用户名提示
        username.focus();                                                  //用户名文本框获取焦点
        return false;
    }else if(username.value.length < 3 || username.value.length > 15){
        name_tips.innerHTML = "用户名为 3~15 个字符";                      //设置用户名提示
        username.select();                                                 //选中用户名文本框
        return false;
    }else if(password.value === ""){
        password_tips.innerHTML = "请输入密码";                            //设置密码提示
        password.focus();                                                  //密码框获取焦点
        return false;
    }else if(password.value.length < 6 || password.value.length > 15){
        password_tips.innerHTML = "密码为 6~15 个字符";                    //设置密码提示
        password.select();                                                 //选中密码框
        return false;
    }else if(passwords.value === ""){
        passwords_tips.innerHTML = "请输入确认密码";                       //设置确认密码提示
        passwords.focus();                                                 //确认密码框获取焦点
        return false;
    }else if(passwords.value !== password.value){
        passwords_tips.innerHTML = "两次输入密码不一致";                   //设置确认密码提示
        passwords.select();                                                //选中确认密码框
        return false;
    }
    setTimeout(function (){
        alert("注册成功！");
        location.href = "login.html";                                      //跳转到登录页面
    }, 200);
}
```

```
export var navLi = document.querySelector("#nav").querySelectorAll("li");
```

（3）在 register.html 文件中导入模块，单击“注册”按钮时调用 reg()函数对表单输入的内容进行判断，并为导航栏中的“用户中心”添加 active 类。代码如下：

```
<script type="module">
    import {reg,navLi} from "./module/register.js";                    //导入模块
    //单击“注册”按钮调用 reg()函数
    window.reg = function (){
        reg();
    }
    navLi[5].classList.add("active");
</script>
```

6.10.2 用户登录页面设计

用户注册成功之后会跳转到登录页面，登录页面主要由登录表单组成。在登录表单中需要输入用户名和密码。在登录时需要对输入框进行是否为空的验证，效果如图 6.15 所示。如果输入不为空，而且输入的用户名和密码都正确，单击“登录”按钮后会提示登录成功，并跳转到门票预订页面。

图 6.15　登录表单验证效果

用户登录页面的实现过程如下。

（1）在项目文件夹下新建 login.html 文件，在文件中首先使用<script>标签分别引入页面头部文件和页面底部文件，然后编写 HTML 代码。在<div>标签中定义用户登录表单，在每个输入框的下方都添加一个<span>标签用于显示验证输入框的提示信息。单击“登录”按钮时调用 log()函数。代码如下：

```
<script src="public/head.js"></script>
<div class="body">
    <div class="center">
        <div style="height: 10px"></div>
        <div class="login">
            <div class="pic">
                <img src="img/login/2.jpg" class="pic1" />
            </div>
            <div class="msg">
                <div class="user-title">
                    <img src="img/login/user.png" alt="" />
                    <span>登  录</span>
                </div>
```

```
                    <div class="reg">
                        <span>还没有账号?</span>
                        <a href="register.html">立即注册</a>
                    </div>
                    <form>
                        <div class="form-group">
                            <label for="username">用户名：</label>
                            <input type="text" id="username" class="form-control" placeholder="用户名">
                            <span id="name_tips"></span>
                        </div>
                        <div class="form-group">
                            <label for="password">密码：</label>
                            <input type="password" id="password" class="form-control" placeholder="密码">
                            <span id="password_tips"></span>
                        </div>
                        <button type="button" id="login" class="btn-primary" onClick="log()">登录</button>
                        <button type="reset" id="reset" class="btn-primary">重置</button>
                    </form>
                </div>
            </div>
            <div style="height: 50px"></div>
        </div>
    </div>
<script src="public/bottom.js"></script>
```

（2）在 module 文件夹下新建用户登录页模块 login.js。在模块中定义 log()函数和 navLi 变量，在 log()函数中对表单输入的内容进行判断，如果输入的用户名和密码都正确就提示“登录成功”，并跳转到门票预订页面。navLi 变量用于获取导航栏中的所有 li 元素。代码如下：

```
export function log(){
    var username = document.getElementById("username");                    //获取用户名
    var password = document.getElementById("password");                    //获取密码
    var name_tips = document.getElementById("name_tips");                  //获取用户名提示
    var password_tips = document.getElementById("password_tips");          //获取密码提示
    name_tips.innerHTML = "";                                              //用户名提示设置为空
    password_tips.innerHTML = "";                                          //密码提示设置为空
    if(username.value === ""){
        name_tips.innerHTML = "请输入用户名";                               //设置用户名提示
        username.focus();                                                  //用户名文本框获取焦点
        return false;
    }else if(username.value !== "Kelly"){
        name_tips.innerHTML = "用户名不正确";                               //设置用户名提示
        username.select();                                                 //选中用户名文本框
        return false;
    }else if(password.value === ""){
        password_tips.innerHTML = "请输入密码";                             //设置密码提示
        password.focus();                                                  //密码框获取焦点
        return false;
    }else if(password.value !== "123456"){
        password_tips.innerHTML = "密码不正确";                             //设置密码提示
        password.select();                                                 //选中密码框
        return false;
    }
    setTimeout(function (){
        alert("登录成功！");
        localStorage.setItem("username",username.value);                   //保存用户名
        location.href = "ticket.html";                                     //跳转到门票预订页面
    }, 200);
}
export var navLi = document.querySelector("#nav").querySelectorAll("li");
```

（3）在 login.html 文件中导入模块，单击“登录”按钮时调用 log()函数对表单输入的内容进行判断，并为导航栏中的“用户中心”添加 active 类。代码如下：

```
<script type="module">
    import {log,navLi} from "./module/login.js";                           //导入模块
    //单击“登录”按钮调用 log()函数
```

```
    window.log = function (){
        log();
    }
    navLi[5].classList.add("active");
</script>
```

6.11 项 目 运 行

通过前述步骤，设计并完成了“飞马城市旅游信息网”项目的开发。下面运行该项目，检验一下我们的开发成果。首先把项目文件夹存储在网站根目录下，然后在浏览器的地址栏中输入“http://localhost/06/index.html”即可成功运行该项目，运行后的界面效果参见图 6.4。

单击导航栏中的“热门景点”超链接可以进入热门景点页面。热门景点页面的效果参见图 6.5。单击导航栏中的“酒店住宿”超链接可以进入酒店住宿页面。在酒店住宿页面可以根据酒店类型对酒店进行检索，还可以设置每页显示的酒店个数，效果如图 6.16 所示。单击导航栏中的“游客服务”超链接可以进入游客服务页面。如果用户已登录，单击导航栏中的“门票预订”超链接还可以进入门票预订页面。

图 6.16　酒店住宿页面

6.12 源 码 下 载

虽然本章详细地讲解了如何编码实现“飞马城市旅游信息网”的各个功能，但给出的代码都是代码片段。为了方便读者学习，本书提供了完整的项目源码，扫描右侧二维码即可下载。

第7章

花瓣电影评分网

——DOM 操作 + 设置超时 + Style 对象

在互联网中，有一类网站可以提供最新的电影介绍及电影评论，还可以记录想看或看过的电影，并提供打分的功能，例如豆瓣电影网。该网站是国内权威的电影评分和评论的网站。本章将以电影资讯和电影评分为类型主题，使用 JavaScript 中的 DOM 操作、设置超时和 Style 对象等技术设计并制作一个仿豆瓣电影评分的网站——花瓣电影评分网。

项目微视频

本项目的核心功能及实现技术如下：

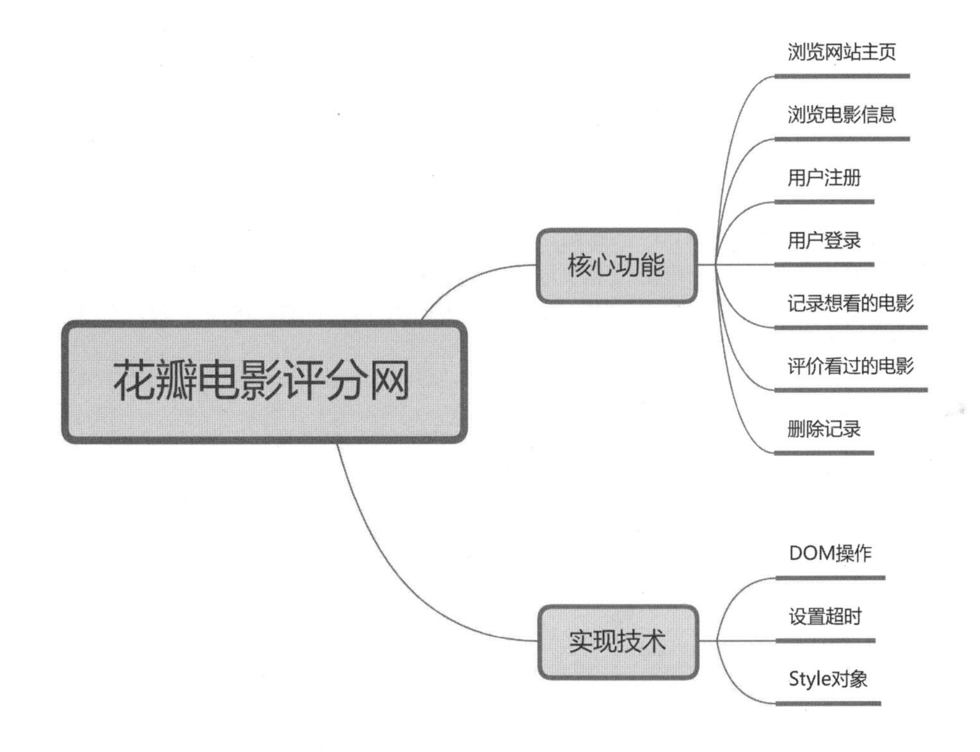

7.1 开 发 背 景

随着科技的进步和社交媒体的普及，人们对文化生活的需求不断增加，看电影已经成为大众休闲娱乐的重要组成部分。人们在选择电影时，通常会挑选一些评分较高、口碑较好的电影。观众对电影的评分和评论已经成为衡量一部电影质量的重要指标。观众评分能够反映出观众对电影的喜好和满意度，对电影的票房和口碑都会产生一定的影响。豆瓣电影网就是一个提供观众评分和电影评论的网站。本章将使用 DOM 操作、设置超时和 Style 对象等技术开发一个为电影评分的网站，其实现目标如下：

☑ 网站主页。
☑ 电影信息页面。
☑ 用户注册。
☑ 用户登录。
☑ 电影评价。

7.2 系统设计

7.2.1 开发环境

本项目的开发及运行环境如下：
☑ 操作系统：推荐 Windows 10、11 及以上，兼容 Windows 7（SP1）。
☑ 开发工具：WebStorm。
☑ 开发语言：JavaScript。

7.2.2 业务流程

花瓣电影评分网由多个页面组成，包括网站主页和各个电影信息页面等。如果用户未注册，或已经注册但是未登录，则可以浏览网站主页和电影信息页面。用户登录成功之后，除了可以浏览上述页面之外，还可以对看过的电影进行评价、记录想看的电影和删除记录。根据本项目的业务需求，设计如图 7.1 所示的业务流程图。

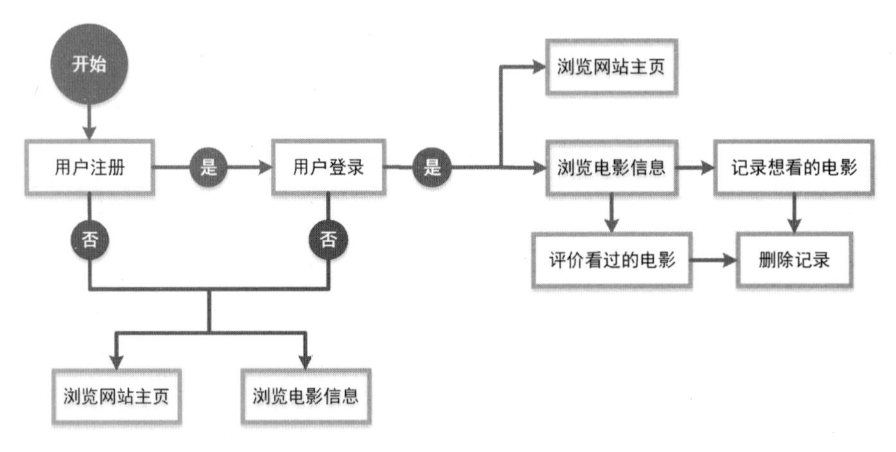

图 7.1 业务流程

7.2.3 功能结构

本项目的功能结构已经在章首页中给出，其实现的具体功能如下：
☑ 网站主页：网站主页主要包括“正在热映”“最近热门的电影”和“一周口碑榜”三个版块，为用户推荐与介绍热门和最新的电影资讯。
☑ 电影信息页面：电影信息页面主要包括电影基本信息及评分、剧情简介，以及类似电影推荐等版块。

☑ 用户注册：用户注册页面主要包括用于输入用户名、密码和确认密码的输入框，以及“选中表示您同意《注册协议》”的复选框和“注册”按钮。在注册时需要验证用户输入的内容是否符合要求。

☑ 用户登录：用户登录页面主要包括用于输入用户名和密码的输入框、“登录”按钮，以及第三方登录选项（无实际功能）。在登录时需要验证用户输入的用户名和密码是否正确。

☑ 电影评价功能：电影评价功能主要用来记录想看或看过的电影，并为看过的电影进行星级打分。

7.3 技术准备

7.3.1 技术概览

在开发花瓣电影评分网时应用了 JavaScript 中的设置超时和 Style 对象等技术。其中，设置超时技术在前面的章节已经做了介绍，下面将简述本项目所用的 Style 对象及其具体作用。

Style 对象是 HTML 对象的一个属性。Style 对象提供了一组对应 CSS 样式的属性（如 background、fontSize 和 borderColor 等）。每个 HTML 对象都有一个 Style 属性，可以使用该属性访问 CSS 样式属性。

使用 Style 对象，首先需要了解如何访问样式表中的属性值。使用 Style 对象访问属性值的语法格式如下：

```
元素对象.style.属性
```

例如，将给定文档中所有的 p 元素中的文字颜色设置为红色，代码如下：

```
<script type="text/javascript">
    var oP=document.getElementsByTagName("p");
    if(oP.length){
        for(var i=0;i<oP.length;i++){
            oP[i].style.color="#FF0000";
        }
    }
</script>
```

在本项目中，主要应用 Style 对象访问了样式属性中的 display 属性、zIndex 属性、top 属性和 left 属性。display 属性用于设置或检索对象的显示方式，zIndex 属性用于设置或检索定位对象的堆叠次序，top 属性用于设置或检索定位元素的顶部位置，left 属性用于设置或检索定位元素的左端位置。

top 属性和 left 属性仅仅在对象的定位（position）属性被设置时可用；否则，这两个属性设置会被忽略。

有关 Style 对象的基础知识在《JavaScript 从入门到精通（第 5 版）》中有详细的讲解，对这些知识不太熟悉的读者可以参考该书对应的内容。下面将对 DOM 操作中获取元素的两个方法和操作元素 class 的方法进行必要介绍，以确保读者可以顺利完成本项目。

7.3.2 querySelector()方法

querySelector()方法用于获取匹配指定选择器的第一个元素。语法格式如下：

```
document.querySelector(selectors)
```

例如，使用 querySelector()方法获取文档中的第一个 p 元素，将该元素的背景颜色设置为红色，代码如下：

```
document.querySelector("p").style.backgroundColor = "red";
```

例如，使用 querySelector()方法获取文档中类名是 demo 的第一个元素，将该元素的背景颜色设置为红色，代码如下：

```
document.querySelector(".demo").style.backgroundColor = "red";
```

例如，使用 querySelector()方法获取文档中具有 target 属性的第一个 a 元素，将该元素的背景颜色设置为红色，代码如下：

```
document.querySelector("a[target]").style.backgroundColor = "red";
```

7.3.3 querySelectorAll()方法

querySelectorAll()方法用于获取匹配指定选择器的所有元素。语法格式如下：

```
document.querySelectorAll(selectors)
```

例如，使用 querySelectorAll()方法获取文档中的所有 p 元素，将匹配的第一个 p 元素的背景颜色设置为红色，代码如下：

```
var p = document.querySelectorAll("p");                //获取文档中所有的 p 元素
p[0].style.backgroundColor = "red";                    //设置第一个 p 元素的背景颜色
```

例如，使用 querySelectorAll()方法获取文档中的所有 p 元素，将所有 p 元素的背景颜色设置为红色，代码如下：

```
var p = document.querySelectorAll("p");
for (var i = 0; i < p.length; i++) {
    p[i].style.backgroundColor = "red";
}
```

7.3.4 classList 属性

classList 是 HTML 元素的一个属性，该属性用于操作 DOM 元素的类名。它提供了一组方法，这些方法可以方便地添加、删除、切换和检查元素的类名。

1. add()方法

add()方法用于向元素中添加一个或多个类名。如果类名已存在，则不会重复添加。语法格式如下：

```
element.classList.add(className);
```

例如，获取文档中指定 id 的元素，并为该元素添加 active 类，代码如下：

```
var element = document.getElementById("myElement");    //获取元素
element.classList.add("active");                       //添加类名
```

2. remove()方法

remove()方法用于从元素中删除一个或多个类名。语法格式如下：

```
element.classList.remove(className);
```

例如，获取文档中指定 id 的元素，删除该元素的 active 类，代码如下：

```
var element = document.getElementById("myElement");    //获取元素
element.classList.remove("active");                     //删除类名
```

3. toggle()方法

toggle()方法用于切换元素的类名。如果类名存在，则删除该类名；如果类名不存在，则添加该类名。语法格式如下：

```
element.classList.toggle(className);
```

例如，获取文档中指定 id 的元素，如果该元素的 active 类存在，则删除该类名，如果该元素的 active 类不存在，则添加该类名，代码如下：

```
var element = document.getElementById("myElement");    //获取元素
element.classList.toggle("active");                     //切换类名
```

4. contains()方法

contains()方法用于检查元素是否包含指定的类名，该方法返回一个布尔值。语法格式如下：

```
element.classList.contains(className);
```

例如，获取文档中指定 id 的元素，检查该元素是否包含 active 类，代码如下：

```
var element = document.getElementById("myElement");    //获取元素
element.classList.contains("active");                   //检查元素是否包含 active 类名
```

7.4 公共文件设计

在开发项目时，通过编写公共文件可以减少重复代码的编写，有利于代码的重用及维护。在设计花瓣电影评分网时，所有电影信息页面都会用到两个公共文件，一个是页面头部文件 head.js，另一个是页面底部文件 bottom.js。下面将详细介绍这两个文件。

7.4.1 页面头部文件设计

页面头部文件主要提供网站导航栏和“登录/注册”超链接，其界面效果如图 7.2 所示。

图 7.2 头部文件界面效果

头部文件的实现过程比较简单。在项目文件夹下新建 public 文件夹，在 public 文件夹下新建 head.js 文件，在文件中定义网站导航栏和“登录/注册”超链接，并使用 document.writeln()语句进行输出。代码如下：

```
document.writeln('<div id="nav">');
document.writeln('<div class="nav-logo">');
document.writeln('<a href="../index.html">花瓣电影</a>');
document.writeln('<span id="no-login">');
document.writeln('<a href="../register.html">登录/注册</a>');
document.writeln('</span>');
```

```
document.writeln('<span id="yes-login">');
document.writeln('<span id="login-name"></span>');
document.writeln('<span>|</span>');
document.writeln('<a href="#">退出</a>');
document.writeln('</span>');
document.writeln('</div>');
document.writeln('<div class="nav-items">');
document.writeln('<ul>');
document.writeln('<li><a href="javascript:;">影讯 & 购票</a></li>');
document.writeln('<li><a href="javascript:;">选电影</a></li>');
document.writeln('<li><a href="javascript:;">电视剧</a></li>');
document.writeln('<li><a href="javascript:;">排行榜</a></li>');
document.writeln('<li><a href="javascript:;">分类</a></li>');
document.writeln('<li><a href="javascript:;">影评</a></li>');
document.writeln('<li><a href="javascript:;">2023 年度榜单</a></li>');
document.writeln('</ul>');
document.writeln('</div>');
document.writeln('</div>');
```

7.4.2 页面底部文件设计

页面底部文件主要展示网站的版权信息、制作公司和网站的联系方式，其界面效果如图 7.3 所示。

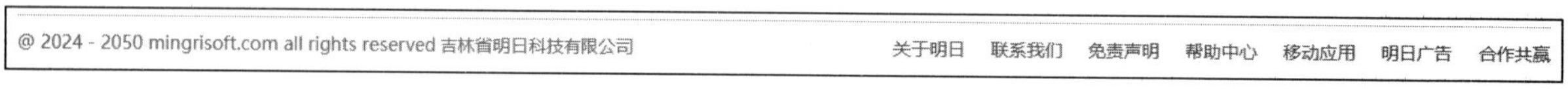

@ 2024 - 2050 mingrisoft.com all rights reserved 吉林省明日科技有限公司　关于明日　联系我们　免责声明　帮助中心　移动应用　明日广告　合作共赢

图 7.3　底部文件界面效果

页面底部文件的实现过程比较简单。在 public 文件夹下新建 bottom.js 文件，在文件中定义网站的版权信息、制作公司，以及网站的联系方式，并使用 document.writeln()语句进行输出。代码如下：

```
document.writeln('<div id="bottom">');
document.writeln('<span class="copyright">');
document.writeln('@ 2024 - 2050 mingrisoft.com all rights reserved 吉林省明日科技有限公司');
document.writeln('</span>');
document.writeln('<span class="about">');
document.writeln('<ul>');
document.writeln('<li>关于明日</li>');
document.writeln('<li>联系我们</li>');
document.writeln('<li>免责声明</li>');
document.writeln('<li>帮助中心</li>');
document.writeln('<li>移动应用</li>');
document.writeln('<li>明日广告</li>');
document.writeln('<li>合作共赢</li>');
document.writeln('</ul>');
document.writeln('</span>');
document.writeln('</div>');
```

7.5 主页设计

花瓣电影评分网的主页分为顶部区域、主体区域和底部区域 3 个部分。其中，页面主体区域又可以分为“正在热映”“最近热门的电影”和“一周口碑榜”等几个主要版块。主页的区域分布效果如图 7.4 所示。

图 7.4 主页

7.5.1 “正在热映”版块的实现

“正在热映”版块主要展示目前正在影院上映的电影，在展示过程中采用了电影图片轮播的动态效果，每隔5秒会切换一组电影，单击右上角的左箭头或右箭头按钮也可以进行切换。实现界面如图7.5和图7.6所示。

图 7.5 第一屏展示效果

图 7.6　第二屏展示效果

具体实现的方法如下。

（1）在项目文件夹下新建 index.html 文件，在文件中编写“正在热映”版块的 HTML 代码。首先定义一个 class 属性值为 is-on 的<div>标签，在该标签中添加两个<div>标签，第一个<div>标签用于定义版块的标题以及控制电影图片轮播的按钮，第二个<div>标签用于定义版块中的电影图片、电影名称，以及电影评分。代码如下：

```
<div class="is-on">
    <div class="hd">
        <h2>正在热映</h2>
        <div class="right">
            <span>1/3</span>
            <a class="leftBtn" href="javascript:;"></a>
            <a class="rightBtn" href="javascript:;"></a>
        </div>
    </div>
    <div class="bd">
        <div class="container">
            <ul>
                <li>
                    <a href="detail/tntgd2.html"><img src="images/1.jpg" alt="" /></a>
                    <p><a href="detail/tntgd2.html">头脑特工队 2</a></p>
                    <div class="rating">
                        <span class="starrating"><span class="star40"></span></span>
                        <span class="score">8.4</span>
                    </div>
                    <a href="javascript:;" class="goupiao">选座购票</a>
                </li>
                <li>
                    <a href="detail/fkdmks.html"><img src="images/2.jpg" alt="" /></a>
                    <p><a href="detail/fkdmks.html">疯狂的麦克斯：狂...</a></p>
                    <div class="rating">
                        <span class="starrating"><span class="star45"></span></span>
                        <span class="score">8.7</span>
                    </div>
                    <a href="javascript:;" class="goupiao">选座购票</a>
                </li>
                <li>
                    <a href="detail/fkysc.html"><img src="images/3.jpg" alt="" /></a>
                    <p><a href="detail/fkysc.html">疯狂元素城</a></p>
                    <div class="rating">
                        <span class="starrating"><span class="star35"></span></span>
                        <span class="score">7.1</span>
```

```
            </div>
            <a href="javascript:;" class="goupiao">选座购票</a>
        </li>
        <li>
            <a href="detail/xqjq.html"><img src="images/4.jpg" alt="" /></a>
            <p><a href="detail/xqjq.html">猩球崛起：新世界</a></p>
            <div class="rating">
                <span class="starrating"><span class="star30"></span></span>
                <span class="score">6.3</span>
            </div>
            <a href="javascript:;" class="goupiao">选座购票</a>
        </li>
        <li>
            <a href="detail/yhhwd3.html"><img src="images/5.jpg" alt="" /></a>
            <p><a href="detail/yhhwd3.html">银河护卫队 3</a></p>
            <div class="rating">
                <span class="starrating"><span class="star40"></span></span>
                <span class="score">8.3</span>
            </div>
            <a href="javascript:;" class="goupiao">选座购票</a>
        </li>
        <li>
            <a href="detail/zzx.html"><img src="images/6.jpg" alt="" /></a>
            <p><a href="detail/zzx.html">蜘蛛侠：纵横宇宙</a></p>
            <div class="rating">
                <span class="starrating"><span class="star40"></span></span>
                <span class="score">8.4</span>
            </div>
            <a href="javascript:;" class="goupiao">选座购票</a>
        </li>
        <li>
            <a href="detail/jqrzm.html"><img src="images/7.jpg" alt="" /></a>
            <p><a href="detail/jqrzm.html">机器人之梦</a></p>
            <div class="rating">
                <span class="starrating"><span class="star45"></span></span>
                <span class="score">9.0</span>
            </div>
            <a href="javascript:;" class="goupiao">选座购票</a>
        </li>
        <li>
            <a href="detail/zldsp.html"><img src="images/8.jpg" alt="" /></a>
            <p><a href="detail/zldsp.html">坠落的审判</a></p>
            <div class="rating">
                <span class="starrating"><span class="star45"></span></span>
                <span class="score">8.7</span>
            </div>
            <a href="javascript:;" class="goupiao">选座购票</a>
        </li>
        <li>
            <a href="detail/wlmz2.html"><img src="images/9.jpg" alt="" /></a>
            <p><a href="detail/wlmz2.html">网络谜踪 2</a></p>
            <div class="rating">
                <span class="starrating"><span class="star40"></span></span>
                <span class="score">7.9</span>
            </div>
            <a href="javascript:;" class="goupiao">选座购票</a>
        </li>
        <li>
            <a href="detail/jfmjz.html"><img src="images/10.jpg" alt="" /></a>
            <p><a href="detail/jfmjz.html">加菲猫家族</a></p>
            <div class="rating">
                <span class="starrating"><span class="star35"></span></span>
```

```
                <span class="score">6.9</span>
            </div>
            <a href="javascript:;" class="goupiao">选座购票</a>
        </li>
        <li>
            <a href="detail/elsfk.html"><img src="images/11.jpg" alt="" /></a>
            <p><a href="detail/elsfk.html">俄罗斯方块</a></p>
            <div class="rating">
                <span class="starrating"><span class="star40"></span></span>
                <span class="score">8.1</span>
            </div>
            <a href="javascript:;" class="goupiao">选座购票</a>
        </li>
        <li>
            <a href="detail/nd.html"><img src="images/12.jpg" alt="" /></a>
            <p><a href="detail/nd.html">奈德</a></p>
            <div class="rating">
                <span class="starrating"><span class="star45"></span></span>
                <span class="score">8.5</span>
            </div>
            <a href="javascript:;" class="goupiao">选座购票</a>
        </li>
        <li>
            <a href="detail/hxtk.html"><img src="images/13.jpg" alt="" /></a>
            <p><a href="detail/hxtk.html">火星特快</a></p>
            <div class="rating">
                <span class="starrating"><span class="star40"></span></span>
                <span class="score">8.1</span>
            </div>
            <a href="javascript:;" class="goupiao">选座购票</a>
        </li>
        <li>
            <a href="detail/zyzs.html"><img src="images/14.jpg" alt="" /></a>
            <p><a href="detail/zyzs.html">自由之声</a></p>
            <div class="rating">
                <span class="starrating"><span class="star40"></span></span>
                <span class="score">7.8</span>
            </div>
            <a href="javascript:;" class="goupiao">选座购票</a>
        </li>
        <li>
            <a href="detail/mssddx.html"><img src="images/15.jpg" alt="" /></a>
            <p><a href="detail/mssddx.html">魔术师的大象</a></p>
            <div class="rating">
                <span class="starrating"><span class="star30"></span></span>
                <span class="score">6.3</span>
            </div>
            <a href="javascript:;" class="goupiao">选座购票</a>
        </li>
      </ul>
    </div>
  </div>
</div>
```

（2）编写实现电影图片轮播的 JavaScript 代码。设置每一屏显示 5 张电影图片，定义单击左箭头按钮和右箭头按钮时执行的函数，在函数中应用设置超时的 setInterval()方法和 Style 对象的 left 属性实现分屏图片轮换的动画效果，并设置鼠标进入元素时停止移动和鼠标离开元素时恢复移动的效果。代码如下：

```
<script type="text/javascript">
    window.onload = function(){
        function $$(selector){
```

```
        return document.querySelector(selector);
}
var oUl = $$(".container").querySelector("ul");
var oLi = $$(".container").querySelectorAll("li");
var screenAmount = oLi.length / 5;                                                    //计算屏幕数量
for(var i = 0; i < 5; i++){
        var newNode = oLi[i].cloneNode(true);
        oUl.appendChild(newNode);
}
var nowScreen = 0;                                                                    //屏幕号
var flag = true;
$$(".rightBtn").onclick = function(){
        if(flag === true){
                nowScreen++ ;                                                         //屏幕号加 1
                if(nowScreen === screenAmount){
                        nowScreen = 0;
                }
                var n = nowScreen !== 0 ? nowScreen : screenAmount;
                var left = $$(".container").offsetLeft;
                var timer = setInterval(function(){
                        left -= 5;
                        $$(".container").style.left = left + "px";
                        if(left <= -775 * n){
                                clearInterval(timer);
                                if(n === screenAmount){
                                        $$(".container").style.left = 0 + "px";
                                }
                                flag = true;
                        }
                }, 5);
                flag = false;
        }
        $$(".right").querySelector("span").innerHTML = nowScreen + 1 + "/" + screenAmount;   //显示屏幕号
}
$$(".leftBtn").onclick = function(){
        if(flag === true){
                if(nowScreen === 0){
                        nowScreen = screenAmount;
                        $$(".container").style.left = -775 * screenAmount + "px";
                }
                nowScreen-- ;                                                         //屏幕号减 1
                var left = $$(".container").offsetLeft;
                var timer = setInterval(function(){
                        left += 5;
                        $$(".container").style.left = left + "px";
                        if(left >= -775 * nowScreen){
                                clearInterval(timer);
                                flag = true;
                        }
                }, 5);
                flag = false;
        }
        $$(".right").querySelector("span").innerHTML = nowScreen + 1 + "/" + screenAmount;   //显示屏幕号
}
//每隔 5 秒会自动触发元素的 click 事件
var timer2 = setInterval(function(){
        var ev = new Event("click");
        $$(".rightBtn").dispatchEvent(ev);
}, 5000);
//鼠标进入元素时停止移动
$$(".is-on").onmouseenter = function() {
        clearInterval(timer2);
```

```
            }
            //鼠标离开元素时恢复移动
            $$(".is-on").onmouseleave = function() {
                timer2 = setInterval(function(){
                    var ev = new Event("click");
                    $$(".rightBtn").dispatchEvent(ev);
                }, 5000);
            }
        }
</script>
```

7.5.2 “最近热门的电影”版块的实现

“最近热门的电影”版块主要展示热门电影和最新电影，在进行展示时使用了标签选项卡的特效，单击不同的选项卡会在两组电影之间进行切换。在默认情况下，选项卡下方展示的是热门电影，效果如图 7.7 所示。当单击“最新”选项卡时，下方将会展示最新电影，效果如图 7.8 所示。此时单击“热门”选项卡又会切换到热门电影。

图 7.7 展示热门电影的效果

图 7.8 展示最新电影的效果

具体实现的方法如下。

（1）编写“最近热门的电影”版块的 HTML 代码。首先定义一个 class 属性值为 hot-film 的<div>标签，在该标签中添加两个<div>标签，在第一个<div>标签中定义版块的标题以及用于两组电影之间互相切换的“热门”选项卡和“最新”选项卡，在第二个<div>标签中定义热门电影列表和最新电影列表。代码如下：

```
<div class="hot-film">
    <div class="hot-film-top">
        <h2>最近热门的电影</h2>
        <ul>
            <li>热门</li>
            <li>最新</li>
        </ul>
    </div>
    <div class="hot-film-main">
        <div class="hot-film-list">
            <ul>
                <li>
                    <a href="detail/tntgd2.html">
                        <img src="images/1.jpg" alt="" />
                    </a>
                    <p>
                        <a href="detail/tntgd2.html">头脑特工队 2</a>
                        <span class="score">8.4</span>
                    </p>
                </li>
                <li>
                    <a href="detail/fkysc.html">
                        <img src="images/3.jpg" alt="" />
                    </a>
                    <p>
                        <a href="detail/fkysc.html">疯狂元素城</a>
                        <span class="score">7.1</span>
                    </p>
                </li>
                <li>
                    <a href="detail/yhhwd3.html">
                        <img src="images/5.jpg" alt="" />
                    </a>
                    <p>
                        <a href="detail/yhhwd3.html">银河护卫队 3</a>
                        <span class="score">8.3</span>
                    </p>
                </li>
                <li>
                    <a href="detail/jqrzm.html">
                        <img src="images/7.jpg" alt="" />
                    </a>
                    <p>
                        <a href="detail/jqrzm.html">机器人之梦</a>
                        <span class="score">9.0</span>
                    </p>
                </li>
                <li>
                    <a href="detail/zldsp.html">
                        <img src="images/8.jpg" alt="" />
                    </a>
                    <p>
                        <a href="detail/zldsp.html">坠落的审判</a>
                        <span class="score">8.7</span>
                    </p>
                </li>
            </ul>
        </div>
        <div class="new-film-list">
            <ul>
                <li>
                    <a href="detail/wlmz2.html">
```

```
                    <img src="images/9.jpg" alt="" />
                </a>
                <p>
                    <a href="detail/wlmz2.html">网络迷踪 2</a>
                    <span class="score">7.9</span>
                </p>
            </li>
            <li>
                <a href="detail/jfmjz.html">
                    <img src="images/10.jpg" alt="" />
                </a>
                <p>
                    <a href="detail/jfmjz.html">加菲猫家族</a>
                    <span class="score">6.9</span>
                </p>
            </li>
            <li>
                <a href="detail/elsfk.html">
                    <img src="images/11.jpg" alt="" />
                </a>
                <p>
                    <a href="detail/elsfk.html">俄罗斯方块</a>
                    <span class="score">8.1</span>
                </p>
            </li>
            <li>
                <a href="detail/nd.html">
                    <img src="images/12.jpg" alt="" />
                </a>
                <p>
                    <a href="detail/nd.html">奈德</a>
                    <span class="score">8.5</span>
                </p>
            </li>
            <li>
                <a href="detail/hxtk.html">
                    <img src="images/13.jpg" alt="" />
                </a>
                <p>
                    <a href="detail/hxtk.html">火星特快</a>
                    <span class="score">8.1</span>
                </p>
            </li>
        </ul>
    </div>
  </div>
</div>
```

（2）编写实现热门电影和最新电影互相切换的 JavaScript 代码。首先应用 Style 对象的 display 属性使热门电影和最新电影处于隐藏状态，然后应用 Style 对象的 display 属性使热门电影处于显示状态，并应用 classList 属性的 add()方法为“热门”选项卡添加样式，接下来对两个选项卡进行遍历，在遍历时定义单击选项卡时执行的事件处理函数，在函数中控制热门电影和最新电影的显示或隐藏，实现两组电影之间的切换效果。代码如下：

```
<script type="text/javascript">
    window.onload = function(){
        var oDiv = $$(".hot-film-main").querySelectorAll("div");
        for(var i = 0; i < oDiv.length; i++){
            oDiv[i].style.display = "none";                    //隐藏热门电影和最新电影
        }
```

```
            oDiv[0].style.display = "block";                        //默认显示热门电影
            var oHotLi = $$(".hot-film-top").querySelector("ul").querySelectorAll("li");
            oHotLi[0].classList.add("active");                      //为第一个标签添加样式
            for(var i = 0; i < oHotLi.length; i++){
                oHotLi[i].index = i;                                //设置索引
                oHotLi[i].onclick = function() {                    //单击某标签
                    this.classList.add("active");                   //为当前的标签添加样式
                    oDiv[this.index].style.display = "block";       //显示当前标签对应的电影内容
                    //移除另一个标签的类，隐藏另一个标签对应的电影内容
                    if(this.nextElementSibling){
                        this.nextElementSibling.classList.remove("active");
                        oDiv[this.index].nextElementSibling.style.display = "none";
                    }else{
                        this.previousElementSibling.classList.remove("active");
                        oDiv[this.index].previousElementSibling.style.display = "none";
                    }
                }
            }
        }
</script>
```

7.5.3 “一周口碑榜”版块的实现

“一周口碑榜”版块主要展示最新一周口碑排名前十位的电影，电影以列表的形式进行展示，效果如图 7.9 所示。

一周口碑榜

1 机器人之梦
2 坠落的审判
3 疯狂的麦克斯：狂暴女神
4 奈德
5 头脑特工队2
6 蜘蛛侠：纵横宇宙
7 银河护卫队3
8 俄罗斯方块
9 火星特快
10 网络谜踪2

图 7.9 “一周口碑榜”展示效果

具体实现的方法如下。

编写“一周口碑榜”版块的 HTML 代码。首先定义一个 class 属性值为 billboard 的<div>标签，在该标签中添加两个<div>标签，在第一个<div>标签中定义版块的标题，在第二个<div>标签中定义榜单中的电影列表。代码如下：

```
<div class="billboard">
    <div class="billboard-title">
        <h2>一周口碑榜</h2>
    </div>
    <div class="billboard-content">
        <ul>
            <li>
                <span class="order">1</span>
                <span class="title">
                    <a href="detail/jqrzm.html">机器人之梦</a>
                </span>
            </li>
            <li>
                <span class="order">2</span>
                <span class="title">
                    <a href="detail/zldsp.html">坠落的审判</a>
                </span>
            </li>
            <li>
                <span class="order">3</span>
                <span class="title">
                    <a href="detail/fkdmks.html">疯狂的麦克斯：狂暴女神</a>
                </span>
            </li>
            <li>
                <span class="order">4</span>
```

```
                    <span class="title">
                        <a href="detail/nd.html">奈德</a>
                    </span>
                </li>
                <li>
                    <span class="order">5</span>
                    <span class="title">
                        <a href="detail/tntgd2.html">头脑特工队 2</a>
                    </span>
                </li>
                <li>
                    <span class="order">6</span>
                    <span class="title">
                        <a href="detail/zzx.html">蜘蛛侠：纵横宇宙</a>
                    </span>
                </li>
                <li>
                    <span class="order">7</span>
                    <span class="title">
                        <a href="detail/yhhwd3.html">银河护卫队 3</a>
                    </span>
                </li>
                <li>
                    <span class="order">8</span>
                    <span class="title">
                        <a href="detail/elsfk.html">俄罗斯方块</a>
                    </span>
                </li>
                <li>
                    <span class="order">9</span>
                    <span class="title">
                        <a href="detail/hxtk.html">火星特快</a>
                    </span>
                </li>
                <li>
                    <span class="order">10</span>
                    <span class="title">
                        <a href="detail/wlmz2.html">网络谜踪 2</a>
                    </span>
                </li>
            </ul>
        </div>
</div>
```

7.6 电影信息页面设计

在网站主页中，单击电影图片或电影名称可以进入电影信息页面。这里以电影《头脑特工队 2》为例，介绍电影信息页面的实现方法。页面效果如图 7.10 所示。

7.6.1 “电影基本信息和评分”版块的设计

在“电影基本信息和评分”版块中主要包括电影名称、电影图片、电影基本信息和电影评分几个部分。在电影基本信息中包括电影的导演、编剧、主演和类型等信息，在电影评分中包括分数、评价人数，以及各星级评价人数占总评价人数的百分比等信息。电影基本信息和评分的页面效果如图 7.11 所示。

花瓣电影
登录/注册
影讯 & 购票
选电影
电视剧
排行榜
分类
影评
2023年度榜单
头脑特工队2 Inside Out 2 (2024)

导演: 凯尔西·曼
编剧: 梅格·勒福夫 / 达沃·荷尔斯泰因
主演: 艾米·波勒 / 玛雅·霍克 / 肯辛顿·托尔曼 / 莉萨·拉皮拉 / 托尼·海尔
类型: 剧情 / 喜剧 / 动画 / 奇幻 / 冒险
制片国家/地区: 美国
语言: 英语
上映日期: 2024-06-21(中国大陆)
片长: 100分钟
又名: 玩转脑朋友2 / 脑筋急转弯2
IMDb: tt22022452
花瓣评分
8.4
129013人评价
5星 37.9%
4星 45.6%
3星 15.4%
2星 1.1%
1星 0.1%
好于 92% 动画片
好于 97% 喜剧片
花瓣成员常用的标签······
迪士尼
皮克斯
喜剧
动画
美国
2024
奇幻
冒险
以下花列推荐······
【花瓣高分动画长片】 (影志)
2024—2031值得关注的影片 (深蓝)
迪士尼长篇动画作品列表 (clover)
花瓣上评分人数超过5万评分高于7分的电影 (stupidliar)
那些让我忍不住潸然泪下的电影 (scofieldd)
想看
看过
评价:
头脑特工队2的剧情简介······
影片讲述了刚步入青春期的小女孩莱莉脑海中的复杂情绪进行的一场奇妙冒险。在她的大脑总部，正经历着一场突如其来的大拆迁，为意想不到的新情绪腾出空间。一直以来配合默契的情绪小伙伴乐乐（艾米·波勒 Amy Poehler 配音）、忧忧（菲利丝·史密斯 Phyllis Smith 配音）、怒怒（刘易斯·布莱克 Lewis Black 配音）、怕怕（托尼·海尔 Tony Hale 配音）和厌厌（莉萨·拉皮拉 Liza Lapira 配音），在新情绪焦焦的突然到来时变得不知所措，并且她看起来不是孤身一人。
谁在看这部电影······
138173人看过 / 64832人想看
喜欢这部电影的人也喜欢······

疯狂元素城

机器人之梦

加菲猫家族

火星特快

魔术师的大象
@ 2024 - 2050 mingrisoft.com all rights reserved 吉林省明日科技有限公司
关于明日
联系我们
免责声明
帮助中心
移动应用
明日广告
合作共赢

图 7.10　电影信息页面效果

头脑特工队2 Inside Out 2 (2024)

导演: 凯尔西·曼
编剧: 梅格·勒福夫 / 达沃·荷尔斯泰因
主演: 艾米·波勒 / 玛雅·霍克 / 肯辛顿·托尔曼 / 莉萨·拉皮拉 / 托尼·海尔
类型: 剧情 / 喜剧 / 动画 / 奇幻 / 冒险
制片国家/地区: 美国
语言: 英语
上映日期: 2024-06-21(中国大陆)
片长: 100分钟
又名: 玩转脑朋友2 / 脑筋急转弯2
IMDb: tt22022452
花瓣评分
8.4
129013人评价
5星 37.9%
4星 45.6%
3星 15.4%
2星 1.1%
1星 0.1%
好于 92% 动画片
好于 97% 喜剧片

图 7.11　电影基本信息和评分的页面效果

具体实现的方法如下。

（1）在项目文件夹下新建 detail 文件夹，在该文件夹下新建电影《头脑特工队 2》的电影信息文件 tntgd2.html。在文件中编写 HTML 代码。定义一个<h1>标签，在该标签中添加两个<span>标签，第一个<span>标签用于定义电影名称，第二个<span>标签用于定义电影的上映年份。代码如下：

```
<h1>
    <span class="movie-name">头脑特工队 2 Inside Out 2</span>
    <span class="year">(2024)</span>
</h1>
```

（2）定义一个 class 属性值为 subject 的<div>标签，在标签中添加三个<div>标签，在第一个<div>标签中定义电影图片，在第二个<div>标签中定义电影的基本信息，在第三个<div>标签中定义电影的评分信息。代码如下：

```
<div class="subject">
    <div class="mainpic">
        <img src="../images/1.jpg" />
    </div>
    <div class="info">
        <span class='item'>导演</span>: 凯尔西·曼<br/>
        <span class='item'>编剧</span>: 梅格·勒福夫 / 达沃·荷尔斯泰因<br/>
        <span class="actor"><span class='item'>主演</span>: 艾米·波勒 / 玛雅·霍克 / 肯辛顿·托尔曼 / 莉萨·拉皮拉 / 托尼·海尔</span><br/>
        <span class="item">类型:</span> 剧情 / 喜剧 / 动画 / 奇幻 / 冒险<br/>
        <span class="item">制片国家/地区:</span> 美国<br/>
        <span class="item">语言:</span> 英语<br/>
        <span class="item">上映日期:</span> 2024-06-21(中国大陆)<br/>
        <span class="item">片长:</span> 100 分钟<br/>
        <span class="item">又名:</span> 玩转脑朋友 2 / 脑筋急转弯 2<br/>
        <span class="item">IMDb:</span> tt22022452<br>
    </div>
    <div class="rating">
        <div class="rating-logo">花瓣评分</div>
        <div class="rating-level">
            <span class="rating-score">8.4</span>
            <div class="rating-right">
                <div><span class="starrating"><span class="star40"></span></span></div>
                <div class="rating-sum">129013 人评价</div>
            </div>
        </div>
        <div class="star-count">
            <div class="star-item">
                <span class="stars" title="力荐">5 星</span>
                <span class="bar" style="width:22px"></span>
                <span class="star-per">37.9%</span>
            </div>
            <div class="star-item">
                <span class="stars" title="推荐">4 星</span>
                <span class="bar" style="width:56px"></span>
                <span class="star-per">45.6%</span>
            </div>
            <div class="star-item">
                <span class="stars" title="还行">3 星</span>
                <span class="bar" style="width:64px"></span>
                <span class="star-per">15.4%</span>
            </div>
            <div class="star-item">
                <span class="stars" title="较差">2 星</span>
                <span class="bar" style="width:9px"></span>
                <span class="star-per">1.1%</span>
            </div>
```

```
				<div class="star-item">
					<span class="stars" title="很差">1 星</span>
					<span class="bar" style="width:1px"></span>
					<span class="star-per">0.1%</span>
				</div>
			</div>
			<div class="compare">
				好于 92% 动画片<br />
				好于 97% 喜剧片
			</div>
		</div>
	</div>
```

7.6.2 “剧情简介”版块的实现

“剧情简介”版块主要包括电影剧情简介的标题和电影内容的简介。剧情简介的页面效果如图 7.12 所示。

头脑特工队2的剧情简介······

影片讲述了刚步入青春期的小女孩莱莉脑海中的复杂情绪进行的一场奇妙冒险。在她的大脑总部，正经历着一场突如其来的大拆迁，为意想不到的新情绪腾出空间。一直以来配合默契的情绪小伙伴乐乐（艾米·波勒 Amy Poehler 配音）、忧忧（菲利丝·史密斯 Phyllis Smith 配音）、怒怒（刘易斯·布莱克 Lewis Black 配音）、怕怕（托尼·海尔 Tony Hale 配音）和厌厌（莉萨·拉皮拉 Liza Lapira 配音），在新情绪焦焦的突然到来时变得不知所措，并且她看起来不是孤身一人。

图 7.12　剧情简介的页面效果

具体实现方法如下。

定义一个 class 属性值为 intro 的<div>标签，在该标签中添加一个<span>标签和一个<div>标签，在<span>标签中定义剧情简介的标题，在<div>标签中定义剧情简介的内容。代码如下：

```
<div class="intro">
	<span class="title">头脑特工队 2 的剧情简介 · · · · · ·</span>
	<div class="content">
		影片讲述了刚步入青春期的小女孩莱莉脑海中的复杂情绪进行的一场奇妙冒险。在她的大脑总部，正经历着一场突如其来的大拆迁，为意想不到的新情绪腾出空间。一直以来配合默契的情绪小伙伴乐乐（艾米·波勒 Amy Poehler 配音）、忧忧（菲利丝·史密斯 Phyllis Smith 配音）、怒怒（刘易斯·布莱克 Lewis Black 配音）、怕怕（托尼·海尔 Tony Hale 配音）和厌厌（莉萨·拉皮拉 Liza Lapira 配音），在新情绪焦焦的突然到来时变得不知所措，并且她看起来不是孤身一人。
	</div>
</div>
```

7.6.3 “类似电影推荐”版块的实现

“类似电影推荐”版块主要用来展示与当前介绍的电影相似的电影的列表。类似电影推荐的页面效果如图 7.13 所示。

图 7.13　类似电影推荐的页面效果

具体实现方法如下。

定义一个 class 属性值为 also-like 的<div>标签，在该标签中首先添加一个<span>标签，在<span>标签中定义“类似电影推荐”版块的标题，然后再添加一个<div>标签，在<div>标签中定义与当前电影相似的电影的列表。代码如下：

```
<div class="also-like">
    <span class="title">喜欢这部电影的人也喜欢 · · · · · ·</span>
    <div class="like-film-list">
        <ul>
            <li>
                <a href="fkysc.html">
                    <img src="../images/3.jpg" alt="" />
                </a>
                <p>
                    <a href="fkysc.html">疯狂元素城</a>
                </p>
            </li>
            <li>
                <a href="jqrzm.html">
                    <img src="../images/7.jpg" alt="" />
                </a>
                <p>
                    <a href="jqrzm.html">机器人之梦</a>
                </p>
            </li>
            <li>
                <a href="jfmjz.html">
                    <img src="../images/10.jpg" alt="" />
                </a>
                <p>
                    <a href="jfmjz.html">加菲猫家族</a>
                </p>
            </li>
            <li>
                <a href="hxtk.html">
                    <img src="../images/13.jpg" alt="" />
                </a>
                <p>
                    <a href="hxtk.html">火星特快</a>
                </p>
            </li>
            <li>
                <a href="mssddx.html">
                    <img src="../images/15.jpg" alt="" />
                </a>
                <p>
                    <a href="mssddx.html">魔术师的大象</a>
                </p>
            </li>
        </ul>
    </div>
</div>
```

7.7 注册和登录功能设计

单击主页或电影信息页面右上角的“登录/注册”超链接，默认会进入用户注册页面，效果如图 7.14 所示。用户注册后，或单击“登录”超链接会进入用户登录页面，效果如图 7.15 所示。

图 7.14　用户注册页面

图 7.15　用户登录页面

7.7.1　用户注册页面设计

用户注册页面主要由注册表单组成。用户在注册表单中需要输入用户名、密码和确认密码，并选中“选中表示您同意《注册协议》”复选框才能激活“注册”按钮。单击“注册”按钮时需要对用户输入的内容进行验证，如果输入的内容不符合要求就在输入框上方给出相应的提示信息，效果如图 7.16 所示。如果验证通过会提示注册成功。

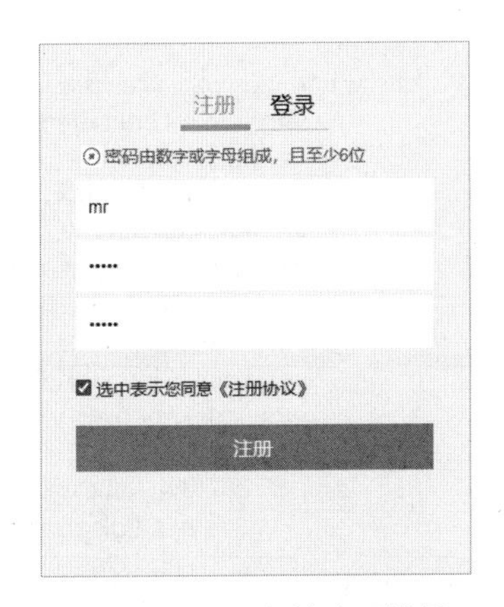

图 7.16　注册表单验证效果

用户注册页面的实现过程如下。

（1）在项目文件夹下新建 register.html 文件，在文件中编写 HTML 代码。在<div>标签中定义“注册”和“登录”超链接，以及用户注册表单，在表单上方添加一个<div>标签用于显示验证输入框的提示信息。代码如下：

```
<div class="res-banner">
    <div class="res-main">
        <div class="login-banner-bg"><img src="images/big.jpg"/></div>
        <div class="login-box">
            <div class="title">
                <a class="active" href="register.html">注册</a>
                <a href="login.html">登录</a>
            </div>
            <div class="mr-tabs-bd">
                <div class="mr-tab-panel mr-active">
                    <div id="tips"></div>
                    <form>
                        <div class="user-email">
                            <input type="text" id="name" placeholder="用户名">
                        </div>
                        <div class="user-pass">
                            <input type="password" id="password" placeholder="密码">
                        </div>
                        <div class="user-pass">
                            <input type="password" id="passwords" placeholder="确认密码">
                        </div>
                    </form>
                    <div class="login-links">
                        <label for="agree">
                            <input id="agree" type="checkbox"> 选中表示您同意《注册协议》
                        </label>
                    </div>
                    <div class="mr-cf">
                        <input type="button" id="send" value="注册" class="mr-btn-primary mr-btn-sm">
                    </div>
                </div>
            </div>
        </div>
    </div>
</div>
```

（2）在注册页面中编写 JavaScript 代码。首先获取表单元素，并设置默认情况下“注册”按钮禁用，然后分别定义 isEnabled()函数和 toReg()函数，在 isEnabled()函数中判断“注册”按钮是否可用，在 toReg()函数中调用 isEnabled()函数，如果“注册”按钮可用，就为按钮添加单击事件监听器，在监听器中对表单输入的内容进行判断，如果输入的内容不符合要求就给出相应的提示信息。如果输入的内容符合要求就提示“注册成功”，并跳转到登录页面。最后为三个输入框添加 oninput 事件，为复选框添加 onclick 事件，当触发相应的事件时调用 toReg()函数。代码如下：

```
<script>
    window.onload = function (){
        var name = document.getElementById("name");                    //获取用户名文本框
        var password = document.getElementById("password");            //获取密码框
        var passwords = document.getElementById("passwords");          //获取确认密码框
        var tips = document.getElementById("tips");                    //获取提示信息所在元素
        var agree = document.getElementById("agree");                  //获取复选框
        var send = document.getElementById("send");                    //获取注册按钮
        send.disabled = true;                                          //设置注册按钮禁用
        send.classList.add("dis");                                     //为注册按钮添加 dis 类
        function isEnabled(){
            //如果输入框都有值，并且选中了复选框
            if(name.value && password.value && passwords.value && agree.checked){
                send.disabled = false;                                 //设置注册按钮可用
                send.classList.remove("dis");                          //为注册按钮移除 dis 类
                return true;
            }else{
```

```
                send.disabled = true;                                      //设置注册按钮禁用
                send.classList.add("dis");                                 //为注册按钮添加 dis 类
                return false;
            }
        }
        function toReg(){
            if(isEnabled()){
                //如果注册按钮可用，就为注册按钮添加单击事件监听器
                send.onclick = function (){
                    //判断输入的用户名是否符合要求
                    if(!/^[\u4e00-\u9fa5a-zA-Z0-9]+$/.test(name.value)){
                        send.disabled = true;                              //设置注册按钮禁用
                        send.classList.add("dis");                         //为注册按钮添加 dis 类
                        tips.classList.add("error");                       //为 span 元素添加 error 类
                        tips.innerHTML = "用户名只能包括中文、字母或数字";      //设置提示文字
                        return false;
                    }
                    //判断输入的密码是否符合要求
                    if(!/^[0-9A-Za-z]{6,}$/.test(password.value)){
                        send.disabled = true;                              //设置注册按钮禁用
                        send.classList.add("dis");                         //为注册按钮添加 dis 类
                        tips.classList.add("error");                       //为 span 元素添加 error 类
                        tips.innerHTML = "密码由数字或字母组成，且至少 6 位";   //设置提示文字
                        return false;
                    }
                    //判断两次输入的密码是否一致
                    if(passwords.value !== password.value){
                        send.disabled = true;                              //设置注册按钮禁用
                        send.classList.add("dis");                         //为注册按钮添加 dis 类
                        tips.classList.add("error");                       //为 span 元素添加 error 类
                        tips.innerHTML = "两次密码不一致";                   //设置提示文字
                        return false;
                    }
                    alert("注册成功！");
                    location.href = "login.html";                          //跳转到登录页面
                }
            }
        }
        name.oninput = function (){
            toReg();
        }
        password.oninput = function (){
            toReg();
        }
        passwords.oninput = function (){
            toReg();
        }
        agree.onclick = function (){
            toReg();
        }
    }
</script>
```

7.7.2 用户登录页面设计

用户注册成功之后会跳转到登录页面，登录页面主要由登录表单组成。在登录表单中需要输入用户名和密码才能激活“登录”按钮。单击“登录”按钮时会对用户输入的用户名和密码进行验证，效果如图 7.17 所示。

图 7.17　登录表单验证效果

如果输入的用户名和密码都正确，则会提示登录成功，并跳转到主页。

用户登录页面的实现过程如下。

（1）在项目文件夹下新建 login.html 文件，在文件中编写 HTML 代码。在<div>标签中定义“注册”和“登录”超链接，以及用户登录表单和第三方登录选项，在表单上方添加一个<div>标签用于显示验证用户名或密码的提示信息。代码如下：

```
<div class="login-banner">
    <div class="login-main">
        <div class="login-banner-bg"><img src="images/big.jpg"/></div>
        <div class="login-box">
            <div class="title">
                <a href="register.html">注册</a>
                <a class="active" href="login.html">登录</a>
            </div>
            <div class="mr-tabs-bd">
                <div class="mr-tab-panel mr-active">
                    <div id="tips"></div>
                    <form>
                        <div class="user-name">
                            <input type="text" id="name" placeholder="用户名">
                        </div>
                        <div class="user-pass">
                            <input type="password" id="password" placeholder="密码">
                        </div>
                    </form>
                    <div class="mr-cf">
                        <input type="button" id="login" value="登录" class="mr-btn-primary mr-btn-sm">
                    </div>
                    <div class="partner">
                        <h3>第三方登录</h3>
                        <ul class="mr-btn-group">
                            <li><a href="#"><i class="mr-icon-weixin mr-icon-sm"></i><span>微信登录</span> </a></li>
                            <li><a href="#"><i class="mr-icon-weibo mr-icon-sm"></i><span>微博登录</span> </a></li>
                            <li><a href="#"><i class="mr-icon-qq mr-icon-sm"></i><span>QQ 登录</span></a></li>
                        </ul>
                    </div>
                </div>
            </div>
        </div>
    </div>
</div>
```

（2）在登录页面中编写 JavaScript 代码。首先获取表单元素，并设置默认情况下“登录”按钮禁用，然后分别定义 isEnabled()函数和 toLog()函数，在 isEnabled()函数中判断“登录”按钮是否可用，在 toLog()函数中调用 isEnabled()函数，如果“登录”按钮可用，就为按钮添加单击事件监听器，在监听器中对表单输入的内容进行判断，如果输入的用户名和密码都正确就提示“登录成功”，再将登录用户名保存在 localStorage 中，并跳转到主页。最后为两个输入框添加 oninput 事件，当触发相应的事件时调用 toLog()函数。代码如下：

```
<script>
    window.onload = function (){
        var name = document.getElementById("name");                    //获取用户名文本框
        var password = document.getElementById("password");            //获取密码框
        var tips = document.getElementById("tips");                    //获取提示信息所在元素
        var login = document.getElementById("login");                  //获取登录按钮
        login.disabled = true;                                         //设置登录按钮禁用
        login.classList.add("dis");                                    //为登录按钮添加 dis 类
        function isEnabled(){
            //如果输入框都有值
```

```
            if(name.value && password.value){
                login.disabled = false;                                     //设置登录按钮可用
                login.classList.remove("dis");                              //为登录按钮移除 dis 类
                return true;
            }else{
                login.disabled = true;                                      //设置登录按钮禁用
                login.classList.add("dis");                                 //为登录按钮添加 dis 类
                return false;
            }
        }
        function toLog(){
            if(isEnabled()){
                //如果登录按钮可用，就为登录按钮添加单击事件监听器
                login.onclick = function (){
                    //判断输入的用户名是否正确
                    if(name.value !== "mr"){
                        login.disabled = true;                              //设置登录按钮禁用
                        login.classList.add("dis");                         //为登录按钮添加 dis 类
                        tips.classList.add("error");                        //为 span 元素添加 error 类
                        tips.innerHTML = "请正确填写用户名";                  //设置提示文字
                        return false;
                    }
                    //判断输入的密码是否正确
                    if(password.value !== "mrsoft"){
                        login.disabled = true;                              //设置登录按钮禁用
                        login.classList.add("dis");                         //为登录按钮添加 dis 类
                        tips.classList.add("error");                        //为 span 元素添加 error 类
                        tips.innerHTML = "请正确填写密码";                    //设置提示文字
                        return false;
                    }
                    alert("登录成功！ ");
                    localStorage.setItem("username", name.value);           //保存用户名
                    location.href = "index.html";                           //跳转到主页
                }
            }
        }
        name.oninput = function (){
            toLog();
        }
        password.oninput = function (){
            toLog();
        }
    }
</script>
```

7.7.3 判断用户是否已登录

如果用户未登录，主页或电影信息页面右上角会显示“登录/注册”超链接，效果如图 7.18 所示。如果用户已登录，主页或电影信息页面右上角会显示登录用户名和“退出”超链接，效果如图 7.19 所示。

登录/注册

图 7.18 显示“登录/注册”超链接

mr | 退出

图 7.19 显示登录用户名和“退出”超链接

实现过程如下。

（1）在 index.html 文件中编写 HTML 代码。添加两个<span>标签，在第一个<span>标签中定义“登录/注册”超链接，在第二个<span>标签中定义用于显示登录用户名的<span>标签和“退出”超链接。代码如下：

```
<span id="no-login">
	<a href="register.html">登录/注册</a>
</span>
<span id="yes-login">
	<span id="login-name"></span>
	<span>|</span>
	<a href="#">退出</a>
</span>
```

（2）在 index.html 文件中编写 JavaScript 代码。使用 if 语句判断 localStorage 中是否保存了用户名，如果是，就在页面中显示登录用户名和“退出”超链接，当单击“退出”超链接时，删除 localStorage 中保存的用户名，并跳转到登录页面。否则就在页面中显示“登录/注册”超链接。代码如下：

```
if(localStorage.getItem("username")){
	$$("#no-login").style.display = "none";                                  //已登录时隐藏的元素
	$$("#yes-login").style.display = "block";                                //已登录时显示的元素
	$$("#login-name").innerHTML = localStorage.getItem("username");         //显示登录用户名
	//退出登录
	$$("#yes-login").querySelector("a").onclick = function (){
		localStorage.removeItem("username");                                 //删除保存的用户名
		location.href = "login.html";                                        //跳转到登录页面
	}
}else{
	$$("#no-login").style.display = "block";                                 //未登录时显示的元素
	$$("#yes-login").style.display = "none";                                 //未登录时隐藏的元素
}
```

7.8　电影评价功能的实现

该网站提供了电影评价功能。电影评价功能主要用来记录用户想看或看过的电影，在记录想看的电影时可以为电影添加标签，在评价看过的电影时可以为电影提供星级打分。

7.8.1　记录想看的电影

在电影信息页面，单击“想看”超链接可以弹出一个浮动层，页面效果如图 7.20 所示。在浮动层中，用户可以选择表示电影类型和特点的标签，选中的标签会显示在文本框中。单击浮动层右下角的“保存”按钮，可以将选择的标签显示在页面中，页面效果如图 7.21 所示。

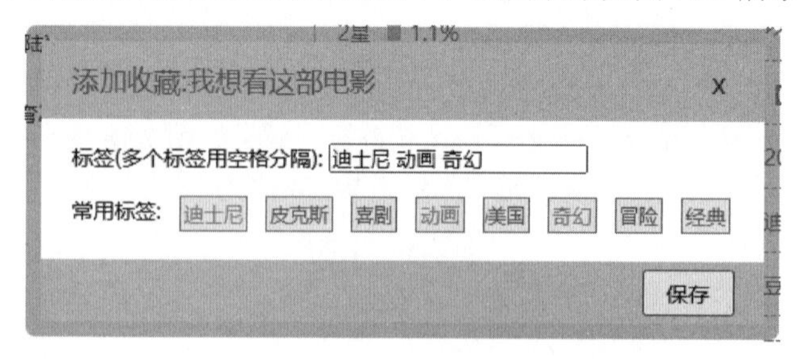

图 7.20　选择电影常用标签

我想看这部电影　2024-7-12　删除
标签:迪士尼 动画 奇幻

图 7.21　记录选择的标签

具体实现方法如下。

（1）在电影信息页面编写实现电影评价功能的 HTML 代码。定义一个 class 属性值为 evaluation 的<div>

标签，在该标签中再添加3个<div>标签。第一个<div>标签的id属性值为first，在该标签中定义“想看”超链接和“看过”超链接，以及用于为电影做出评价的星星图标；第二个<div>标签的id属性值为second，该标签用于记录用户为想看的电影选择的标签；第三个<div>标签的id属性值为third，该标签用于记录用户为该电影做出的评价。代码如下：

```
<div class="evaluation">
    <div id="first">
        <a class="wantto">想看</a>
        <a class="seen">看过</a>
        <div>评价: 
            <span class="star">
                <span><i class="bright"></i><i class="dark"></i></span>
                <span><i class="bright"></i><i class="dark"></i></span>
                <span><i class="bright"></i><i class="dark"></i></span>
                <span><i class="bright"></i><i class="dark"></i></span>
                <span><i class="bright"></i><i class="dark"></i></span>
            </span>
            <span class="evaluation-word"></span>
        </div>
    </div>
    <div id="second" style="display:none">
        我想看这部电影
        <span class="now-time"></span>
        <a class="del">删除</a><br />
        <span class="show-tips"></span>
    </div>
    <div id="third" style="display:none">
        我看过这部电影
        <span class="now-time"></span>
        <a class="del">删除</a>
        <div class="show-evaluation" style="display:none">我的评价: 
            <span class="star">
                <span><i class="bright"></i><i class="dark"></i></span>
                <span><i class="bright"></i><i class="dark"></i></span>
                <span><i class="bright"></i><i class="dark"></i></span>
                <span><i class="bright"></i><i class="dark"></i></span>
                <span><i class="bright"></i><i class="dark"></i></span>
            </span>
            <span class="evaluation-word"></span>
        </div>
    </div>
</div>
```

（2）编写弹出浮动层的HTML代码。定义一个id属性值为show-layer的<div>标签，并设置其隐藏。该标签中的第一个<div>标签用于定义浮动层的背景，第二个<div>标签用于定义浮动层的显示内容，将为用户提供选择的电影标签和为电影做出评价的星星图标定义在不同的<div>标签中。代码如下：

```
<div id="show-layer" style="display:none">
    <div class="layer-bg"></div>
    <div class="layer-body">
        <div class="layer-top">
            <span class="title">添加收藏:我想看这部电影</span>
            <span class="x">x</span>
        </div>
        <div class="layer-middle">
            <div id="wantto">
                <span>标签(多个标签用空格分隔):</span>
                <input type="text" name="movietip" />
                <div class="tip">
                    <span>常用标签:</span>
```

```
                    <ul>
                        <li>迪士尼</li><li>皮克斯</li><li>喜剧</li><li>动画</li>
                        <li>美国</li><li>奇幻</li><li>冒险</li><li>经典</li>
                    </ul>
                </div>
            </div>
            <div id="seen">
                <span>给个评价吧？(可选): </span>
                <span class="star">
                <span><i class="bright"></i><i class="dark"></i></span>
                <span><i class="bright"></i><i class="dark"></i></span>
                <span><i class="bright"></i><i class="dark"></i></span>
                <span><i class="bright"></i><i class="dark"></i></span>
                <span><i class="bright"></i><i class="dark"></i></span>
            </span>
                <span class="evaluation-word"></span>
            </div>
        </div>
        <div class="layer-bottom">
            <input type="button" value="保存" />
        </div>
    </div>
</div>
```

（3）在项目文件夹下新建 js 文件夹，在该文件夹下新建 score.js 文件，在文件中编写 JavaScript 代码。首先定义$$()函数，在函数中使用 querySelector()方法获取指定元素；然后定义 getEvaluationWord()函数，在函数中通过传递的参数定义用户在为电影做出评价后显示在页面中的评价词；接下来定义 setLayerCenter()函数，在函数中设置弹出层居中显示。代码如下：

```
function $$(selector){
    return document.querySelector(selector);
}
function getEvaluationWord(name,index){
    switch(index){
        case 1:
            $$(name).querySelector(".evaluation-word").innerHTML = "很差";//定义一星评价词
            break;
        case 2:
            $$(name).querySelector(".evaluation-word").innerHTML = "较差";//定义二星评价词
            break;
        case 3:
            $$(name).querySelector(".evaluation-word").innerHTML = "还行";//定义三星评价词
            break;
        case 4:
            $$(name).querySelector(".evaluation-word").innerHTML = "推荐";//定义四星评价词
            break;
        case 5:
            $$(name).querySelector(".evaluation-word").innerHTML = "力荐";//定义五星评价词
            break;
        default:
            $$(name).querySelector(".evaluation-word").innerHTML = "";       //评价词设置为空
            break;
    }
}
function setLayerCenter(){
    $$("#show-layer").style.display = "block";                              //设置弹出层显示
    //设置元素到页面顶部的距离
    var top = (document.documentElement.clientHeight-$$(".layer-bg").offsetHeight)/2;
    //设置元素到页面左侧的距离
    var left = (document.documentElement.clientWidth-$$(".layer-bg").offsetWidth)/2;
    var scrolltop = document.documentElement.scrollTop;                      //获取垂直滚动条位置
```

```
        var scrollleft = document.documentElement.scrollLeft;                    //获取水平滚动条位置
        //设置弹出层位置
        $$("#show-layer").style.top = top + scrolltop + "px";
        $$("#show-layer").style.left = left + scrollleft + "px";
}
```

（4）在 onload 事件处理函数中编写 JavaScript 代码。首先使用 if 语句判断用户是否已登录。然后为页面中的“想看”超链接绑定 onclick 事件，在事件处理函数中判断用户是否已登录，如果未登录就跳转到登录页面，如果已登录就通过调用 setLayerCenter()函数设置弹出层居中显示，并在弹出层中显示电影的常用标签，为电影的每个常用标签绑定 onclick 事件，在事件处理函数中将用户选择的电影标签显示在文本框中。接下来为弹出层中的关闭按钮绑定 onclick 事件，在事件处理函数中对弹出层进行隐藏，并移除 onscroll 和 onresize 事件处理程序。代码如下：

```
window.onload = function(){
        if(localStorage.getItem("username")){
                $$("#no-login").style.display = "none";                          //已登录时隐藏的元素
                $$("#yes-login").style.display = "block";                        //已登录时显示的元素
                $$("#login-name").innerHTML = localStorage.getItem("username");  //显示登录用户名
                //退出登录
                $$("#yes-login").querySelector("a").onclick = function (){
                        localStorage.removeItem("username");                     //删除保存的用户名
                        location.href = "../login.html";                         //跳转到登录页面
                }
        }else{
                $$("#no-login").style.display = "block";                         //未登录时显示的元素
                $$("#yes-login").style.display = "none";                         //未登录时隐藏的元素
        }
        $$("#first").querySelector(".wantto").onclick = function(){
                if(!localStorage.getItem("username")){                           //如果用户未登录
                        location.href = "../login.html";                         //跳转到登录页面
                        return false;
                }
                flag = 1;
                setLayerCenter();                                                //设置弹出层居中
                //窗口滚动时设置弹出层居中
                window.onscroll = function(){
                        setLayerCenter();
                }
                //窗口改变大小时设置弹出层居中
                window.onresize = function(){
                        setLayerCenter();
                }
                $$("#seen").style.display = "none";                              //隐藏元素
                $$("#wantto").style.display = "block";                           //显示元素
                $$("#show-layer").querySelector(".title").innerHTML = "添加收藏:我想看这部电影"; //设置弹出层标题
                document.getElementsByName("movietip")[0].value = "";            //设置电影标签为空
                //获取电影标签所在 li 元素
                var oLi = $$(".tip").querySelectorAll("li");
                for(var i = 0; i < oLi.length; i++){
                        oLi[i].classList.remove("active");                       //移除标签样式
                }
                for(var i = 0; i < oLi.length; i++){
                        oLi[i].onclick = function(){
                                if(!this.classList.contains("active")){          //如果当前标签不包含 active 类
                                        this.classList.add("active");            //为当前标签添加 active 类
                                        tips = document.getElementsByName("movietip")[0].value;//获取文本框中的电影标签
                                        tips += this.innerHTML + " ";            //当前标签后添加空格
                                        document.getElementsByName("movietip")[0].focus();//文本框获得焦点
                                        document.getElementsByName("movietip")[0].value = tips;//显示电影标签
                                }else{
```

```
                        this.classList.remove("active");                        //移除当前标签的 active 类
                        var t = this.innerHTML + " ";                           //当前标签后添加空格
                        tips = document.getElementsByName("movietip")[0].value.replace(t,"");//删除选择的标签
                        document.getElementsByName("movietip")[0].value = tips;//显示电影标签
                        document.getElementsByName("movietip")[0].focus();//文本框获得焦点
                    }
                }
            }
        }
        $$("#show-layer").querySelector(".x").onclick = function(){
            $$("#show-layer").style.display = "none";                           //隐藏弹出层
            window.onscroll = null;                                             //移除事件处理程序
            window.onresize = null;                                             //移除事件处理程序
        }
}
```

（5）为弹出层右下角的“保存”按钮绑定 onclick 事件，在事件处理函数中根据不同的变量值执行不同的操作。如果当前操作是记录想看的电影，单击“保存”按钮后会在页面中显示当前的日期信息和用户选择的电影标签，否则在页面中显示当前的日期信息和用户为该电影做出的评价。代码如下：

```
$$(".layer-bottom").querySelector("input").onclick = function(){
    var nowdate = new Date();                                                   //定义日期对象
    var year = nowdate.getFullYear();                                           //获取当前年份
    var month = nowdate.getMonth() + 1;                                         //获取当前月份
    var date = nowdate.getDate();                                               //获取当前日期
    if(flag === 1){
        $$("#second").querySelector(".now-time").innerHTML = year + "-" + month + "-" + date;//输出年月日
        $$("#show-layer").style.display = "none";                               //隐藏弹出层
        window.onscroll = null;                                                 //移除事件处理程序
        window.onresize = null;                                                 //移除事件处理程序
        $$("#first").style.display = "none";                                    //隐藏元素
        $$("#second").style.display = "block";                                  //显示元素
        if(tips !== "")
            $$(".show-tips").innerHTML = "标签:" + tips;                        //设置文本内容
    }else{
        $$("#third").querySelector(".now-time").innerHTML = year + "-" + month + "-" + date;//输出年月日
        $$("#show-layer").style.display = "none";                               //隐藏弹出层
        window.onscroll = null;                                                 //移除事件处理程序
        window.onresize = null;                                                 //移除事件处理程序
        $$("#first").style.display = "none";                                    //隐藏元素
        $$("#third").style.display = "block";                                   //显示元素
        $$(".show-evaluation").style.display = "block";                         //显示评价词
        //获取星星图标所在 span 元素
        var oSpan = $$(".show-evaluation").querySelector(".star").querySelectorAll("span");
        for(var i = 0; i < oSpan.length; i++){
            if(i < star_level){
                //根据星级数目使星星图标变亮
                oSpan[i].querySelector(".bright").style.zIndex = 1;
            }else{
                //后面的星星图标变暗
                oSpan[i].querySelector(".bright").style.zIndex = 0;
            }
        }
        getEvaluationWord(".show-evaluation",star_level);                       //输出评价词
        for(var j = 0; j < oSpan.length; j++){
            oSpan[j].index = j;                                                 //设置 span 元素索引
            oSpan[j].onmouseover = function(){
                for(var j = 0; j < oSpan.length; j++){
                    if(j <= this.index){
                        //当前和前面的星星图标变亮
                        oSpan[j].querySelector(".bright").style.zIndex = 1;
```

```
                        }else{
                            //后面的星星图标变暗
                            oSpan[j].querySelector(".bright").style.zIndex = 0;
                        }
                    }
                    var index = this.index + 1;                         //当前索引加 1
                    getEvaluationWord(".show-evaluation",index);        //输出评价词
                }
                oSpan[j].onmouseout = function(){
                    for(var j = 0; j < oSpan.length; j++){
                        if(j < star_level){
                            //根据星级数目使星星图标变亮
                            oSpan[j].querySelector(".bright").style.zIndex = 1;
                        }else{
                            //后面的星星图标变暗
                            oSpan[j].querySelector(".bright").style.zIndex = 0;
                        }
                    }
                    getEvaluationWord(".show-evaluation",star_level);   //输出评价词
                }
                oSpan[j].onclick = function(){
                    star_level = this.index + 1;                        //获取评价的星级
                }
            }
        }
    }
```

7.8.2 评价看过的电影

在电影信息页面，单击“看过”超链接或其右侧的星星图标，同样可以弹出一个浮动层，页面效果如图 7.22 所示。在浮动层中，用户可以通过单击星星图标为该电影做出评价。做出评价后，单击浮动层右下角的“保存”按钮，可以将用户评价显示在页面中，页面效果如图 7.23 所示。

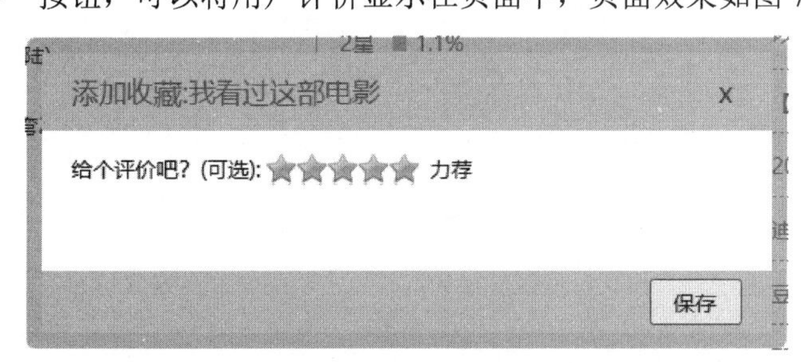

图 7.22　为电影做出评价

我看过这部电影　2024-7-12　删除
我的评价: 力荐

图 7.23　记录用户的评价

具体实现方法如下。

（1）在 score.js 文件中编写 JavaScript 代码，首先设置鼠标移入星星图标和移出星星图标时的效果，然后设置单击星星图标时在页面中弹出层的效果。代码如下：

```
//获取星星图标所在 span 元素
    var oSpan = $$("#first").querySelector(".star").querySelectorAll("span");
    for(var i = 0; i < oSpan.length; i++){
        oSpan[i].index = i;                                             //设置 span 元素索引
        oSpan[i].onmouseover = function(){
            for(var j = 0; j < oSpan.length; j++){
                if(j <= this.index){
                    //当前和前面的星星图标变亮
                    oSpan[j].querySelector(".bright").style.zIndex = 1;
```

```
                }else{
                    //后面的星星图标变暗
                    oSpan[j].querySelector(".bright").style.zIndex = 0;
                }
            }
            var index = this.index + 1;                                     //当前索引加 1
            getEvaluationWord("#first",index);                              //输出评价词
        }
        oSpan[i].onmouseout = function(){
            for(var j = 0; j < oSpan.length; j++){
                //所有星星图标变暗
                oSpan[j].querySelector(".bright").style.zIndex = 0;
            }
            $$("#first").querySelector(".evaluation-word").innerHTML = "";    //评价词设置为空
        }
        oSpan[i].onclick = function(){
            if(!localStorage.getItem("username")){                          //如果用户未登录
                location.href = "../login.html";                            //跳转到登录页面
                return false;
            }
            star_level = this.index + 1;                                    //获取评价的星级
            popup();
            //获取星星图标所在 span 元素
            var oSpan = $$("#seen").querySelector(".star").querySelectorAll("span");
            //根据星级数目使星星图标变亮
            for(var j = 0; j < star_level; j++){
                oSpan[j].querySelector(".bright").style.zIndex = 1;
            }
            getEvaluationWord("#seen",star_level);                          //输出评价词
        }
}
```

（2）定义 popup()函数，在该函数中首先调用 setLayerCenter()函数设置弹出层居中显示，然后分别设置鼠标移入星星图标、鼠标移出星星图标以及鼠标单击星星图标时的效果。代码如下：

```
function popup(){
    flag = 2;
    setLayerCenter();                                                       //设置弹出层居中
    //窗口滚动时设置弹出层居中
    window.onscroll = function(){
        setLayerCenter();
    }
    //窗口改变大小时设置弹出层居中
    window.onresize = function(){
        setLayerCenter();
    }
    $$("#wantto").style.display = "none";                                   //隐藏元素
    $$("#seen").style.display = "block";                                    //显示元素
    $$("#show-layer").querySelector(".title").innerHTML = "添加收藏:我看过这部电影";//设置弹出层标题
    //获取星星图标所在 span 元素
    var oSpan = $$("#seen").querySelector(".star").querySelectorAll("span");
    for(var j = 0; j < oSpan.length; j++){
        oSpan[j].index = j;                                                 //设置 span 元素索引
        oSpan[j].querySelector(".bright").style.zIndex = 0;                 //所有星星图标变暗
        oSpan[j].onmouseover = function(){
            for(var j = 0; j < oSpan.length; j++){
                if(j <= this.index){
                    //当前和前面的星星图标变亮
                    oSpan[j].querySelector(".bright").style.zIndex = 1;
                }else{
                    //后面的星星图标变暗
                    oSpan[j].querySelector(".bright").style.zIndex = 0;
                }
            }
            var index = this.index + 1;                                     //当前索引加 1
```

```
                getEvaluationWord("#seen",index);                                    //输出评价词
            }
            oSpan[j].onmouseout = function(){
                for(var j = 0; j < oSpan.length; j++){
                    if(j < star_level){
                        //根据星级数目使星星图标变亮
                        oSpan[j].querySelector(".bright").style.zIndex = 1;
                    }else{
                        //后面的星星图标变暗
                        oSpan[j].querySelector(".bright").style.zIndex = 0;
                    }
                }
                getEvaluationWord("#seen",star_level);                               //输出评价词
            }
            oSpan[j].onclick = function(){
                star_level = this.index + 1;                                         //获取评价的星级
            }
        }
}
```

（3）为页面中的“看过”超链接绑定 onclick 事件，在事件处理函数中判断用户是否已登录，如果未登录就跳转到登录页面，如果已登录就调用 popup()函数设置弹出层居中显示，并将用于显示用户评价词的元素内容设置为空。代码如下：

```
    $$("#first").querySelector(".seen").onclick = function(){
        if(!localStorage.getItem("username")){                                       //如果用户未登录
            location.href = "../login.html";                                         //跳转到登录页面
            return false;
        }
        star_level = 0;                                                              //重置变量
        popup();
        $$("#seen").querySelector(".evaluation-word").innerHTML = "";                //评价词设置为空
    }
```

7.8.3　删除记录

在记录用户想看的电影或用户对电影做出评价后，单击页面中的“删除”超链接可以弹出删除该收藏记录的确认对话框，页面效果如图 7.24 所示。单击对话框中的“确定”按钮即可删除用户添加的收藏记录。

图 7.24　弹出删除记录对话框

具体实现方法如下。

在 score.js 文件中编写 JavaScript 代码，分别为两个收藏记录中的“删除”超链接绑定 onclick 事件，在事件处理函数中应用 Window 对象中的 confirm()方法弹出确认对话框，当单击对话框中的“确定”按钮时，对页面中的指定元素进行显示或隐藏，实现删除记录的操作。代码如下：

```
    $$("#second").querySelector(".del").onclick = function(){
        if(window.confirm("真的要删除这个收藏？")){
            tips = "";                                                               //变量设置为空
            $$(".show-tips").innerHTML = "";                                         //电影标签设置为空
            $$("#first").style.display = "block";                                    //显示元素
```

```
            $$("#second").style.display = "none";              //隐藏元素
            $$("#third").style.display = "none";               //隐藏元素
        }
};
$$("#third").querySelector(".del").onclick = function(){
        if(window.confirm("真的要删除这个收藏？")){
            tips = "";                                         //变量设置为空
            $$(".show-tips").innerHTML = "";                   //电影标签设置为空
            $$("#first").style.display = "block";              //显示元素
            $$("#second").style.display = "none";              //隐藏元素
            $$("#third").style.display = "none";               //隐藏元素
        }
};
```

7.9 项目运行

通过前述步骤，设计并完成了“花瓣电影评分网”项目的开发。下面运行该项目，检验一下我们的开发成果。在浏览器中打开项目文件夹中的 index.html 文件即可成功运行该项目，运行后的界面效果如图 7.25 所示。

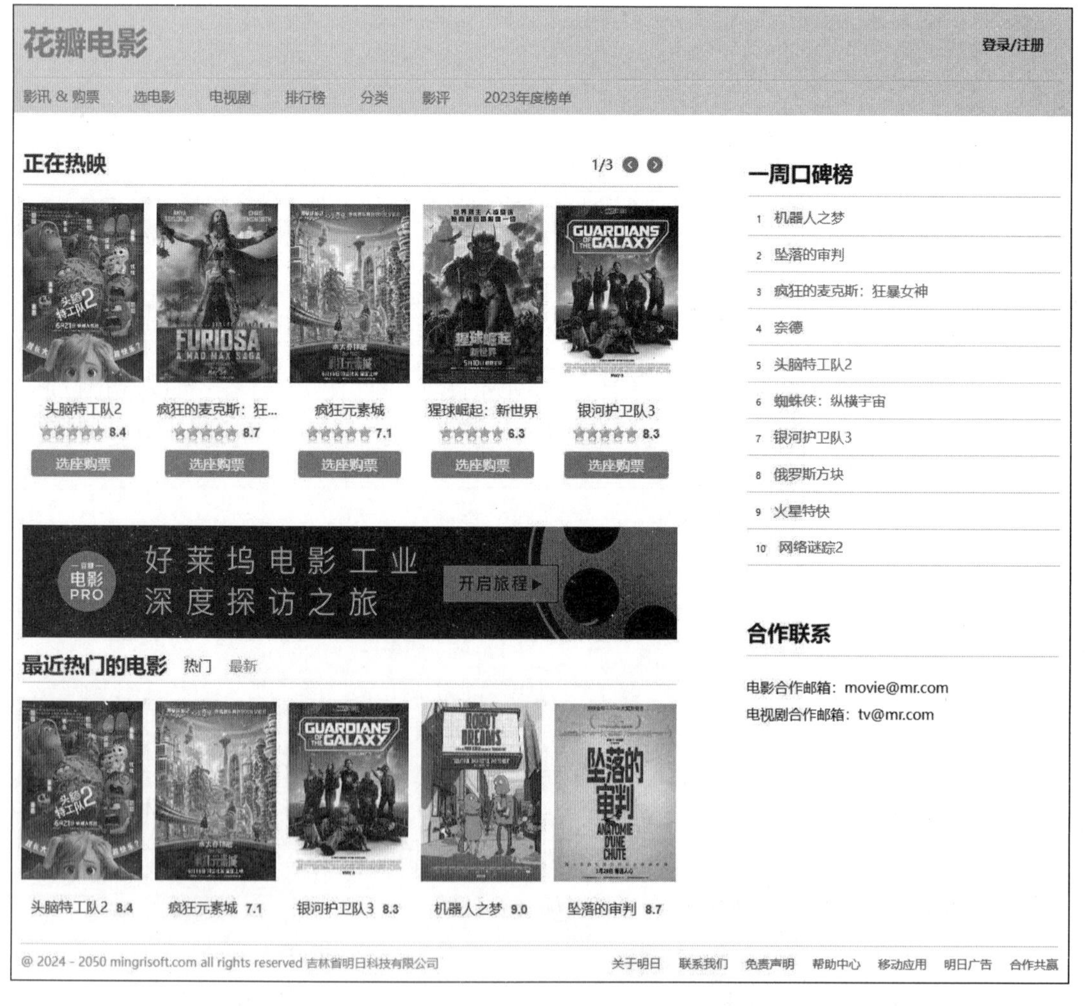

图 7.25　花瓣电影评分网主页

在网站主页中，单击电影图片或电影名称可以进入电影信息页面。例如，电影《头脑特工队 2》的电影信息页面的效果如图 7.10 所示。如果用户已登录，在电影信息页面可以对电影做出评价。

7.10 源码下载

虽然本章详细地讲解了如何编码实现“花瓣电影评分网”的各个功能，但给出的代码都是代码片段。为了方便读者学习，本书提供了完整的项目源码，扫描右侧二维码即可下载。

第8章 明日书店网上商城

——sessionStorage + 正则表达式 + insertAdjacentHTML()方法

网络购物已经不再是什么新鲜事物，当今无论是企业，还是个人，都可以很方便地在网上交易商品。比如在淘宝上开网店，在微信上做微店等。本章将使用 JavaScript 中的 sessionStorage、正则表达式和 insertAdjacentHTML()方法等技术，开发一个图书电子商城项目——明日书店网上商城。

本项目的核心功能及实现技术如下：

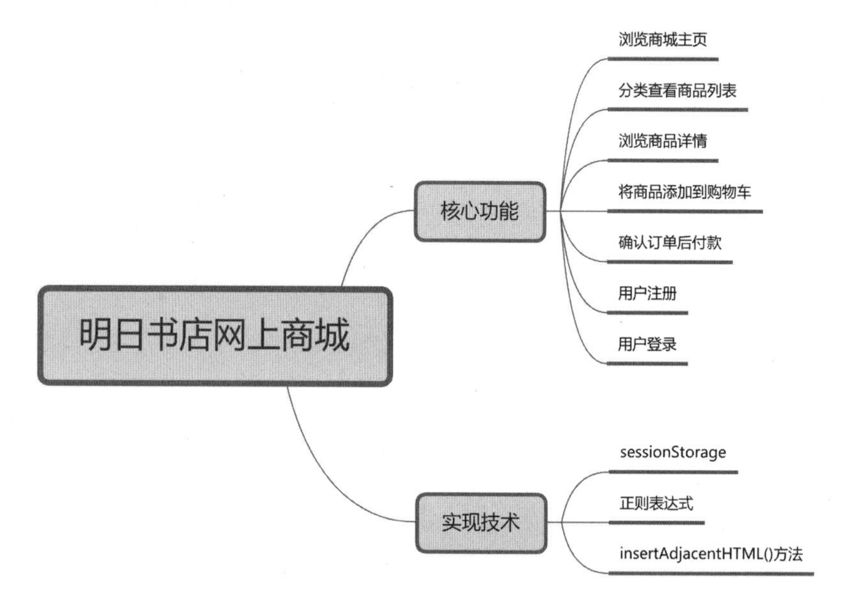

8.1 开发背景

随着互联网的快速发展，电子商城应运而生，网上购物已经成为一种生活常态。同传统购物相比，网上购物有着更加便捷的优势，加上如今配套物流的建设，网上支付技术的完善，使消费者足不出户就可以买到自己需要的商品，享受安全便捷的购物过程。因此越来越多的人开始在网上购物。在生活节奏越来越快的今天，人们需要更多的休息时间，而网上购物可以给人们带来轻松感，让每个人享受购物的快乐。在众多购物网站中，有的购物网站是综合性的，而有的购物网站只经营某一类商品。本章将使用 sessionStorage、正则表达式和 insertAdjacentHTML()方法开发一个图书商城项目，项目包含了电子商务网站最基本的页面结构和功能，其实现目标如下：

☑ 通过网站主页展示促销活动和推荐图书商品。

☑ 通过商品列表页面分页展示不同分类的图书列表。

- ☑ 通过商品详情页面展示图书的详细信息。
- ☑ 将商品添加到购物车。
- ☑ 通过购物车页面展示用户选择的图书商品。
- ☑ 通过付款页面展示收货地址和订单中的图书商品等内容。
- ☑ 通过注册和登录页面实现用户的注册和登录。

8.2 系统设计

8.2.1 开发环境

本项目的开发及运行环境如下：

- ☑ 操作系统：推荐 Windows 10、11 及以上，兼容 Windows 7（SP1）。
- ☑ 开发工具：WebStorm。
- ☑ 开发语言：JavaScript。

8.2.2 业务流程

在运行明日书店网上商城后，如果用户未注册或者已经注册但未登录，则只能查看商城中的商品，用户登录成功之后，除了可以查看商城中的商品之外，还可以执行将商品添加到购物车、更改购物车中的商品数量、查看订单和提交订单的操作。

本项目的业务流程如图 8.1 所示。

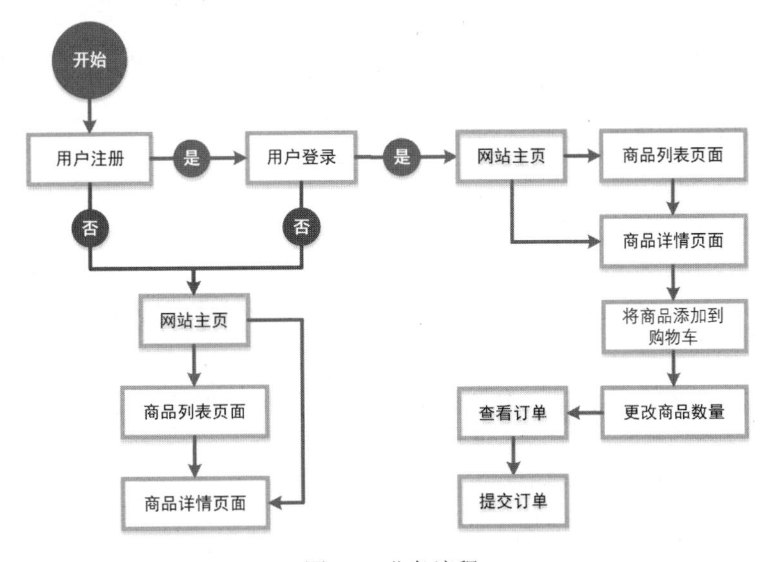

图 8.1 业务流程

8.2.3 功能结构

本项目的功能结构已经在章首页中给出，其实现的具体功能如下：

- ☑ 商城主页：主要展示广告轮播图、新书热卖榜、促销活动和推荐图书商品等信息。
- ☑ 商品列表页面：在该商城中提供了两种图书分类，一种是按编程语言进行分类，另一种是按图书系列进行分类。在商品列表页面选择某个分类，下方会以列表的方式分页展示对应的图书列表。
- ☑ 商品详情页面：详细地展示具体的图书商品信息，包括图书商品本身的介绍、购买商品后的评价、相似商品的推荐等内容。
- ☑ 购物车页面：购物车页面详细记录了已添加图书商品的价格和数量等内容，还可以进行更改商品数量和删除商品的操作。
- ☑ 付款页面：包含用户常用收货地址和订单信息等内容。
- ☑ 注册和登录页面：在用户注册或登录时对提交的表单信息进行验证。

8.3 技术准备

8.3.1 技术概览

在开发明日书店网上商城时应用了 JavaScript 中的正则表达式等技术。下面将简述本项目所用的正则表达式及其具体作用。

正则表达式描述了一种字符串的匹配模式，即通过使用一系列普通字符和特殊字符来构建能够明确描述文本字符串的匹配模式，可以用来检查一个字符串是否含有某子字符串、对匹配的子字符串进行替换或者从某个字符串中取出符合某个条件的子字符串等。

正则表达式的语法格式如下：

```
/匹配对象的模式/
```

其中，位于“/”定界符之间的部分就是将在目标对象中进行匹配的模式。用户只要把希望查找的匹配对象的模式内容放入“/”定界符之间即可。

例如，在字符串 abcde 中查找匹配模式 bcd，代码如下：

```
/bcd/
```

在 JavaScript 中，正则表达式是由 RegExp 对象表示的。利用 RegExp 对象可以完成有关正则表达式的操作。在本项目中，在对用户注册信息进行验证时主要应用了 RegExp 对象中的 test()方法。

test()方法返回一个 Boolean 值，指出在被查找的字符串中是否存在指定的模式。test()方法的语法格式如下：

```
rgexp.test(str)
```

- ☑ rgexp：必选项，表示包含正则表达式模式或可用标志的正则表达式对象。
- ☑ str：必选项，表示要在其上测试查找的字符串。

例如，应用 test()方法查询指定字符串是否存在，代码如下：

```
var str="JavaScript 从入门到精通";
//查找"JavaScript"
var patt=/JavaScript/g;
var result=patt.test(str);
document.write("返回值: " +   result);
//查找 "零基础"
patt=/零基础/g;
result=patt.test(str);
document.write("<br>返回值: " +   result);
```

运行结果为：

```
返回值: true
返回值: false
```

有关正则表达式的基础知识在《JavaScript 从入门到精通（第 5 版）》中有详细的讲解，对这些知识不太熟悉的读者可以参考该书对应的内容。下面将对 sessionStorage 和 insertAdjacentHTML()方法进行必要介绍，以确保读者可以顺利完成本项目。

8.3.2 sessionStorage

1. 什么是 sessionStorage

sessionStorage 是 HTML5 新增的一个会话存储对象，用于临时保存同一窗口（或标签页）的数据，在关闭窗口或标签页之后将会删除这些数据。

sessionStorage 的特点如下：

☑ 同源策略限制：若想在不同页面之间对同一个 sessionStorage 进行操作，这些页面必须在同一协议、同一主机名和同一端口下。

☑ 单标签页限制：sessionStorage 操作限制在单个标签页中，在此标签页进行同源页面访问都可以共享 sessionStorage 数据。

☑ 只在本地存储：sessionStorage 的数据不会跟随 HTTP 请求一起发送到服务器，只会在本地生效，在关闭标签页后会清除数据。

☑ 存储方式：sessionStorage 的存储方式采用 key（键）、value（值）的方式。value 的值必须是字符串类型。

☑ 存储上限限制：不同的浏览器存储的上限也不一样，大多数浏览器将上限设置为 5MB。

2. sessionStorage 常用属性和方法

☑ setItem(key, value)方法：设置 key 的值为 value。key 的类型是字符串类型。value 可以是包括字符串、布尔值、整数或者浮点数在内的任意 JavaScript 支持的类型。但是，最终数据是以字符串类型存储的。如果指定的 key 已经存在，那么新传入的数据会覆盖原来的数据。例如，使用 sessionStorage 对象保存键为 userId、值为 1 的数据，代码如下：

```
sessionStorage.setItem("userId", "1");
```

☑ length 属性：获得 sessionStorage 中保存的数据项（item）的个数。例如，想要获取 sessionStorage 中存储的数据项的个数，可以使用下面的代码：

```
sessionStorage.length;
```

☑ key(index)方法：返回某个索引（从 0 开始计数）对应的 key，即 sessionStorage 中的第 index 个数据项的键。例如，想要获取 sessionStorage 中索引为 2 的数据项的键，可以使用下面的代码：

```
sessionStorage.key(2);
```

☑ getItem(key)方法：返回指定 key 的值，即存储的内容，类型为 String 字符串类型。如果传入的 key 不存在，那么会返回 null，而不会抛出异常。例如，想要获取 sessionStorage 中 key 为 userId 的数据项的值，可以使用下面的代码：

```
sessionStorage.getItem("userId");
```

☑ removeItem(key)方法：从存储列表删除指定 key（包括对应的值）。例如，想要删除 sessionStorage

中 key 为 userId 的数据项，可以使用下面的代码：

```
sessionStorage.removeItem("userId");
```

☑ clear()方法：清空 sessionStorage 的全部数据项。例如，想要清空 sessionStorage 中的数据项，可以使用下面的代码：

```
sessionStorage.clear();
```

说明

sessionStorage 只能存储字符串类型的数据。如果要存储对象或数组，可以通过 JSON.stringify()方法将 JavaScript 对象转化成字符串再进行存储。在获取数据时，需要使用 JSON.parse()方法将获取的字符串转换成 JavaScript 对象。

8.3.3 insertAdjacentHTML()方法

insertAdjacentHTML()方法用于将文本解析为 element 元素，并将结果节点插入 DOM 树中的指定位置。该方法的语法格式如下：

```
element.insertAdjacentHTML(position, HTMLText)
```

☑ position：一个字符串，表示插入的节点相对于元素的位置。可选值有 4 个，beforebegin 表示在元素之前插入节点，afterbegin 表示在元素的第一个子元素之前插入节点，beforeend 表示在元素的最后一个子元素之后插入节点，afterend 表示在元素之后插入节点。

☑ HTMLText：一个字符串，表示要插入的 HTML 内容。

例如，使用 insertAdjacentHTML()方法向列表中的不同位置插入不同的 HTML 内容，代码如下：

```
<ul id="list">
    <li>CSS3</li>
</ul>
<script>
    var list = document.querySelector('#list');
    list.insertAdjacentHTML('beforebegin', '<h2>Web 前端必备技能</h2>');
    list.insertAdjacentHTML('afterbegin', '<li>HTML5</li>');
    list.insertAdjacentHTML('beforeend', '<li>JavaScript</li>');
    list.insertAdjacentHTML('afterend', '<p>更多前端框架等你学习</p>');
</script>
```

Web前端必备技能

- HTML5
- CSS3
- JavaScript

更多前端框架等你学习

图 8.2　运行效果图

运行效果如图 8.2 所示。

8.4　主页的设计与实现

8.4.1　主页的设计

在越来越重视用户体验的今天，主页的设计非常重要和关键。视觉效果优秀的界面设计和方便个性化的使用体验，会让用户印象深刻，流连忘返。因此，明日书店网上商城的主页中特别设计了广告轮播图、新书热卖榜、促销活动和推荐图书商品等内容。主页的界面效果如图 8.3 所示。

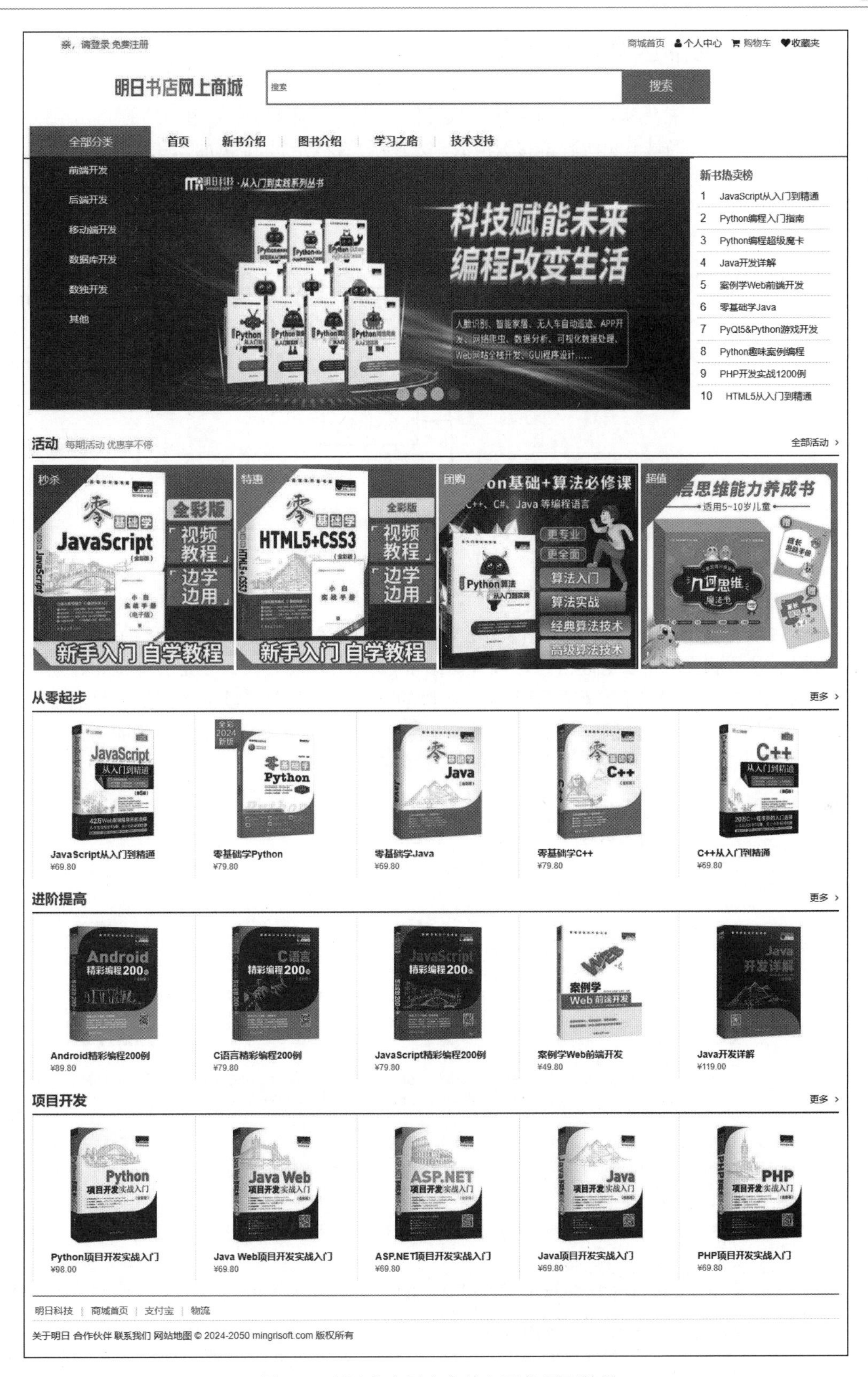

图 8.3 明日书店网上商城主页的界面效果

8.4.2 顶部区和底部区功能的实现

根据由简到繁的原则，首先实现网站顶部区和底部区的功能。顶部区主要由网站的 logo 图片、搜索框和导航菜单（登录、注册和商城首页等超链接）组成，方便用户跳转到其他页面。底部区由导航栏和网站制作团队相关信息等组成。功能实现后的界面如图 8.4 所示。

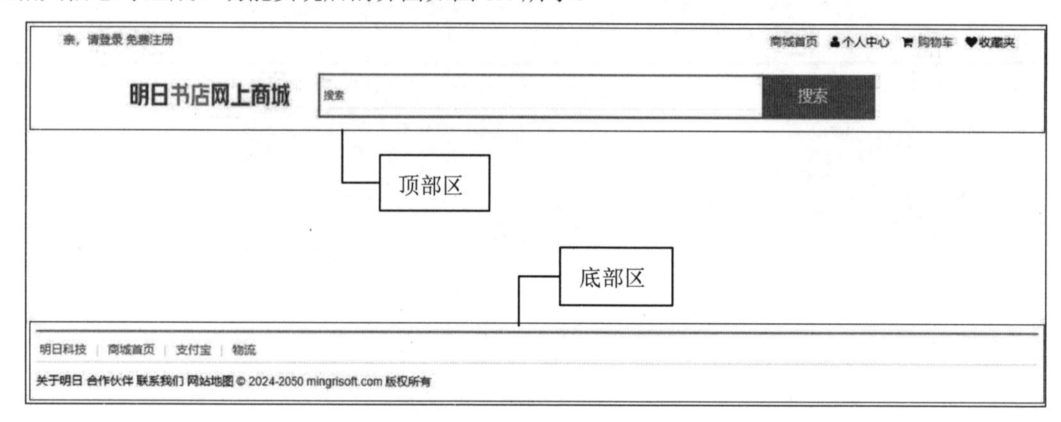

图 8.4　网站顶部区和网站底部区

具体实现步骤如下。

（1）在项目文件夹下新建 index.html 文件。在文件中编写代码，实现网站顶部区的功能。在<div>标签中分别定义登录、注册和商城首页等超链接，以及网站 logo 图片和搜索框。在定义登录和注册超链接时需要判断用户是否已登录，如果未登录就显示登录和注册的超链接，否则就显示欢迎信息和退出登录的超链接。在输出购物车中的商品数量时同样需要判断用户是否已登录，如果用户未登录，则购物车中的商品数量显示为空，否则就显示购物车中的商品数量。关键代码如下：

```
<div class="hmtop">
    <!--顶部导航条 -->
    <div class="mr-container header">
        <ul class="message-l">
            <div class="topMessage">
                <div class="menu-hd">
                    <script>
                        if(!sessionStorage.getItem('user')){
                            //如果用户未登录就显示该超链接
                            document.write('<a href="login.html" target="_top" class="h" style="color: red">亲，请登录
                            </a>');
                        }else{
                            //如果用户已登录就显示欢迎信息和“退出登录”超链接
                            document.write('<span style="color: green">'+sessionStorage.getItem('user')+'，欢迎您  <a
                            onclick="logout()" style="cursor: pointer;color: red">退出登录</a></span>');
                        }
                    </script>
                    <a href="register.html" target="_top" style="color: red">免费注册</a>
                </div>
            </div>
        </ul>
        <ul class="message-r">
            <div class="topMessage home">
                <div class="menu-hd"><a href="index.html" target="_top" class="h" style="color:red">商城首页</a></div>
            </div>
            <div class="topMessage my-shangcheng">
                <div class="menu-hd MyShangcheng"><a href="#" target="_top"><i class="mr-icon-user mr-icon-fw"></i>个
                人中心</a>
                </div>
```

```
            </div>
            <div class="topMessage mini-cart">
                <div class="menu-hd">
                    <a id="mc-menu-hd" href="shopCart.html" target="_top">
                        <i class="mr-icon-shopping-cart  mr-icon-fw" ></i>
                        <span style="color:red">购物车</span>
                        <strong id="J_MiniCartNum" class="h"></strong>
                    </a>
                </div>
            </div>
            <div class="topMessage favorite">
                <div class="menu-hd"><a href="#" target="_top"><i class="mr-icon-heart mr-icon-fw"></i><span>收藏夹
            </span></a>
                </div>
        </ul>
    </div>
    <script>
        var J_MiniCartNum = document.getElementById("J_MiniCartNum");
        if(!sessionStorage.getItem('user')){
            //如果用户未登录，购物车中的商品数量显示为空
            J_MiniCartNum.innerHTML = "";
        }else{
            //如果用户已登录，就显示购物车中的商品数量
            var cartList = sessionStorage.getItem('cartList')?JSON.parse(sessionStorage.getItem('cartList')):[];
            J_MiniCartNum.innerHTML = cartList.length.toString();
        }
    </script>
    <!--悬浮搜索框-->
    <div class="nav white">
        <div class="logo"><a href="index.html"><img src="images/logo.png"/></a></div>
        <div class="logoBig">
            <li><img src="images/logobig.png"/></li>
        </div>
        <div class="search-bar pr">
            <a name="index_none_header_sysc" href="#"></a>
            <form>
                <input id="searchInput" name="index_none_header_sysc" type="text" placeholder="搜索" autocomplete=
            "off">
                <input id="ai-topsearch" class="submit mr-btn" value="搜索" index="1" type="submit">
            </form>
        </div>
    </div>
    <div class="clear"></div>
</div>
```

（2）实现网站底部区的功能。首先通过<p>标签和<a>标签实现底部的导航栏。然后使用<p>段落标签，显示“关于明日”“合作伙伴”和“联系我们”等，以及网站制作团队相关信息。代码如下：

```
<div class="footer ">
    <div class="footer-hd ">
        <p>
            <a href="http://www.mingrisoft.com/" target="_blank">明日科技</a>
            <b>|</b>
            <a href="index.html">商城首页</a>
            <b>|</b>
            <a href="#">支付宝</a>
            <b>|</b>
            <a href="#">物流</a>
        </p>
    </div>
    <div class="footer-bd ">
        <p>
            <a href="http://www.mingrisoft.com/Index/ServiceCenter/aboutus.html" target="_blank">关于明日</a>
            <a href="#">合作伙伴</a>
            <a href="#">联系我们</a>
```

```
            <a href="#">网站地图</a>
            <em>© 2024-2050 mingrisoft.com 版权所有</em>
        </p>
    </div>
</div>
```

8.4.3 轮播图功能的实现

轮播图功能根据固定的时间间隔，动态地显示或隐藏轮播图片，引起用户的关注和注意。轮播图片一般都是系统推荐的最新商品的图片。界面效果如图 8.5 所示。

具体实现步骤如下。

（1）编写轮播图的 HTML 代码。在<div>标签中使用<ul>标签和<li>标签引入 4 张轮播图，再使用<ul>标签和<li>标签定义用于切换图片的圆形按钮。关键代码如下：

```
<div class="banner">
    <div>
        <div id="box">
            <ul id="imagesUl" class="list">
                <li class="current" style="opacity: 1;"><img src="images/ad1.jpg"></li>
                <li style="opacity: 0;"><img src="images/ad2.jpg" ></li>
                <li style="opacity: 0;"><img src="images/ad3.jpg" ></li>
                <li style="opacity: 0;"><img src="images/ad4.jpg" ></li>
            </ul>
            <ul id="btnUl" class="count">
                <li class="current"></li>
                <li class=""></li>
                <li class=""></li>
                <li class=""></li>
            </ul>
        </div>
    </div>
    <div class="clear"></div>
</div>
```

图 8.5　主页轮播图的界面效果

（2）编写播放轮播图的 JavaScript 代码。首先获取图片和圆形按钮所在的元素，定义用于自动轮播图片的 autoPlay()函数，然后在 autoPlay()函数中调用控制图片显示或隐藏的 show()函数。最后编写 show()函数的逻辑代码，根据设置的图片不透明度，显示或隐藏对应的图片。关键代码如下：

```
<script>
    var box = document.getElementById('box');                    //获取轮播图显示区域
    var imagesUl = document.getElementById('imagesUl');          //获取图片所在 ul 元素
```

```
    var btnUl = document.getElementById('btnUl');              //获取按钮所在 ul 元素
    var imgs = imagesUl.getElementsByTagName('li');            //获取图片所在 li 元素
    var btn = btnUl.getElementsByTagName('li');                //获取按钮所在 li 元素
    var i = index = 0;                                         //中间量，统一声明
    var play = null;
    //自动轮播方法
    function autoPlay(){
        play = setInterval(function(){                         //设置定时器
            index++;
            index >= imgs.length && (index = 0);
            show(index);
        },3000)
    }
    autoPlay();
    //div 的鼠标移入移出事件
    box.onmouseover = function(){
        clearInterval(play);
    };
    box.onmouseout = function(){
        autoPlay();
    };
    //图片切换方法
    function show(a){
        for(i = 0;i < btn.length;i++ ){
            btn[i].className = '';                             //删除数字按钮类名
            btn[a].className = 'current';                      //为当前数字按钮添加类名
        }
        for(i = 0;i < imgs.length;i++){
            imgs[i].style.opacity = 0;                         //不显示图片
            imgs[a].style.opacity = 1;                         //显示当前数字按钮对应图片
        }
    }
    //切换按钮功能
    for(i = 0;i < btn.length;i++){
        btn[i].index = i;                                      //设置数字按钮索引
        btn[i].onmouseover = function(){
            show(this.index);                                  //调用函数显示对应图片
            clearInterval(play);                               //清除定时器
        }
    }
    function logout(){
        if(window.confirm("确定退出登录吗？")){
            sessionStorage.setItem('user','');                 //将保存的用户名设置为空
            window.location.href = 'index.html';               //跳转到首页
        }else{
            return false;
        }
    }
</script>
```

8.4.4 新书热卖榜功能的实现

轮播图的右侧显示的是新书热卖榜，在新书热卖榜中展示了排名前十位的热卖图书名称。界面效果如图 8.6 所示

具体实现步骤如下。

（1）编写新书热卖榜的 HTML 代码。在<div>标签中使用<span>标签定义新书热卖榜的标题，使用<ul>标签设置新书热卖榜显示的具体内容。关键代码如下：

```
<div class="marqueen">
    <span class="marqueen-title">新书热卖榜</span>
    <div class="demo">
```

新书热卖榜

1 JavaScript从入门到精通
2 Python编程入门指南
3 Python编程超级魔卡
4 Java开发详解
5 案例学Web前端开发
6 零基础学Java
7 PyQt5&Python游戏开发
8 Python趣味案例编程
9 PHP开发实战1200例
10 HTML5从入门到精通

图 8.6 新书热卖榜的界面效果

```
            <ul></ul>
        </div>
</div>
```

（2）编写新书热卖榜的 JavaScript 代码。首先定义新书热卖榜中的图书名称列表，然后遍历图书名称列表，在遍历时使用 insertAdjacentHTML()方法将排名和图书名称添加到指定元素中。关键代码如下：

```
<script>
    //新书热卖榜图书名称列表
    var ranking = ["JavaScript 从入门到精通","Python 编程入门指南","Python 编程超级魔卡","Java 开发详解",
"案例学 Web 前端开发","零基础学 Java","PyQt5&Python 游戏开发","Python 趣味案例编程",
"PHP 开发实战 1200 例","HTML5 从入门到精通"];
    var demo = document.querySelector(".demo");
    for(var i = 0; i < ranking.length; i++){
        var html = `
            <li>
                <a href="shopInfo-1.html">
                    <span>${i + 1}</span>${ranking[i]}
                </a>
            </li>
        `;
        //将排名和书名添加到指定元素中
        demo.querySelector("ul").insertAdjacentHTML("beforeend", html);
    }
</script>
```

8.4.5 商品推荐功能的实现

商品推荐功能是明日书店网上商城的主要商品促销形式，此功能可以动态显示推荐的商品信息，包括商品的缩略图、商品名称和价格等内容。在商品推荐区域，从 3 个方面展示了不同用户需求的图书商品。界面效果如图 8.7 所示。

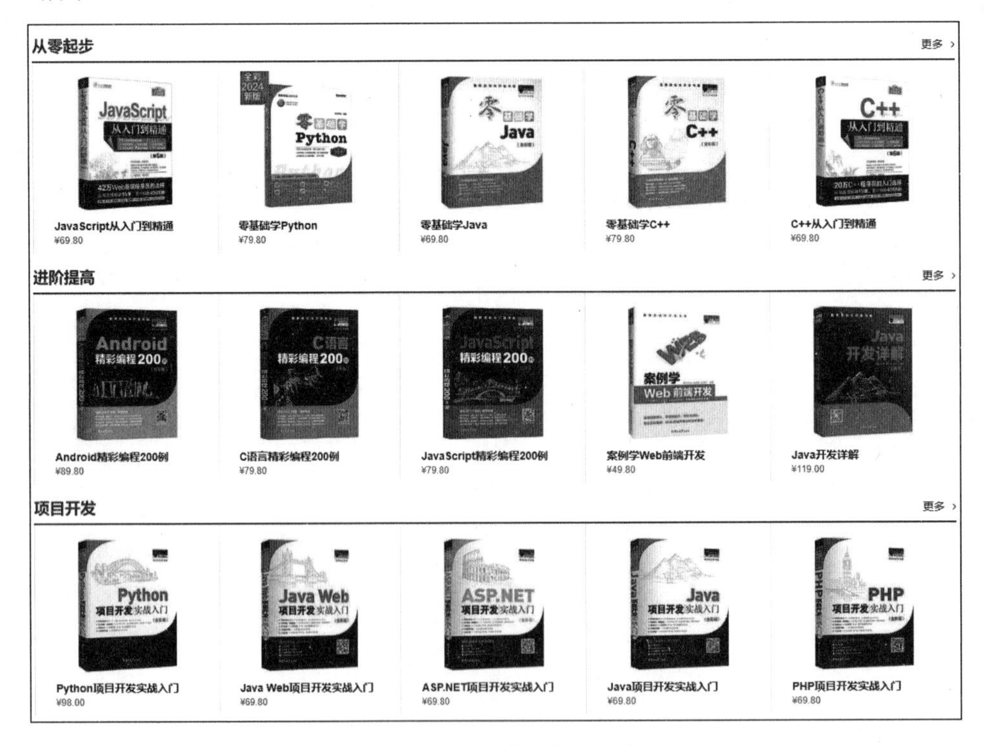

图 8.7　商品推荐功能的界面效果

具体实现步骤如下。

编写商品推荐功能的 HTML 代码。新建 3 个<div>标签，在标签中分别添加“从零起步”“进阶提高”“项目开发”3 个方面的图书商品信息，包括商品缩略图、商品名称和商品价格等内容。关键代码如下：

```
<div id="f1">
    <div class="mr-container ">
        <div class="shopTitle ">
            <h4>从零起步</h4>
            <span class="more ">
                <a href="shopList.html">更多<i class="mr-icon-angle-right" style="padding-left:10px ;"></i></a>
            </span>
        </div>
    </div>
    <div class="mr-g mr-g-fixed floodFive ">
        <div class="mr-u-sm-7 mr-u-md-5 mr-u-lg-2 text-two">
            <div class="outer-con ">
                <div class="title ">
                    JavaScript 从入门到精通
                </div>
                <div class="sub-title ">
                    ¥69.80
                </div>
            </div>
            <a href="shopInfo-1.html"><img src="images/books/book12.jpg"/></a>
        </div>
        <div class="mr-u-sm-7 mr-u-md-5 mr-u-lg-2 text-two">
            <div class="outer-con ">
                <div class="title ">
                    零基础学 Python
                </div>
                <div class="sub-title ">
                    ¥79.80
                </div>
            </div>
            <a href="shopInfo-2.html "><img src="images/books/book03.jpg"/></a>
        </div>
        <div class="mr-u-sm-7 mr-u-md-5 mr-u-lg-2 text-two">
            <div class="outer-con ">
                <div class="title ">
                    零基础学 Java
                </div>
                <div class="sub-title ">
                    ¥69.80
                </div>
            </div>
            <a href="shopInfo-1.html "><img src="images/books/book01.jpg "/></a>
        </div>
        <div class="mr-u-sm-7 mr-u-md-5 mr-u-lg-2 text-two">
            <div class="outer-con ">
                <div class="title ">
                    零基础学 C++
                </div>
                <div class="sub-title ">
                    ¥79.80
                </div>
            </div>
            <a href="shopInfo-1.html"><img src="images/books/book02.jpg"/></a>
        </div>
        <div class="mr-u-sm-7 mr-u-md-5 mr-u-lg-2 text-two">
```

```
                <div class="outer-con ">
                    <div class="title ">
                        C++从入门到精通
                    </div>
                    <div class="sub-title ">
                        ¥69.80
                    </div>
                </div>
                <a href="shopInfo-1.html"><img src="images/books/book13.jpg"/></a>
            </div>
        </div>
        <div class="clear "></div>
</div>
<div id="f2">
        <div class="mr-container ">
            <div class="shopTitle ">
                <h4>进阶提高</h4>
                <span class="more ">
                    <a href="shopList.html ">更多<i class="mr-icon-angle-right" style="padding-left:10px ;"></i></a>
                </span>
            </div>
        </div>
        <div class="mr-g mr-g-fixed floodFour">
            <div class="mr-u-sm-7 mr-u-md-4 text-two">
                <div class="outer-con ">
                    <div class="title ">
                        Android 精彩编程 200 例
                    </div>
                    <div class="sub-title ">
                        ¥89.80
                    </div>
                </div>
                <a href="shopInfo-1.html"><img src="images/books/book15.jpg"/></a>
            </div>
            <div class="mr-u-sm-7 mr-u-md-4 text-two">
                <div class="outer-con ">
                    <div class="title ">
                        C 语言精彩编程 200 例
                    </div>
                    <div class="sub-title ">
                        ¥79.80
                    </div>
                </div>
                <a href="shopInfo-1.html"><img src="images/books/book17.jpg"/></a>
            </div>
            <div class="mr-u-sm-7 mr-u-md-4 text-two">
                <div class="outer-con ">
                    <div class="title ">
                        JavaScript 精彩编程 200 例
                    </div>
                    <div class="sub-title ">
                        ¥79.80
                    </div>
                </div>
                <a href="shopInfo-1.html "><img src="images/books/book19.jpg"/></a>
            </div>
            <div class="mr-u-sm-7 mr-u-md-4 text-two">
                <div class="outer-con ">
                    <div class="title ">
                        案例学 Web 前端开发
```

```
                </div>
                <div class="sub-title ">
                    ¥49.80
                </div>
            </div>
            <a href="shopInfo-1.html"><img src="images/books/book20.jpg"/></a>
        </div>
        <div class="mr-u-sm-7 mr-u-md-4 text-two">
            <div class="outer-con ">
                <div class="title ">
                    Java 开发详解
                </div>
                <div class="sub-title ">
                    ¥119.00
                </div>
            </div>
            <a href="shopInfo-1.html"><img src="images/books/book21.jpg"/></a>
        </div>
    </div>
    <div class="clear "></div>
</div>
<div id="f3">
    <div class="mr-container ">
        <div class="shopTitle ">
            <h4>项目开发</h4>
            <span class="more ">
                <a href="shopList.html">更多<i class="mr-icon-angle-right" style="padding-left:10px ;"></i></a>
            </span>
        </div>
    </div>
    <div class="mr-g mr-g-fixed floodFive ">
        <div class="mr-u-sm-7 mr-u-md-5 mr-u-lg-2 text-two">
            <div class="outer-con ">
                <div class="title ">
                    Python 项目开发实战入门
                </div>
                <div class="sub-title ">
                    ¥98.00
                </div>
            </div>
            <a href="shopInfo-1.html"><img src="images/books/book23.jpg "/></a>
        </div>
        <div class="mr-u-sm-7 mr-u-md-5 mr-u-lg-2 text-two">
            <div class="outer-con ">
                <div class="title ">
                    Java Web 项目开发实战入门
                </div>
                <div class="sub-title ">
                    ¥69.80
                </div>
            </div>
            <a href="shopInfo-1.html"><img src="images/books/book24.jpg"/></a>
        </div>
        <div class="mr-u-sm-7 mr-u-md-5 mr-u-lg-2 text-two">
            <div class="outer-con ">
                <div class="title ">
                    ASP.NET 项目开发实战入门
                </div>
                <div class="sub-title ">
```

```
                ¥69.80
            </div>
        </div>
        <a href="shopInfo-1.html"><img src="images/books/book25.jpg"/></a>
    </div>
    <div class="mr-u-sm-7 mr-u-md-5 mr-u-lg-2 text-two">
        <div class="outer-con ">
            <div class="title ">
                Java 项目开发实战入门
            </div>
            <div class="sub-title ">
                ¥69.80
            </div>
        </div>
        <a href="shopInfo-1.html "><img src="images/books/book26.jpg"/></a>
    </div>
    <div class="mr-u-sm-7 mr-u-md-5 mr-u-lg-2 text-two">
        <div class="outer-con ">
            <div class="title ">
                PHP 项目开发实战入门
            </div>
            <div class="sub-title ">
                ¥69.80
            </div>
        </div>
        <a href="shopInfo-1.html"><img src="images/books/book27.jpg"/></a>
    </div>
  </div>
  <div class="clear "></div>
</div>
```

说明

鼠标滑入某商品图片时，图片会呈现闪动效果，引起读者的注意和兴趣。

8.5 商品列表页面的设计与实现

8.5.1 商品列表页面的设计

商品列表页面是电子商城通用的功能页面。在明日书店网上商城的主页中，单击商品推荐区域的“更多”超链接可以进入商品列表页面。在商品列表页面分页展示了所有图书商品列表。可以通过两种分类对图书商品进行检索，一种是按编程语言进行分类，另一种是按图书系列进行分类。单击不同的分类，下方会展示对应的图书商品列表。界面效果如图 8.8 所示。

8.5.2 分类选项功能的实现

商品分类选项功能，是电商网站通用的一个功能。可以进一步细化商品检索范围，方便用户快速挑选商品，提升用户使用体验。界面效果如图 8.9 所示。

图 8.8　商品列表页面效果

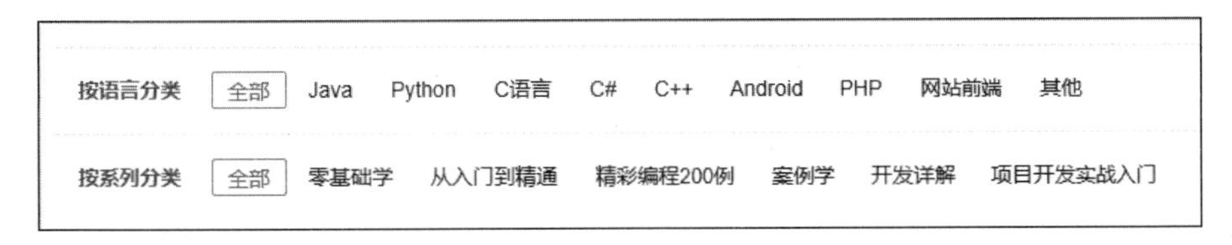

图 8.9　分类选项功能的界面效果

具体实现步骤如下。

在项目文件夹下新建 shopList.html 文件。在文件中编写实现分类选项功能的 HTML 代码。在<div>标签中添加<ul>标签，在<ul>标签中添加两个<li>标签，在<li>标签中定义两种分类选项。其中 class 属性值 selected，表示当前选中项目的样式为白底红色。关键代码如下：

```
<div class="theme-popover">
    <ul class="select">
        <li class="select-list">
            <dl id="select1">
                <dt class="mr-badge mr-round">
                    按语言分类
                </dt>
                <div class="dd-conent">
                    <dd class="selected">
                        <a href="#">全部</a>
                    </dd>
                    <dd>
                        <a href="#">Java</a>
                    </dd>
                    <dd>
                        <a href="#">Python</a>
                    </dd>
                    <dd>
                        <a href="#">C 语言</a>
                    </dd>
                    <dd>
                        <a href="#">C#</a>
                    </dd>
                    <dd>
                        <a href="#">C++</a>
                    </dd>
                    <dd>
                        <a href="#">Android</a>
                    </dd>
                    <dd>
                        <a href="#">PHP</a>
                    </dd>
                    <dd>
                        <a href="#">网站前端</a>
                    </dd>
                    <dd>
                        <a href="#">其他</a>
                    </dd>
                </div>
            </dl>
        </li>
        <li class="select-list">
            <dl id="select2">
                <dt class="mr-badge mr-round">
                    按系列分类
                </dt>
                <div class="dd-conent">
                    <dd class="selected">
                        <a href="#">全部</a>
                    </dd>
                    <dd>
                        <a href="#">零基础学</a>
                    </dd>
                    <dd>
                        <a href="#">从入门到精通</a>
                    </dd>
                    <dd>
                        <a href="#">精彩编程 200 例</a>
                    </dd>
                    <dd>
                        <a href="#">案例学</a>
                    </dd>
                          <dd>
                        <a href="#">开发详解</a>
                    </dd>
                          <dd>
```

```
                <a href="#">项目开发实战入门</a>
            </dd>
        </div>
    </dl>
  </li>
</ul>
<div class="clear"></div>
</div>
```

8.5.3 商品列表区的实现

商品列表区由商品列表内容部分和分页部件部分构成。商品列表内容部分主要展示根据指定分类检索到的图书商品信息；分页部件部分显示图书商品列表的分页信息。界面效果如图 8.10 所示。

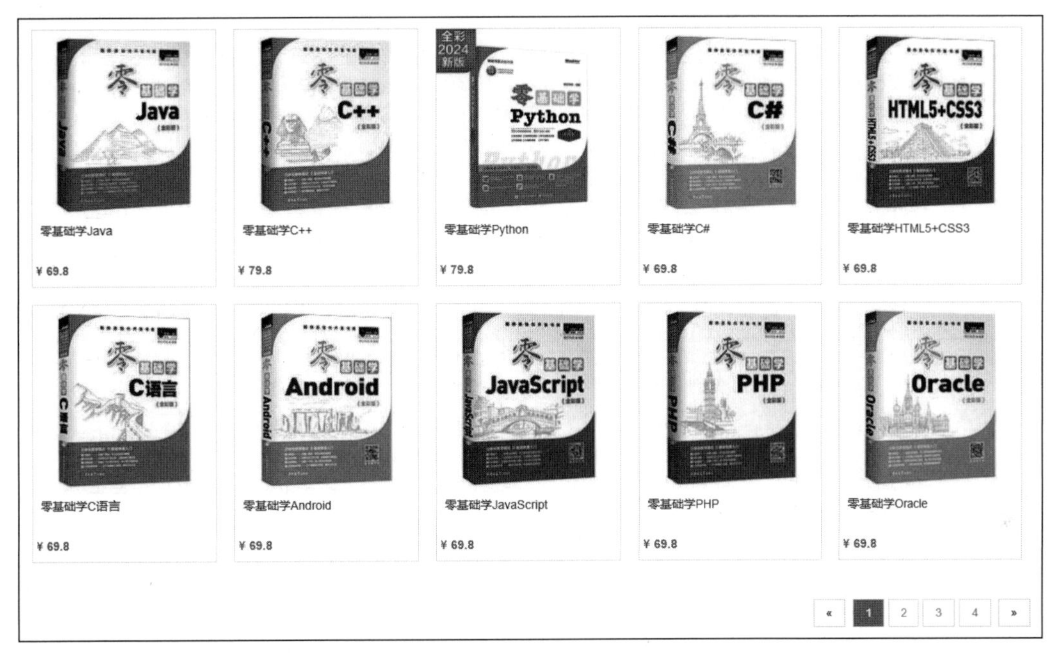

图 8.10 分页展示图书商品列表

具体实现步骤如下。

（1）编写商品列表区的 HTML 代码。定义两个<ul>标签，第一个<ul>标签用于显示图书商品列表，包括图书图片、图书名称和图书价格等信息，第二个<ul>标签用于显示分页部件。关键代码如下：

```
<div class="search-content">
    <div class="sort">
        <li class="first"><a title="综合">综合排序</a></li>
        <li><a title="销量">销量排序</a></li>
        <li><a title="价格">价格优先</a></li>
        <li class="big"><a title="评价" href="#">评价为主</a></li>
    </div>
    <div class="clear"></div>
    <ul id="show" class="mr-avg-sm-2 mr-avg-md-3 mr-avg-lg-4 boxes"></ul>
</div>
<div class="clear"></div>
<!--分页 -->
<ul class="mr-pagination mr-pagination-right">
    <li id="prev"><a href="#">&laquo;</a></li>
    <li>
        <ul id="num"></ul>
```

```
    </li>
    <li id="next"><a href="#">&raquo;</a></li>
</ul>
```

（2）在项目文件夹下新建 json 文件夹，在该文件夹下新建 data.js 文件，在该文件中编写用于保存图书商品信息的 JSON 数据。

（3）编写实现分页展示图书商品列表的 JavaScript 代码。首先引入 data.js 文件，然后分别对语言分类和系列分类进行遍历，单击某个分类时分页展示该分类下的图书商品列表。接下来分别定义变量和函数。其中，setPage()函数用于设置分页部件中的页码，单击某个页码时调用 page()函数显示对应的图书商品列表，prevPage()函数用于显示上一页的图书商品列表，nextPage()函数用于显示下一页的图书商品列表。page()函数用于显示当前页的图书商品列表。代码如下：

```
<script src="json/data.js"></script>
<script>
    var bookList = Data;
    window.onload = function (){
        var types = document.getElementById("select1").getElementsByTagName("dd");
        var series = document.getElementById("select2").getElementsByTagName("dd");
        for(var i = 0; i < types.length; i++){
            types[i].onclick = function (){
                var t = this;
                //删除所有图书系列类型的 selected 类
                for(var n = 0; n < series.length; n++){
                    series[n]?.classList.remove("selected");
                }
                series[0].classList.add("selected");                    //添加第一个图书系列类型的 selected 类
                //删除所有图书语言类型的 selected 类
                for(var j = 0; j < types.length; j++){
                    types[j]?.classList.remove("selected");
                }
                this.classList.add("selected");                         //添加当前图书语言类型的 selected 类
                if(this.innerText === "全部"){
                    bookList = Data;
                }else{
                    bookList = Data.filter(function (item){
                        return item.book_type === t.innerText;
                    })
                }
                setPage();                                              //设置页码
                page(curPage);                                          //显示当前页数据
            }
        }
        for(var m = 0; m < series.length; m++){
            series[m].onclick = function (){
                var t = this;
                //删除所有图书语言类型的 selected 类
                for(var j = 0; j < types.length; j++){
                    types[j]?.classList.remove("selected");
                }
                types[0].classList.add("selected");                     //添加第一个图书语言类型的 selected 类
                //删除所有图书系列类型的 selected 类
                for(var n = 0; n < series.length; n++){
                    series[n]?.classList.remove("selected");
                }
                this.classList.add("selected");                         //添加当前图书系列类型的 selected 类
                if(this.innerText === "全部"){
                    bookList = Data;
                }else{
                    bookList = Data.filter(function (item){
                        return item.book_series === t.innerText;
                    })
                }
                setPage();                                              //设置页码
```

```
            page(curPage);                                      //显示当前页数据
        }
    }
    var curPage = 1;                                            //当前页码
    var pageSize = 10;                                          //每页显示的图书数量
    var totalPage = 0;                                          //总页数
    function setPage(){
        curPage = 1;                                            //设置当前页码为 1
        document.getElementById("num").innerHTML = "";          //清空页码
        totalPage = Math.ceil(bookList.length / pageSize);      //计算总页数
        for(var m = 1; m <= totalPage; m++){
            var li = document.createElement("li");
            li.innerHTML = m.toString();                        //数值转换为字符串
            li.onclick = function (){                           //单击页码时调用 page()函数实现分页显示
                page(parseInt(this.innerHTML));
            }
            document.getElementById("num").appendChild(li);     //添加 li 元素
        }
    }
    function prevPage(){
        curPage--;                                              //当前页码减 1
        page(curPage);                                          //调用 page()函数实现分页显示
    }
    function nextPage(){
        curPage++;                                              //当前页码加 1
        page(curPage);                                          //调用 page()函数实现分页显示
    }
    function page(n){
        curPage = n;                                            //当前页码
        var bookInfoStr = "";                                   //图书信息字符串
        var lis = document.getElementById("num").getElementsByTagName("li");
        for(var i = 0; i < lis.length; i++){
            if(curPage === i + 1){
                //设置当前页码的样式
                lis[i].style.backgroundColor = "#238BCE";
                lis[i].style.color = "#FFFFFF";
                lis[i].style.cursor = "auto";
            }else{
                //其他页码的样式
                lis[i].style.backgroundColor = "";
                lis[i].style.color = "";
                lis[i].style.cursor = "pointer";
            }
        }
        //如果当前页是第一页，设置上一页按钮禁用
        if(curPage === 1){
            document.getElementById("prev").style.pointerEvents = "none";
        }else{
            document.getElementById("prev").style.pointerEvents = "";
        }
        //如果当前页是最后一页，设置下一页按钮禁用
        if(curPage === totalPage){
            document.getElementById("next").style.pointerEvents = "none";
        }else{
            document.getElementById("next").style.pointerEvents = "";
        }
        var firstN = (curPage - 1) * pageSize;                  //当前页第一条数据索引
        var lastN = firstN + pageSize;                          //当前页最后一条数据索引
        var pageData = bookList.slice(firstN, lastN);           //当前页的图书数据
        for(var j = 0; j < pageData.length; j++){
            bookInfoStr += '<li>';
            bookInfoStr += '<div class="i-pic limit">';
            bookInfoStr += '<a href="shopInfo-1.html">';
            bookInfoStr += '<img src="' + pageData[j].book_pic + '">';
            bookInfoStr += '</a>';
            bookInfoStr += '<a href="shopInfo-1.html"><p class="title fl">' + pageData[j].book_name + '</p></a>';
```

```
                bookInfoStr += '<p class="price fl"> <b>&yen;</b> <strong>' +pageData[j].book_price+ '</strong> </p>';
                bookInfoStr += '</div>';
                bookInfoStr += '</li>';
            }
            document.getElementById("show").innerHTML = bookInfoStr;   //显示图书列表
        }
        setPage();                                                      //调用函数设置页码
        document.getElementById("prev").onclick = function (){
            prevPage();                                                 //上一页
        }
        document.getElementById("next").onclick = function (){
            nextPage();                                                 //下一页
        }
        page(curPage);                                                  //调用函数显示当前页图书商品列表
    }
</script>
```

8.6 商品详情页面的设计与实现

8.6.1 商品详情页面的设计

单击主页中的图书商品图片，或者单击图书商品列表中的图书图片或图书名称，可以进入商品详情页面。商品详情页面对用户而言，是至关重要的功能页面。商品详情页面的界面和功能直接影响用户的购买意愿。为此，明日书店网上商城设计并实现了一系列功能，包括图片放大镜效果、商品概要信息、宝贝详情和评价等功能。商品详情的界面效果如图 8.11 和图 8.12 所示。

图 8.11 商品详情页面的顶部效果

图 8.12 商品详情页面的底部效果

说明

为了实现将商品添加到购物车中的效果，本项目中设计了两个图书商品的商品详情页面 shopInfo-1.html 和 shopInfo-2.html。本节以 shopInfo-1.html 页面为例，讲解商品详情页面的实现过程。

8.6.2 图片放大镜效果的实现

在商品展示图区域底部有一个缩略图列表，当鼠标指向某个缩略图时，上方会显示对应的商品图片，当鼠标移入图片时，右侧会显示该图片对应区域的放大效果。界面的效果如图 8.13 所示。

图 8.13 图片放大镜效果

具体实现步骤如下。

（1）在项目文件夹下新建 shopInfo-1.html 文件。在文件中编写实现图片放大镜功能的 HTML 代码。在<div>标签中分别定义商品图片、图片放大工具、放大的图片和商品缩略图，通过在商品图片上触发 mouseenter 事件、mouseleave 事件和 mousemove 事件执行相应的函数。关键代码如下：

```
<div class="clearfixLeft" id="clearcontent">
    <div class="box">
        <div class="enlarge" onmouseenter="mouseEnter()" onmouseleave="mouseLeave()"
onMouseMove="mouseMove()">
            <img width="398" id="bigImg" src="images/01.jpg" title="细节展示放大镜特效">
            <span class="tool"></span>
            <div class="bigbox">
                <img src="images/01.jpg" class="bigimg">
            </div>
        </div>
        <ul class="tb-thumb" id="thumblist">
            <li class="selected">
                <div class="tb-pic">
                    <a href="javascript:void(0)"><img src="images/01_small.jpg"></a>
                </div>
            </li>
            <li>
                <div class="tb-pic">
                    <a href="javascript:void(0)"><img src="images/02_small.jpg"></a>
                </div>
            </li>
            <li>
                <div class="tb-pic">
                    <a href="javascript:void(0)"><img src="images/03_small.jpg"></a>
                </div>
            </li>
        </ul>
    </div>
    <div class="clear"></div>
</div>
```

（2）在<script>标签中编写鼠标在商品图片上移入、移出和移动时调用的函数。在 mouseEnter()函数中，设置图片放大工具和放大的图片的显示；在 mouseLeave()函数中，设置图片放大工具和放大的图片隐藏；在 mouseMove()函数中，通过元素的定位属性设置图片放大工具和放大的图片的位置，实现图片的放大效果。关键代码如下：

```
<script>
    var n = 0;                                                      //缩略图索引
    var bigImgUrl = [                                               //商品图片数组
        'images/01.jpg',
        'images/02.jpg',
        'images/03.jpg'
    ];
    var thumblist = document.getElementById("thumblist");           //获取缩略图所在 ul 元素
    var oLi = thumblist.getElementsByTagName("li");                 //获取缩略图所在 li 元素
    for(var i = 0; i < oLi.length; i++){
        oLi[i].index = i;                                           //设置缩略图索引
        oLi[i].onmouseover = function(){
            for(var j = 0; j < oLi.length; j++){
                if(this.index === j){
                    //为当前缩略图设置类名
                    oLi[this.index].className = "selected";
                }else{
                    //将其他缩略图类名设置为空
                    oLi[j].className = "";
                }
            }
```

```
            document.getElementById("bigImg").src = bigImgUrl[this.index];
            document.querySelector(".bigimg").src = bigImgUrl[this.index];
        }
    }
    function mouseEnter() {                                    //鼠标进入图片的效果
        document.querySelector('.tool').style.display='block';
        document.querySelector('.bigbox').style.display='block';
    }
    function mouseLeave() {                                    //鼠标移出图片的效果
        document.querySelector('.tool').style.display='none';
        document.querySelector('.bigbox').style.display='none';
    }
    function mouseMove() {
        var enlarge=document.querySelector('.enlarge');
        var tool=document.querySelector('.tool');
        var bigimg=document.querySelector('.bigimg');
        //获取图片放大工具到商品图片左端的距离
        var x=event.clientX-enlarge.offsetLeft-tool.offsetWidth/2+document.documentElement.scrollLeft;
        //获取图片放大工具到商品图片顶端的距离
        var y=event.clientY-enlarge.offsetTop-tool.offsetHeight/2+document.documentElement.scrollTop;
        if(x<0) x=0;
        if(y<0) y=0;
        if(x>enlarge.offsetWidth-tool.offsetWidth){
            x=enlarge.offsetWidth-tool.offsetWidth;            //图片放大工具到商品图片左端的最大距离
        }
        if(y>enlarge.offsetHeight-tool.offsetHeight){
            y=enlarge.offsetHeight-tool.offsetHeight;          //图片放大工具到商品图片顶端的最大距离
        }
        //设置图片放大工具定位
        tool.style.left = x+'px';
        tool.style.top = y+'px';
        //设置放大图片定位
        bigimg.style.left = -x * 2+'px';
        bigimg.style.top = -y * 2+'px';
    }
</script>
```

8.6.3 商品概要功能的实现

商品概要区域包含商品名称、价格、配送地址、用于更改购买商品数量的“-”按钮和“+”按钮，以及“立即购买”按钮和“加入购物车”按钮等信息。界面效果如图 8.14 所示。

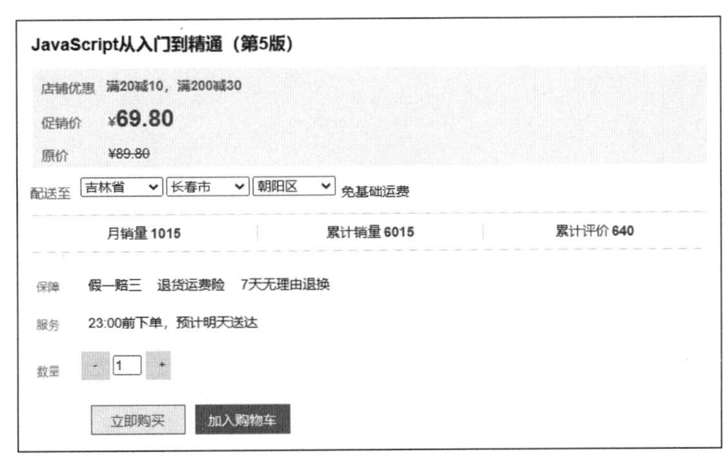

图 8.14 商品概要的界面效果

具体实现步骤如下。

（1）编写实现商品概要功能的 HTML 代码。在<div>标签中使用<h1>标签定义商品名称，使用<ul>和<li>标签定义价格信息，使用<input>标签定义用于更改购买商品数量的“-”按钮和“+”按钮，在文本框中显示购买的商品数量。最后使用<ul>和<li>标签定义“立即购买”按钮和“加入购物车”按钮。关键代码如下：

```
<div class="clearfixRight">
    <div class="tb-detail-hd">
        <h1>
            JavaScript 从入门到精通（第 5 版）
        </h1>
    </div>
    <div class="tb-detail-list">
        <div class="tb-detail-price">
            <ul>
                <li class="price iteminfo_price">
                    <dt>促销价</dt>
                    <dd><em>¥</em><b class="sys_item_price">69.80</b></dd>
                </li>
                <li class="price iteminfo_mktprice">
                    <dt>原价</dt>
                    <dd><em>¥</em><b class="sys_item_mktprice">89.80</b></dd>
                </li>
            </ul>
            <div class="clear"></div>
        </div>
        <dl class="iteminfo_parameter freight">
            <dt>配送至</dt>
            <div class="iteminfo_freprice">
                <div class="mr-form-content address">
                    <select data-mr-selected>
                        <option value="a">吉林省</option>
                        <option value="b">辽宁省</option>
                    </select>
                    <select data-mr-selected>
                        <option value="a">长春市</option>
                        <option value="b">吉林市</option>
                    </select>
                    <select data-mr-selected>
                        <option value="a">朝阳区</option>
                        <option value="b">高新区</option>
                    </select>
                </div>
                <div class="pay-logis">
                    免基础运费
                </div>
            </div>
        </dl>
        <div class="clear"></div>
        <ul class="tm-ind-panel">
            <li class="tm-ind-item tm-ind-sellCount canClick">
                <div class="tm-indcon"><span class="tm-label">月销量</span><span class="tm-count">1015</span></div>
            </li>
            <li class="tm-ind-item tm-ind-sumCount canClick">
                <div    class="tm-indcon"><span    class="tm-label">    累    计    销    量    </span><span    class="tm-
count">6015</span></div>
            </li>
            <li class="tm-ind-item tm-ind-reviewCount canClick tm-line3">
                <div class="tm-indcon"><span class="tm-label">累计评价</span><span class="tm-count">640</span></div>
            </li>
        </ul>
```

```
            <div class="clear"></div>
            <dl class="iteminfo_parameter sys_item_specpara">
                <dd>
                    <div class="theme-popover-mask"></div>
                    <div class="theme-popover">
                        <div class="theme-popbod dform">
                            <form class="theme-signin" name="loginform" action="" method="post">
                                <div class="theme-signin-left">
                                    <div class="theme-options">
                                        <div class="cart-title">保障</div>
                                        <ul>
                                            <li class="sku-line">假一赔三<i></i></li>
                                            <li class="sku-line">退货运费险<i></i></li>
                                            <li class="sku-line">7 天无理由退换<i></i></li>
                                        </ul>
                                    </div>
                                    <div class="theme-options">
                                        <div class="cart-title">服务</div>
                                        <ul>
                                            <li class="sku-line">23:00 前下单，预计明天送达<i></i></li>
                                        </ul>
                                    </div>
                                    <div class="theme-options">
                                        <div class="cart-title number">数量</div>
                                        <dd>
                                            <input id="reduce" class="mr-btn mr-btn-default" name="" type="button" value="-
"/>

                                            <input id="text_box" name="" type="text" value="1" style="width:30px;"/>
                                            <input id="add" class="mr-btn mr-btn-default" name="" type="button" value="+"/>
                                        </dd>
                                    </div>
                                    <div class="clear"></div>
                                </div>
                            </form>
                        </div>
                    </div>
                </dd>
            </dl>
            <div class="clear"></div>
            <div class="shopPromotion gold">
                <div class="hot">
                    <dt class="tb-metatit">店铺优惠</dt>
                    <div class="gold-list">
                        <p>满 20 减 10，满 200 减 30</p>
                    </div>
                </div>
                <div class="clear"></div>
            </div>
        </div>
        <div class="pay">
            <ul>
                <li>
                    <div class="clearfix tb-btn tb-btn-buy theme-login">
                        <a id="LikBuy" onClick="addCart()" title="点此按钮到下一步确认购买信息">立即购买</a>
                    </div>
                </li>
                <li>
                    <div class="clearfix tb-btn tb-btn-basket theme-login">
                        <a id="LikBasket" onClick="addCart()" title="加入购物车"><i></i>加入购物车</a>
                    </div>
                </li>
            </ul>
```

```
    </div>
</div>
```

（2）编写实现更改购买商品数量和将商品添加到购物车的 JavaScript 代码。定义多个函数，其中，setValue()函数用于限制输入的商品数量，同时判断“-”按钮和“+”按钮是否被禁用，add()函数用于将购买数量加 1，reduce()函数用于将购买数量减 1，addCart()函数用于将当前商品添加到购物车，并跳转到购物车页面。关键代码如下：

```
<script>
    document.getElementById("reduce").disabled = true;
    function setValue(){
        //如果输入的数字小于 1 或者是非数字
        if(this.value < 1 || isNaN(this.value)){
            this.value = 1;
        }
        //如果输入的数字大于 100
        if(this.value > 100){
            this.value = 100;
        }
        //获取输入的购买数量
        var number = parseInt(document.getElementById("text_box").value);
        //如果购买数量为 1，“-”按钮禁用
        document.getElementById("reduce").disabled = number === 1 ? true : false;
        //如果购买数量为 100，“+”按钮禁用
        document.getElementById("add").disabled = number === 100 ? true : false;
    }
    function add(){
        //获取文本框显示的购买数量
        var number = parseInt(document.getElementById("text_box").value);
        number++;                                                           //购买数量加 1
        document.getElementById("text_box").value = number;                 //重新设置购买数量
        //如果购买数量为 1，“-”按钮禁用
        document.getElementById("reduce").disabled = number === 1 ? true : false;
        //如果购买数量为 100，“+”按钮禁用
        document.getElementById("add").disabled = number === 100 ? true : false;
    }
    function reduce(){
        //获取文本框显示的购买数量
        var number = parseInt(document.getElementById("text_box").value);
        number--;                                                           //购买数量减 1
        document.getElementById("text_box").value = number;                 //重新设置购买数量
        //如果购买数量为 1，“-”按钮禁用
        document.getElementById("reduce").disabled = number === 1 ? true : false;
        //如果购买数量为 100，“+”按钮禁用
        document.getElementById("add").disabled = number === 100 ? true : false;
    }
    document.getElementById("text_box").oninput = setValue;                 //输入购买数量，调用 setValue()函数
    document.getElementById("reduce").onclick = reduce;                     //购买数量减 1
    document.getElementById("add").onclick = add;                           //购买数量加 1
    function addCart(){
        var goodsInfo = [                                                   //当前商品信息
            {
                img : "images/books/book12.jpg",
                name : "JavaScript 从入门到精通（第 5 版）",
                num : parseInt(document.getElementById("text_box").value),
                unitPrice : 69.80,
                isSelect : true
            }
        ]
        //获取购物车列表
        var cartList = sessionStorage.getItem('cartList')?JSON.parse(sessionStorage.getItem('cartList')):[];
```

```
            if(cartList.length === 0){
                //向购物车中添加该商品
                sessionStorage.setItem('cartList',JSON.stringify(goodsInfo));
            }else{
                //获取购物车中该商品的索引
                var index = cartList.findIndex(function (item){
                    return item.name === "JavaScript 从入门到精通（第 5 版）";
                })
                if(index === -1){
                    //如果购物车中没有该商品，就将该商品添加到购物车开头
                    cartList.unshift(goodsInfo[0]);
                    //保存购物车
                    sessionStorage.setItem('cartList',JSON.stringify(cartList));
                }else{
                    //如果购物车中有该商品，就更新该商品数量
                    cartList[index].num += parseInt(document.getElementById("text_box").value);
                    //保存购物车
                    sessionStorage.setItem('cartList',JSON.stringify(cartList));
                }
            }
            location.href = "shopCart.html";                                    //跳转到购物车页面
        }
</script>
```

8.6.4 商品评价功能的实现

用户通过浏览商品评价列表信息，可以了解第三方买家对商品的印象和评价内容等信息。如今的消费者越来越看重评价信息，因此，评价功能的设计和实现十分重要。明日书店网上商城设计了买家印象和买家评价列表两个功能。界面效果如图 8.15 所示。

图 8.15 商品评价的界面效果

具体实现步骤如下。

（1）编写买家印象的 HTML 代码。使用<dl>标签和<dd>标签显示买家印象内容，包括“品质一流”“完好无损”和“优美详细”等内容。关键代码如下：

```
<div class="actor-new">
```

```
    <div class="rate">
        <strong>97<span>%</span></strong><br> <span>好评度</span>
    </div>
    <dl>
        <dt>买家印象</dt>
        <dd class="p-bfc">
            <q class="comm-tags"><span>品质一流</span><em>(176)</em></q>
            <q class="comm-tags"><span>完好无损</span><em>(156)</em></q>
            <q class="comm-tags"><span>优美详细(</span><em>(123)</em></q>
            <q class="comm-tags"><span>学习必备</span><em>(189)</em></q>
        </dd>
    </dl>
</div>
```

（2）编写评价列表的 HTML 代码。将评价信息定义在<ul>列表中，使用<header>标签显示评论者和评论时间，使用<div>标签显示评论内容。关键代码如下：

```
<ul class="mr-comments-list mr-comments-list-flip">
    <li class="mr-comment">
        <a href="">
            <img class="mr-comment-avatar" src="images/hwbn40x40.jpg" />
        </a>
        <div class="mr-comment-main">
            <header class="mr-comment-hd">
                <div class="mr-comment-meta">
                    <a href="#link-to-user" class="mr-comment-author">b***1 (匿名)</a>
                    评论于
                    <time datetime="">2024 年 07 月 31 日  10:20</time>
                </div>
            </header>
            <div class="mr-comment-bd">
                <div class="tb-rev-item " data-id="255776406962">
                    <div class="J_TbcRate_ReviewContent tb-tbcr-content ">
                        内容由浅入深，循序渐进，很适合初学者学习。
                    </div>
                </div>
            </div>
        </div>
    </li>
    <!-- 省略其他评论内容 -->
</ul>
```

8.6.5 猜你喜欢功能的实现

猜你喜欢功能为用户推荐最佳的相似商品。实现的方式与商品列表页面相似，不仅方便用户立即挑选商品，也会增加商品详情页面内容的丰富性，用户体验良好。界面效果如图 8.16 所示。

图 8.16　猜你喜欢功能的界面效果

具体实现步骤如下。

编写猜你喜欢功能中图书商品列表区域的 HTML 代码。使用<ul>标签和<li>标签定义图书商品列表，包括商品图片、商品名称和商品价格等内容。关键代码如下：

```
<div id="youLike" class="mr-tab-panel mr-fade ">
    <div class="like">
        <ul class="mr-avg-sm-2 mr-avg-md-3 mr-avg-lg-4 boxes">
            <li>
                <div class="i-pic limit">
                    <img src="images/books/book05.jpg" />
                    <p>零基础学 HTML5+CSS3</p>
                    <p class="price fl">
                        <b>¥</b>
                        <strong>69.80</strong>
                    </p>
                </div>
            </li>
            <li>
                <div class="i-pic limit">
                    <img src="images/books/book08.jpg" />
                    <p>零基础学 JavaScript</p>
                    <p class="price fl">
                        <b>¥</b>
                        <strong>69.80</strong>
                    </p>
                </div>
            </li>
            <li>
                <div class="i-pic limit">
                    <img src="images/books/book18.jpg" />
                    <p>HTML5+CSS3 精彩编程 200 例</p>
                    <p class="price fl">
                        <b>¥</b>
                        <strong>79.80</strong>
                    </p>
                </div>
            </li>
            <li>
                <div class="i-pic limit">
                    <img src="images/books/book19.jpg" />
                    <p>JavaScript 精彩编程 200 例</p>
                    <p class="price fl">
                        <b>¥</b>
                        <strong>79.80</strong>
                    </p>
                </div>
            </li>
            <li>
                <div class="i-pic limit">
                    <img src="images/books/book20.jpg" />
                    <p>案例学 Web 前端开发</p>
                    <p class="price fl">
                        <b>¥</b>
                        <strong>49.80</strong>
                    </p>
                </div>
            </li>
        </ul>
    </div>
    <div class="clear"></div>
    <ul class="mr-pagination mr-pagination-right">
```

```
        <li class="mr-disabled"><a href="#">&laquo;</a></li>
        <li class="mr-active"><a href="#">1</a></li>
        <li><a href="#">2</a></li>
        <li><a href="#">&raquo;</a></li>
    </ul>
    <div class="clear"></div>
</div>
```

8.6.6 选项卡切换效果的实现

在商品详情页面有“宝贝详情”“全部评价”和“猜你喜欢”3 个选项卡，当单击某个选项卡时，下方会切换为该选项卡对应的内容。界面效果如图 8.17 和图 8.18 所示。

宝贝详情　全部评价　猜你喜欢

商品介绍：

书名: JavaScript从入门到精通（第5版）	作者: 明日科技	出版社: 清华大学出版社
ISBN: 9787302635734	商品编码: 13791889	开本: 16开
出版时间: 2023-06-01	页数： 400	字数： 700000

商品细节

图 8.17　显示宝贝详情

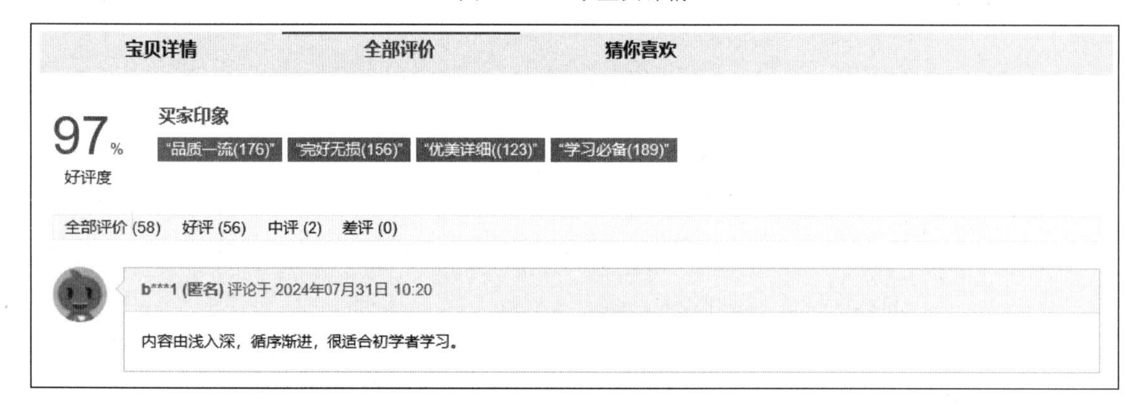

图 8.18　显示全部评价

具体实现步骤如下。

（1）编写选项卡的 HTML 代码。使用<ul>标签和<li>标签定义“宝贝详情”“全部评价”和“猜你喜欢”3 个选项卡，当单击某个选项卡时，调用对应的函数。代码如下：

```
<ul class="mr-avg-sm-3 mr-tabs-nav mr-nav mr-nav-tabs">
    <li id="infoTitle" class="mr-active" >
        <a href="javascript:void(0);" onClick="goToInfo();">
            <span class="index-needs-dt-txt">宝贝详情</span>
        </a>
    </li>
    <li id="commentTitle">
        <a href="javascript:void(0);" onClick="goToComment();">
            <span class="index-needs-dt-txt">全部评价</span>
        </a>
    </li>
```

```
        <li id="youLikeTitle">
            <a href="javascript:void(0);" onClick="goToYoulike();">
                <span class="index-needs-dt-txt">猜你喜欢</span>
            </a>
        </li>
</ul>
```

（2）编写实现选项卡切换功能的 JavaScript 代码。分别定义 goToInfo()函数、goToComment()函数和 goToYoulike()函数，在函数中为指定选项卡添加样式，并显示该选项卡对应的内容。关键代码如下：

```
<script>
    function goToInfo(){
        var info=document.getElementById("info");
        var comment=document.getElementById("comment");
        var youLike=document.getElementById("youLike");
        var infoTitle=document.getElementById("infoTitle");
        var commentTitle=document.getElementById("commentTitle");
        var youLikeTitle=document.getElementById("youLikeTitle");
        infoTitle.className="mr-active";                          //为宝贝详情选项卡添加样式
        commentTitle.className="";
        youLikeTitle.className="";
        info.className="mr-tab-panel mr-fade mr-in mr-active";    //显示宝贝详情内容区域
        comment.className="mr-tab-panel mr-fade ";
        youLike.className="mr-tab-panel mr-fade ";
    }
    function goToComment(){
        var info=document.getElementById("info");
        var comment=document.getElementById("comment");
        var youLike=document.getElementById("youLike");
        var infoTitle=document.getElementById("infoTitle");
        var commentTitle=document.getElementById("commentTitle");
        var youLikeTitle=document.getElementById("youLikeTitle");
        infoTitle.className="";
        commentTitle.className="mr-active";                       //为全部评价选项卡添加样式
        youLikeTitle.className="";
        info.className="mr-tab-panel mr-fade ";
        comment.className="mr-tab-panel mr-fade mr-in mr-active"; //显示全部评价内容区域
        youLike.className="mr-tab-panel mr-fade ";
    }
    function goToYoulike(){
        var info=document.getElementById("info");
        var comment=document.getElementById("comment");
        var youLike=document.getElementById("youLike");
        var infoTitle=document.getElementById("infoTitle");
        var commentTitle=document.getElementById("commentTitle");
        var youLikeTitle=document.getElementById("youLikeTitle");
        infoTitle.className="";
        commentTitle.className="";
        youLikeTitle.className="mr-active";                       //为猜你喜欢选项卡添加样式
        info.className="mr-tab-panel mr-fade ";
        comment.className="mr-tab-panel mr-fade ";
        youLike.className="mr-tab-panel mr-fade mr-in mr-active"; //显示猜你喜欢内容区域
    }
</script>
```

8.7 购物车页面的设计与实现

8.7.1 购物车页面的设计

电商网站都具有购物车的功能。用户一般先将自己挑选好的商品放到购物车中，然后统一付款。在明日书店网上商城中，用户需要先进行登录，再单击商品详情页面中的“立即购买”或“加入购物车”按钮才可以进入购物车页面。购物车页面要求包含订单商品的名称、数量和价格等信息，方便用户统一确认购买。购物车的界面效果如图 8.19 所示。

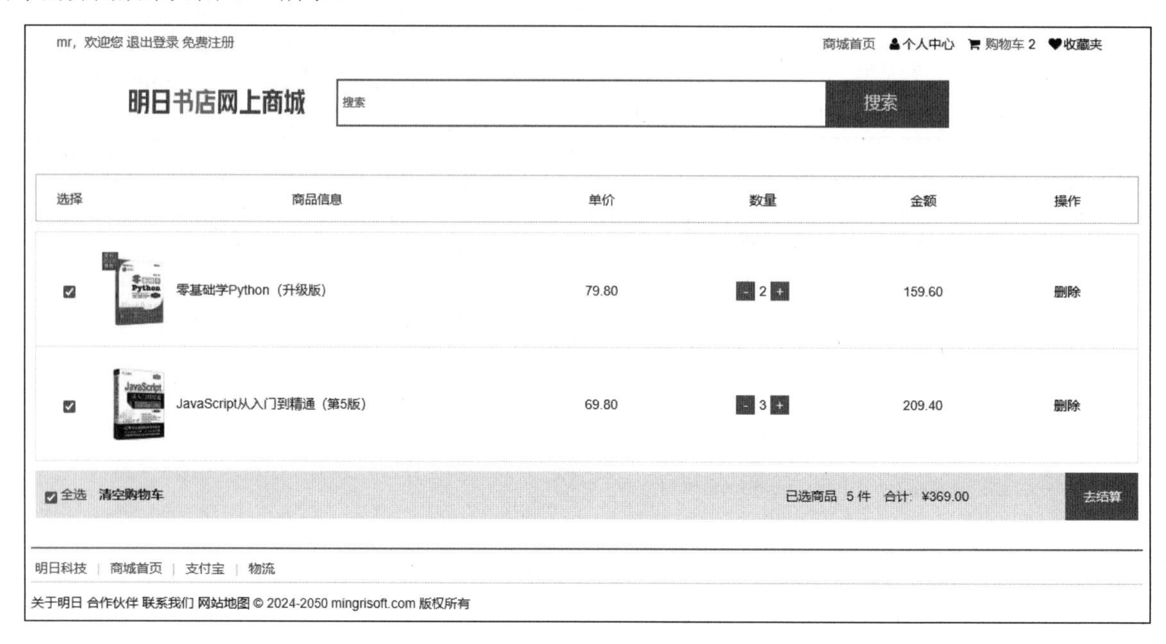

图 8.19　购物车的界面效果

8.7.2　购物车页面的实现

购物车页面的顶部区和底部区与主页相同。这里重点讲解购物车页面中的图书商品信息和商品价格合计等内容。界面效果如图 8.20 所示。

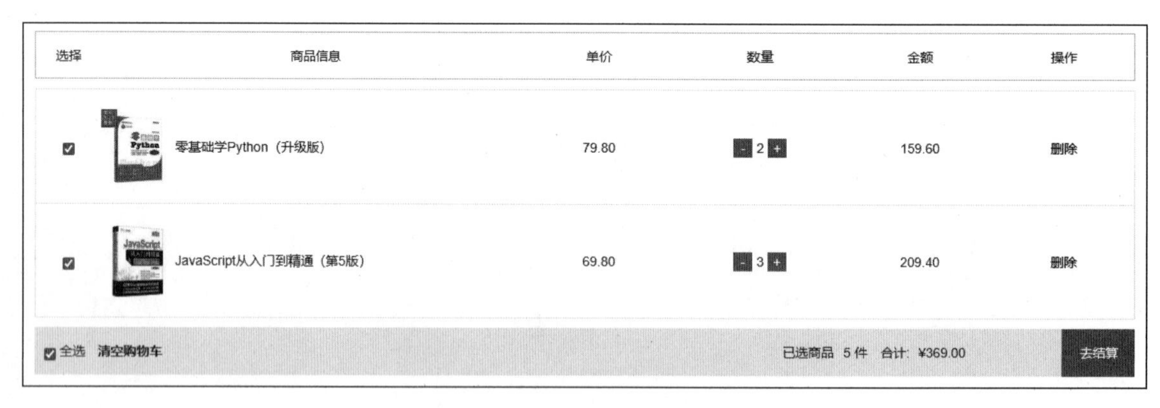

图 8.20　购物车中的商品界面效果

具体实现步骤如下。

（1）在项目文件夹下新建 shopCart.html 文件。在文件中编写购物车的 HTML 代码。首先在<div>标签中定义购物车商品信息的标题，然后在<div>标签中定义操作购物车和显示商品价格合计的选项。最后在<div>标签中定义购物车为空时显示的内容。关键代码如下：

```
<div class="box">
    <div class="title">
```

```
            <span class="check">选择</span>
            <span class="name">商品信息</span>
            <span class="unitPrice">单价</span>
            <span class="num">数量</span>
            <span class="unitTotalPrice">金额</span>
            <span class="operation">操作</span>
        </div>
        <div>
            <div>
                <div class="main"></div>
                <div class="info">
                    <span><input id="all" type="checkbox" onClick="selectAll(this)"> 全选</span>
                    <a onClick="emptyCar()">清空购物车</a>
                    <span>已选商品<span class="total_num"></span> 件</span>
                    <span>合计:<span class="total_price"></span></span>
                    <span onClick="show('pay.html')">去结算</span>
                </div>
            </div>
        </div>
</div>
<div class="empty" style="display: none">
        <img src="images/shopcar.png">
        购物车内暂时没有商品，<a onClick="show('index.html')">去购物></a>
</div>
```

（2）编写操作购物车的 JavaScript 代码。定义变量和函数，showCart()函数用于显示购物车中的商品信息，getResult()函数用于在更改商品数量或选择商品之后重新渲染购物车中的相关信息，selectGoods()函数用于选择购物车中的某个商品，isSelectAll()函数用于判断是否选中“全选”复选框，selectAll()函数用于选中“全选”复选框或取消选中“全选”复选框，reduce()函数用于将商品数量减 1，add()函数用于将商品数量加 1，remove()函数用于删除某个商品，show()函数用于跳转到指定的页面，emptyCar()函数用于清空购物车。代码如下：

```
<script>
        //获取购物车信息
        var cartList = sessionStorage.getItem('cartList')?JSON.parse(sessionStorage.getItem('cartList')):[];
        var total_num = document.querySelector(".total_num");
        var total_price = document.querySelector(".total_price");
        var sel = document.getElementsByClassName("sel");
        var reduce_but = document.getElementsByClassName("reduce_but");
        var numbers = document.getElementsByClassName("numbers");
        var singleTotalPrice = document.getElementsByClassName("singleTotalPrice");
        var i, j;                                                       //循环变量
        function showCart(){
            if(!sessionStorage.getItem('cartList')){
                document.querySelector(".box").style.display = "none";      //隐藏购物车区域
                document.querySelector(".empty").style.display = "block";   //显示清空购物车后的内容
                return false;
            }
            var cart = document.querySelector(".main");                 //获取购物车列表区域
            cart.innerHTML = "";                                        //清空购物车列表区域内容
            for(i = 0; i < cartList.length; i++){
                var html = `
                    <div class="goods">
                    <span class="check"><input class="sel" type="checkbox" onclick="selectGoods(${i})"> </span>
                    <span class="name"><img src="${cartList[i].img}">${cartList[i].name}</span>
                    <span class="unitPrice">${cartList[i].unitPrice.toFixed(2)}</span>
                    <span class="num">
                        <span class="reduce_but" onclick="reduce(${i})">-</span>
                        <span class="numbers">${cartList[i].num}</span>
```

```
                        <span onclick="add(${i})">+</span>
                    </span>
                    <span class="unitTotalPrice singleTotalPrice">
                        ${eval("cartList[i].unitPrice * cartList[i].num").toFixed(2)}
                    </span>
                    <span class="operation"><a onclick="remove(${i})">删除</a></span>
                    </div>
                `;
                cart.insertAdjacentHTML("beforeend", html);          //向购物车列表区域添加内容
        }
        getResult();
}
showCart();                                                          //调用函数显示购物车信息
function getResult(){
        var totalNum = 0;                                            //已选商品件数
        var totalPrice = 0;                                          //已选商品总价
        for(i = 0; i < cartList.length; i++){
                if(cartList[i].isSelect){
                        sel[i].checked = true;                       //选中商品
                        totalNum += cartList[i].num;                 //计算已选商品件数
                        totalPrice += cartList[i].unitPrice * cartList[i].num;   //计算已选商品总价
                }else{
                        sel[i].checked = false;                      //不选中商品
                }
                if(cartList[i].num === 1){                           //如果商品数量为 1
                        reduce_but[i].classList.add("off");          //为 "-" 按钮添加 off 类
                        reduce_but[i].style.pointerEvents = "none";  //设置 "-" 按钮不能被单击
                }else{
                        reduce_but[i].classList.remove("off");       //为 "-" 按钮移除 off 类
                        reduce_but[i].style.pointerEvents = "";      //设置 "-" 按钮可以被单击
                }
                singleTotalPrice[i].innerHTML = eval("cartList[i].unitPrice * cartList[i].num").toFixed(2);
        }
        total_num.innerHTML = totalNum;                              //显示已选商品件数
        total_price.innerHTML = "¥" + totalPrice.toFixed(2);         //显示已选商品总价
}
function selectGoods(index){
        var goods = cartList[index];                                 //获取购物车列表中选中的商品
        goods.isSelect = !goods.isSelect;
        isSelectAll();                                               //调用函数判断是否选中全选复选框
        //保存购物车商品信息
        sessionStorage.setItem('cartList',JSON.stringify(cartList));
        getResult();                                                 //重新渲染页面中的购物车信息
}
var allCheckBox = document.getElementById("all");                    //获取全选复选框
function isSelectAll(){
        allCheckBox.checked = true;
        for(i = 0; i < cartList.length; i++){
                //如果有商品未选中，则取消全选
                if(!cartList[i].isSelect){
                        allCheckBox.checked = false;
                }
        }
}
isSelectAll();                                                       //调用函数判断是否选中全选复选框
function selectAll(t){
        if(t.checked){                                               //如果选中全选复选框
                //选中所有商品
                for(i = 0; i < cartList.length; i++){
                        cartList[i].isSelect = true;
```

```
            }
        }else{                                                          //如果未选中全选复选框
            //所有商品都不选中
            for(j = 0; j < cartList.length; j++){
                cartList[j].isSelect = false;
            }
        }
        //保存购物车商品信息
        sessionStorage.setItem('cartList',JSON.stringify(cartList));
        getResult();                                                    //重新渲染页面中的购物车信息
    }
    function reduce(index){
        cartList[index].num -= 1;                                       //商品数量减 1
        numbers[index].innerHTML = cartList[index].num;                 //显示更改后的商品数量
        //保存购物车商品信息
        sessionStorage.setItem('cartList',JSON.stringify(cartList));
        getResult();                                                    //重新渲染页面中的购物车信息
    }
    function add(index){
        cartList[index].num += 1;                                       //商品数量加 1
        numbers[index].innerHTML = cartList[index].num;                 //显示更改后的商品数量
        //保存购物车商品信息
        sessionStorage.setItem('cartList',JSON.stringify(cartList));
        getResult();                                                    //重新渲染页面中的购物车信息
    }
    function remove(index){
        cartList.splice(index,1);                                       //删除商品
        if(cartList.length === 0){
            document.querySelector(".box").style.display = "none";
            document.querySelector(".empty").style.display = "block";
            sessionStorage.removeItem('cartList');                      //清空购物车
        }else{
            //保存购物车商品信息
            sessionStorage.setItem('cartList',JSON.stringify(cartList));
        }
        showCart();                                                     //调用函数显示购物车信息
        isSelectAll();                                                  //调用函数判断是否选中全选复选框
    }
    function show(page){
        location.href = page;                                           //跳转到指定页面
    }
    function emptyCar(){
        sessionStorage.removeItem('cartList');                          //清空购物车
        showCart();                                                     //调用函数显示购物车信息
    }
</script>
```

8.8 付款页面的设计与实现

8.8.1 付款页面的设计

用户在购物车页面单击“去结算”按钮后会进入付款页面。付款页面包括收货人姓名、手机号、收货地址、物流方式、支付方式、订单列表和付款金额等内容。用户确认上述内容后，单击“提交订单”按钮，完

成交易。付款页面的效果如图 8.21 所示。

图 8.21　付款页面效果

8.8.2　付款页面的实现

付款页面的顶部区和底部区与主页相同。这里重点讲解付款页面中确认订单部分的实现方法。确认订单的界面效果如图 8.22 所示。

图 8.22　确认订单界面效果

具体实现步骤如下。

（1）在项目文件夹下新建 pay.html 文件。在文件中编写确认订单部分的 HTML 代码。首先在<div>标签中定义订单中商品信息的标题，然后在<div>标签中定义商品金额合计、实付款、收货地址、收货人姓名和电话号码等信息。最后在<div>标签中定义“提交订单”按钮。关键代码如下：

```
<div class="concent">
    <div id="payTable">
        <h3>确认订单信息</h3>
        <div class="cart-table-th">
            <div class="wp">
                <div class="th th-item">
                    <div class="td-inner">商品信息</div>
                </div>
                <div class="th th-price">
                    <div class="td-inner">单价</div>
                </div>
                <div class="th th-amount">
                    <div class="td-inner">数量</div>
                </div>
                <div class="th th-sum">
                    <div class="td-inner">金额</div>
                </div>
                <div class="th th-oplist">
                    <div class="td-inner">配送方式</div>
                </div>
            </div>
        </div>
        <div class="clear"></div>
        <div class="main"></div>
    </div>
</div>
<div class="clear"></div>
<div class="pay-total">
    <div class="order-extra">
        <div class="order-user-info">
            <div id="holyshit257" class="memo">
```

```
                <label>买家留言：</label>
                <input type="text" title="选填,对本次交易的说明（建议填写已经和卖家达成一致的说明）" placeholder="选填,
建议填写和卖家达成一致的说明"
                       class="memo-input J_MakePoint c2c-text-default memo-close">
                <div class="msg hidden J-msg">
                    <p class="error">最多输入 500 个字符</p>
                </div>
            </div>
        </div>
    </div>
    <div class="clear"></div>
</div>
<div class="buy-point-discharge ">
    <p class="price g_price ">
        合计（免运费） <span>¥</span><em class="pay-sum"></em>
    </p>
</div>
<div class="order-go clearfix">
    <div class="pay-confirm clearfix">
        <div class="box">
            <div tabindex="0" id="holyshit267" class="realPay">
                <em class="t">实付款：</em>
                <span class="price g_price ">
                    <span>¥</span>
                    <em class="style-large-bold-red" id="J_ActualFee"></em>
                </span>
            </div>
            <div id="holyshit268" class="pay-address">
                <p class="buy-footer-address">
                    <span class="buy-line-title buy-line-title-type">寄送至：</span>
                    <span class="buy--address-detail">
                        <span class="province">吉林</span>省
                        <span class="city">长春</span>市
                        <span class="dist">朝阳</span>区
                        <span class="street">**花园****号</span>
                    </span>
                </p>
                <p class="buy-footer-address">
                    <span class="buy-line-title">收货人：</span>
                    <span class="buy-address-detail">
                        <span class="buy-user">吴** </span>
                        <span class="buy-phone">166****5676</span>
                    </span>
                </p>
            </div>
        </div>
        <div id="holyshit269" class="submitOrder">
            <div class="go-btn-wrap">
                <a id="J_Go" onClick="placeOrder()" class="btn-go" tabindex="0" title="点击此按钮，提交订单">提交订单</a>
            </div>
        </div>
        <div class="clear"></div>
    </div>
</div>
```

（2）编写确认订单信息的 JavaScript 代码。首先获取购物车中的图书商品信息，然后定义 showOrder()函数，在函数中将购物车中的图书商品信息添加到订单列表，接下来计算商品总价，并将其作为合计金额和实付款金额显示在页面中，最后定义 placeOrder()函数，单击“提交订单”按钮时调用该函数，在函数中执行删除购物车信息并跳转到首页的操作。关键代码如下：

```
<script>
    var cartList = JSON.parse(sessionStorage.getItem('cartList'));        //获取购物车信息
    var i;
    function showOrder(){
        var order = document.querySelector(".main");                       //获取显示订单区域
        order.innerHTML = "";                                              //清空显示订单区域内容
        for(i = 0; i < cartList.length; i++){
```

```
            var html = `
                    <div class="goods">
                    <span class="name"><img src="${cartList[i].img}">${cartList[i].name}</span>
                    <span class="unitPrice">${cartList[i].unitPrice.toFixed(2)}</span>
                    <span class="num">${cartList[i].num}</span>
                    <span class="unitTotalPrice">
                         ${eval("cartList[i].unitPrice * cartList[i].num").toFixed(2)}
                    </span>
                    <span class="pay-logis">快递送货</span>
                    </div>
               `;
            order.insertAdjacentHTML("beforeend", html);              //向显示订单区域添加内容
        }
    }
    showOrder();                                                      //调用函数显示订单信息
    window.onload = function (){
        var totalPrice = 0;                                           //商品总价
        var total = document.querySelector(".pay-sum");
        var payment = document.querySelector(".style-large-bold-red");
       //计算商品总价
        for(i = 0; i < cartList.length; i++){
            totalPrice += cartList[i].unitPrice * cartList[i].num;
        }
        total.innerHTML = totalPrice.toFixed(2).toString();           //显示合计金额
        payment.innerHTML = totalPrice.toFixed(2).toString();         //显示实付款
    }
    function placeOrder(){
        sessionStorage.removeItem('cartList');                        //删除保存的购物车信息
        location.href = "index.html";                                 //跳转到首页
    }
</script>
```

8.9 注册和登录页面的设计与实现

8.9.1 注册和登录页面的设计

注册和登录页面是通用的功能页面。在明日书店网上商城中，如果用户还未注册过，需要先进行注册，注册后还需要进行登录，登录成功之后才能购买商品。注册和登录的页面效果分别如图 8.23 和图 8.24 所示。

图 8.23　注册页面效果

图 8.24　登录页面效果

8.9.2　注册页面的实现

这里重点讲解注册页面主显示区的布局和用户注册信息的验证。在验证用户输入的表单信息时，需要验证邮箱格式是否正确、手机号码格式是否正确等。注册页面主显示区效果如图 8.25 所示。

图 8.25　注册页面主显示区效果

具体实现步骤如下。

（1）在项目文件夹下新建 register.html 文件。在文件中定义用户注册表单，在表单中添加用于输入邮箱的文本框、用于输入密码的密码框、用于输入确认密码的密码框和用于输入手机号的文本框，另外再添加表示同意服务协议的复选框、“登录”超链接和“注册”按钮，单击“注册”按钮时调用 mr_verify()函数实现注册验证。关键代码如下：

```
<div class="res-main">
    <div class="login-banner-bg"><span></span><img src="images/big.jpg"/></div>
    <div class="login-box">
        <div class="mr-tabs" id="doc-my-tabs">
            <h3 class="title">注册</h3>
            <div class="mr-tabs-bd">
                <div class="mr-tab-panel mr-active">
                    <form method="post">
                        <div class="user-email">
                            <label for="email"><i class="mr-icon-envelope-o"></i></label>
                            <input type="email" name="" id="email" placeholder="请输入邮箱账号">
                        </div>
                        <div class="user-pass">
                            <label for="password"><i class="mr-icon-lock"></i></label>
                            <input type="password" name="" id="password" placeholder="设置密码">
                        </div>
                        <div class="user-pass">
                            <label for="passwordRepeat"><i class="mr-icon-lock"></i></label>
                            <input type="password" name="" id="passwordRepeat" placeholder="确认密码">
                        </div>
                        <div class="user-pass">
                            <label for="passwordRepeat"><i class="mr-icon-mobile"></i>
                                <span style="color:red;margin-left:5px">*</span>
```

```
                        </label>
                        <input type="text" name="" id="tel" placeholder="请输入手机号">
                    </div>
                </form>
                <div class="login-links">
                    <label for="reader-me">
                        <input id="reader-me" type="checkbox"> 点击表示您同意商城《服务协议》
                    </label>
                    <a href="login.html" class="mr-fr">登录</a>
                </div>
                <div class="mr-cf">
                    <input type="submit" name="" onClick="mr_verify()" value="注册"
                   class="mr-btn mr-btn-primary mr-btn-sm mr-fl">
                </div>
            </div>
        </div>
    </div>
</div>
</div>
```

（2）编写验证注册信息的 JavaScript 代码。首先判断用户是否选中了复选框，根据判断结果设置“注册”按钮是否可用，然后定义 mr_verify()函数，在函数中分别判断用户输入的邮箱、密码、确认密码和手机号码是否为空，以及两次输入的密码是否一致，接着判断输入的邮箱的格式和手机号的格式是否正确，如果格式都正确就弹出“注册成功”的提示信息，并跳转到登录页面，代码如下：

```
<script>
    document.querySelector(".mr-btn").disabled = true;                    //注册按钮禁用
    var agree = document.getElementById("reader-me");                     //获取复选框
    agree.onclick = function (){
        if(this.checked){                                                  //如果选中复选框
            document.querySelector(".mr-btn").disabled = false;           //注册按钮可用
        }else{                                                             //如果未选中复选框
            document.querySelector(".mr-btn").disabled = true;            //注册按钮禁用
        }
    }
    function mr_verify(){
        var email=document.getElementById("email");                        //获取邮箱文本框
        var password=document.getElementById("password");                  //获取密码框
        var passwordRepeat=document.getElementById("passwordRepeat");      //获取确认密码框
        var tel=document.getElementById("tel");                            //获取手机号文本框
        //判断邮箱文本框是否为空
        if(email.value==='' || email.value===null){
            alert("邮箱不能为空！");
            return;
        }
        //判断密码框是否为空
        if(password.value==='' || password.value===null){
            alert("密码不能为空！");
            return;
        }
        //判断确认密码框是否为空
        if(passwordRepeat.value==='' || passwordRepeat.value===null){
            alert("确认密码不能为空！");
            return;
        }
        //判断手机号文本框是否为空
        if(tel.value==='' || tel.value===null){
            alert("手机号码不能为空！");
            return;
        }
        //判断两次密码是否一致
        if(password.value!==passwordRepeat.value ){
            alert("密码设置前后不一致！");
            return;
        }
        //验证邮箱格式
```

```
        if(!/^[a-zA-Z0-9._-]+@[a-zA-Z0-9.-]+\.[a-zA-Z]{2,6}$/.test(email.value)){
            alert("邮箱格式错误！");
            return;
        }
        //验证手机号格式
        if(!/^1[3-9]\d{9}$/.test(tel.value)){
            alert("手机号格式错误！");
            return;
        }
        alert('注册成功！');
        location.href = "login.html";                                    //跳转到登录页面
    }
</script>
```

8.9.3 登录页面的实现

这里重点讲解登录界面主显示区的布局和用户登录的验证。登录界面主显示区效果如图 8.26 所示。

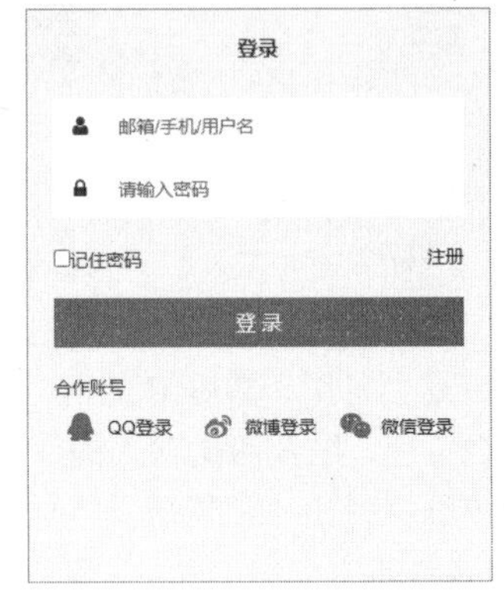

图 8.26 登录界面主显示区效果

具体实现步骤如下。

（1）在项目文件夹下新建 login.html 文件。在文件中编写用户登录表单，在表单中添加一个文本框和一个密码框，另外再添加“记住密码”复选框、“注册”超链接和“登录”按钮，单击“登录”按钮时调用 login() 函数实现登录验证。关键代码如下：

```
<div class="login-banner">
    <div class="login-main">
        <div class="login-banner-bg"><span></span><img src="images/big.jpg"/></div>
        <div class="login-box">
            <h3 class="title">登录</h3>
            <div class="clear"></div>
            <div class="login-form">
                <form>
                    <div class="user-name">
                        <label for="user"><i class="mr-icon-user"></i></label>
                        <input type="text" name="" id="user" placeholder="邮箱/手机/用户名">
                    </div>
                    <div class="user-pass">
                        <label for="password"><i class="mr-icon-lock"></i></label>
                        <input type="password" name="" id="password" placeholder="请输入密码">
                    </div>
                </form>
            </div>
            <div class="login-links">
                <label for="remember-me"><input id="remember-me" type="checkbox">记住密码</label>
                <a href="register.html" class="mr-fr">注册</a>
                <br/>
            </div>
            <div class="mr-cf">
                <input type="submit" name="" value="登  录" onClick="login()" class="mr-btn mr-btn-primary mr-btn-sm">
            </div>
            <div class="partner">
                <h3>合作账号</h3>
                <div class="mr-btn-group">
                    <li><a href="#"><i class="mr-icon-qq mr-icon-sm"></i><span>QQ 登录</span></a></li>
                    <li><a href="#"><i class="mr-icon-weibo mr-icon-sm"></i><span>微博登录</span> </a></li>
                    <li><a href="#"><i class="mr-icon-weixin mr-icon-sm"></i><span>微信登录</span> </a></li>
                </div>
            </div>
        </div>
    </div>
</div>
```

（2）编写验证登录信息的 JavaScript 代码。首先定义 login()函数，在函数中判断用户输入的用户名和密码是否正确，如果输入正确就进一步判断用户是否选中了“记住密码”复选框，根据判断结果对用户名和密码进行保存或删除，再将登录用户名保存在 sessionStorage 中，弹出“登录成功”的提示信息后跳转到主页。然后判断在 localStorage 中是否保存了用户名，如果保存了用户名就在登录表单中显示登录用户名和密码，这样即可在下次登录时无须输入用户名和密码。代码如下：

```
<script>
    function login(){
        var user=document.getElementById("user");                  //获取用户名文本框
        var password=document.getElementById("password");          //获取密码框
        var remember = document.getElementById("remember-me");  //获取记住密码复选框
        if(user.value === ''){
            alert('请输入用户名！');
            return false;
        }
        if(password.value === ''){
            alert('请输入密码！');
            return false;
        }
        //判断用户名或密码是否正确
        if(user.value !== 'mr' || password.value !== 'mrsoft' ){
            alert('您输入的账户或密码错误！');
        }else{
            if(remember.checked){                                   //如果选中了记住密码复选框
                localStorage.setItem("username", user.value);       //保存用户名
                localStorage.setItem("pwd", password.value);        //保存密码
            }else{
                localStorage.removeItem("username");                //删除保存的用户名
                localStorage.removeItem("pwd");                     //删除保存的密码
            }
            sessionStorage.setItem('user',user.value);              //保存用户名
            alert('登录成功！');
            window.location.href = 'index.html';                    //跳转到主页
        }
    }
    window.onload = function (){
        if(localStorage.getItem("username")){                       //如果保存了用户名
            var user=document.getElementById("user");               //获取用户名文本框
            var password=document.getElementById("password");       //获取密码框
            user.value = localStorage.getItem("username");          //显示用户名
            password.value = localStorage.getItem("pwd");           //显示密码
        }
    }
</script>
```

默认正确账户名为 mr，密码为 mrsoft。若输入错误，则提示“您输入的账户或密码错误”，否则提示“登录成功”。

8.10 项目运行

通过前述步骤，设计并完成了“明日书店网上商城”项目的开发。下面运行该项目，检验一下我们的开发成果。在浏览器中打开项目文件夹中的 index.html 文件即可成功运行该项目，运行后的界面效果如图 8.3 所示。

在主页中，单击商品推荐区域的“更多”超链接可以进入商品列表页面。在商品列表页面中可以通过分

类对图书商品进行检索。例如，检索图书系列为“零基础学”的图书商品的页面效果如图 8.27 所示。单击图书商品列表中的图书图片或图书名称可以进入商品详情页面。在商品详情页面单击“立即购买”或“加入购物车”按钮可以进入购物车页面。在购物车页面单击“去结算”按钮会进入付款页面。在付款页面单击“提交订单”按钮即可完成交易。

图 8.27　展示“零基础学”系列图书商品

8.11　源码下载

虽然本章详细地讲解了如何编码实现“明日书店网上商城”的各个功能，但给出的代码都是代码片段。为了方便读者学习，本书提供了完整的项目源码，扫描右侧二维码即可下载。

第 9 章

吃了么外卖网

——JSON + Ajax + Bootstrap

近年来，外卖行业如火如荼，外卖因为快速便捷的特点成为人们生活中密不可分的一部分。本章将使用 JSON、Ajax 和 Bootstrap 等技术，开发一个外卖网站项目——吃了么外卖网。

本项目的核心功能及实现技术如下：

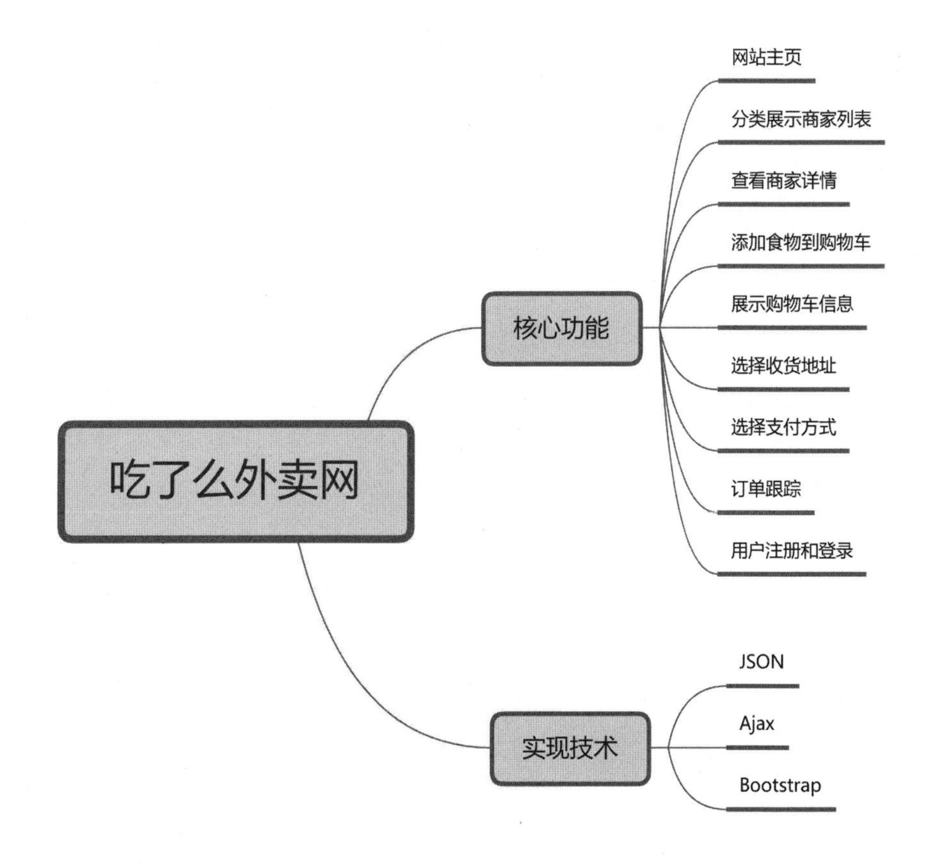

9.1 开发背景

随着移动互联网技术的快速发展，以及快递物流配送业务的日益完善，网络购物成为越来越受欢迎的新型消费方式。为了提高餐饮企业的业务水平和效率，实现比电话订餐更有效的订餐模式，网上订餐系统应运而生。随着人们生活和工作节奏的不断加快，网上订餐已经变得越来越普遍。目前，点外卖已经成为部分消费者的重要就餐方式。本章将使用 JSON、Ajax 和 Bootstrap 等技术开发一个外卖应用，其实现目标如下：

☑ 通过首页展示商家分类。
☑ 在商家列表页面分页展示商家列表。
☑ 在商家详情页面展示商家信息和食物信息。
☑ 在商家详情页面选择食物并添加到购物车。
☑ 在提交订单页面展示购物车信息并选择收货地址。
☑ 在选择支付方式页面选择支付方式。
☑ 在订单跟踪页面显示订单状态。
☑ 通过注册和登录页面实现用户的注册和登录。

9.2 系统设计

9.2.1 开发环境

本项目的开发及运行环境如下：

☑ 操作系统：推荐 Windows 10、11 及以上，兼容 Windows 7（SP1）。
☑ 开发工具：WebStorm。
☑ 开发语言：JavaScript。

9.2.2 业务流程

在运行吃了么外卖网后，如果用户未注册或者已经注册但未登录，则只能浏览主页、查看商家列表和查看商家详情信息，用户登录成功之后，除了可以浏览上述页面之外，还可以执行将食物添加到购物车、新增收货地址、选择收货地址、选择支付方式和查看订单状态等操作。

本项目的业务流程如图 9.1 所示。

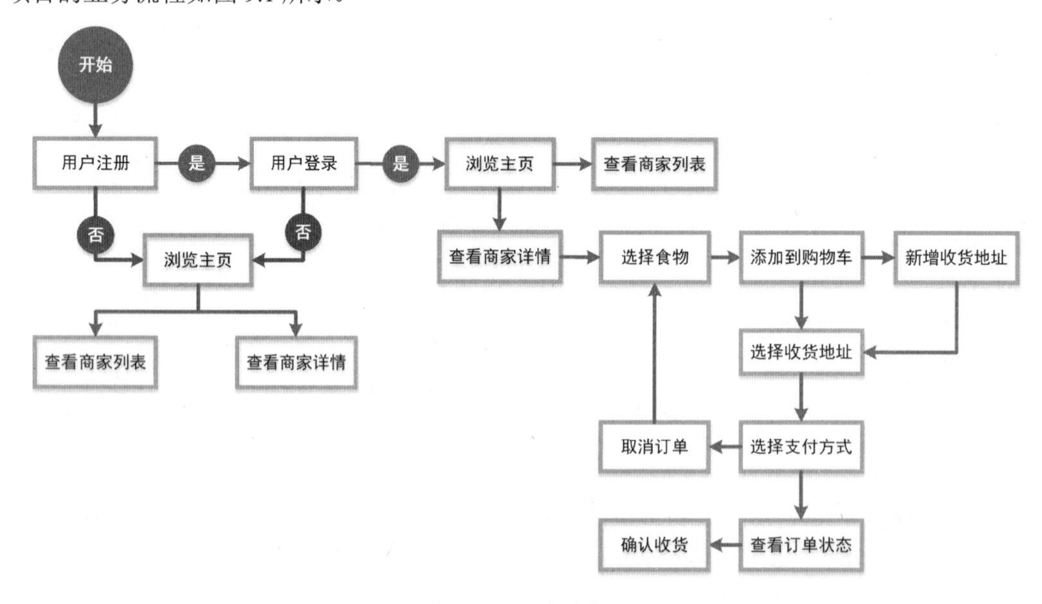

图 9.1　业务流程

9.2.3 功能结构

本项目的功能结构已经在章首页中给出，其实现的具体功能如下：

☑ 网站主页：主要展示广告轮播图和商家分类展示信息。单击“查看全部”超链接进入商家列表页面，单击商家图片进入商家详情页面。

☑ 商家列表页面：分页展示全部商家信息，包括商家图片、商家名称、起送价、配送费和配送时间等信息。单击商家分类查看指定分类下的商家列表。

☑ 商家详情页面：展示商家信息和食物列表信息，单击“+”或“-”按钮可以更改购物车中的食物数量。加入购物车的食物总价格大于或等于20元时，“20元起送”按钮变为红色的“立即下单”按钮，此时，用户可以下单。

☑ 提交订单页面：显示购物车中的食物信息，提供新增收货地址并选择收货地址的功能，还为用户提供了输入留言和发票信息的功能。

☑ 选择支付方式页面：显示订单支付截止时间、应付金额，并可以选择支付方式。单击“取消订单”超链接将取消订单，并跳转到商家详情页面，单击“返回修改订单”超链接可以返回到提交订单页面。

☑ 订单跟踪页面：显示订单状态，订单状态包括5个部分，分别是商家已接单、骑手正赶往商家、骑手已拿到货、骑手正在送货和已送达。

☑ 注册和登录页面：为用户提供注册和登录的功能。

9.3 技术准备

9.3.1 技术概览

在开发吃了么外卖网时应用了JavaScript中的JSON和Ajax等技术。其中，JSON技术在前面的章节已经做了介绍，下面将简述本项目所用的Ajax及其具体作用。

Ajax是JavaScript、XML、CSS、DOM等多种已有技术的组合，可以实现客户端的异步请求操作，这样客户端在不需要刷新页面的情况下可以与服务器进行通信，从而减少了用户的等待时间。

Ajax使用的技术中，最核心的技术就是XMLHttpRequest，它是一个具有应用程序接口的JavaScript对象，能够使用超文本传输协议（HTTP）连接一个服务器。在使用XMLHttpRequest对象发送请求和处理响应之前，首先需要初始化该对象。主流浏览器把XMLHttpRequest对象实例化为一个本地JavaScript对象。具体方法如下：

```
var http_req–uest = new XMLHttpRequest();
```

XMLHttpRequest对象提供了一些常用属性，通过这些属性可以获取服务器的响应状态及响应内容等。XMLHttpRequest对象还提供了一些常用的方法，通过这些方法可以对请求进行操作。下面对XMLHttpRequest对象的常用属性和常用方法进行介绍。

1. XMLHttpRequest对象的常用属性

1）指定状态改变时所触发的事件处理器的属性

XMLHttpRequest对象提供了用于指定状态改变时所触发的事件处理器的属性onreadystatechange。在Ajax中，每个状态改变时都会触发这个事件处理器，通常会调用一个JavaScript函数。

例如，通过下面的代码可以实现指定状态改变时所要触发的 JavaScript 函数，这里为 getResult()。

```
http_request.onreadystatechange = getResult;                //状态改变时执行 getResult()函数
```

2）获取请求状态的属性

XMLHttpRequest 对象提供了用于获取请求状态的属性 readyState，该属性共包括 5 个属性值，如表 9.1 所示。

表 9.1　readyState 属性的属性值

值	意　　义	值	意　　义
0	未初始化	1	正在加载
2	已加载	3	交互中
4	完成		

在实际应用中，该属性经常用于判断请求状态，当请求状态等于 4（完成）时，再判断请求是否成功，如果成功将开始处理返回结果。

3）获取服务器的字符串响应的属性

XMLHttpRequest 对象提供了用于获取服务器响应的属性 responseText，表示为字符串。例如，获取服务器返回的字符串响应，并赋值给变量 result，可以使用下面的代码：

```
var result=http_request.responseText;                //获取服务器返回的字符串响应
```

在上面的代码中，http_request 为 XMLHttpRequest 对象。

4）返回服务器的 HTTP 状态码的属性

XMLHttpRequest 对象提供了用于返回服务器的 HTTP 状态码的属性 status。该属性的语法格式如下：

```
http_request.status
```

http_request 为 XMLHttpRequest 对象。它的返回值为长整型的数值，代表服务器的 HTTP 状态码。常用的状态码如表 9.2 所示。

表 9.2　status 属性的状态码

值	意　　义	值	意　　义
100	继续发送请求	200	请求已成功
202	请求被接受，但尚未成功	400	错误的请求
404	文件未找到	408	请求超时
500	内部服务器错误	501	服务器不支持当前请求所需要的某个功能

注意

status 属性只在 send()方法返回成功时才有效。

2. XMLHttpRequest 对象的常用方法

1）初始化 HTTP 请求的方法

open()方法用于初始化一个 HTTP 请求。该方法需要在实际发送请求之前调用，并且必须在 send()方法之前调用，具体语法如下：

```
open("method","URL"[,asyncFlag[,"userName"[, "password"]]])
```

open()方法的参数说明如表 9.3 所示。

表 9.3 open()方法的参数说明

参　数	说　明
method	用于指定请求的类型，一般为 GET 或 POST
URL	用于指定请求地址，可以使用绝对地址或者相对地址，并且可以传递查询字符串
asyncFlag	为可选参数，用于指定请求方式，异步请求为 true，同步请求为 false，默认情况下为 true
userName	为可选参数，用于指定请求用户名，没有时可省略
password	为可选参数，用于指定请求密码，没有时可省略

例如，设置异步请求目标为 book.html，请求方法为 GET，请求方式为异步，代码如下：

```
http_request.open("GET","book.html",true);                //设置异步请求，请求方法为 GET
```

2）向服务器发送请求的方法

send()方法用于向服务器发送请求。如果请求声明为异步，该方法将立即返回，否则将等到接收到响应为止。send()方法的语法格式如下：

```
send(content)
```

参数 content 用于指定发送的数据，可以是 DOM 对象的实例、输入流或字符串。如果没有参数需要传递，可以设置为 null。

例如，向服务器发送一个不包含任何参数的请求，可以使用下面的代码：

```
http_request.send(null);                //向服务器发送一个不包含任何参数的请求
```

有关 Ajax 的基础知识在《JavaScript 从入门到精通（第 5 版）》中有详细的讲解，对这些知识不太熟悉的读者可以参考该书对应的内容。下面将对 Bootstrap 进行必要介绍，以确保读者可以顺利完成本项目。

9.3.2 Bootstrap

Bootstrap 是基于 HTML、CSS、JavaScript 的一个简洁、灵活的开源框架。Bootstrap 中预定义了一套 CSS 样式和与样式对应的 jQuery 代码，在应用该框架时，只需提供固定的 HTML 结构，并且为各元素添加 Bootstrap 中提供的 class 名称，即可实现指定的效果。

Bootstrap 中包含的内容有重置样式、CSS 样式、工具、布局以及组件等。具体如下：

☑ 重置样式：HTML 中的标签都有自己的样式，而 Bootstrap 则重置了这些标签的样式。

☑ CSS 样式：除了设置各标签的默认样式以外，Bootstrap 还提供了一些可选样式，以及设置组件样式，这些样式都可以在自己的网站中使用。

☑ 工具：Bootstrap 自带边框、颜色等工具，这些工具可以快速应用于图像、按钮或者其他元素。

☑ 布局：包括包装容器、强大的栅格系统、灵活的媒体查询以及多个响应式工具。

☑ 组件：Bootstrap 提供了二十多个组件，开发者可以根据需要将这些组件应用到自己的网站中。

在本项目中，主要应用了 Bootstrap 设置页面样式，应用了第三方插件 Bootbox.js 实现创建自定义对话框的功能。使用 Bootstrap 设置页面样式的相关内容比较多，这里不做介绍。下面讲解如何使用 Bootbox.js 插件实现自定义对话框的创建。

1. 自定义对话框的内容

自定义对话框是通过 dialog()方法实现的，然后通过相关选项、方法以及相关事件等实现自定义对话框的功能。下面通过代码具体讲解。

```
var dialog = bootbox.dialog({
    title: "申请提交",
    message: "<div class='text-center'>正在审核…</div>",
    size: "small"
})
dialog.init(function () {
    setTimeout(function () {
        dialog.find('.bootbox-body').html('申请成功')
    }, 3000)
})
```

上面代码中，title 属性用于定义对话框的标题；message 属性用于定义对话框的内容；size 属性用于定义对话框的尺寸，而 init()方法则可以修改对话框的内容，上面代码在浏览器中的对话框效果如图 9.2 所示，经过 3 秒之后，对话框的内容修改为“申请成功”，如图 9.3 所示。

图 9.2　对话框初始效果

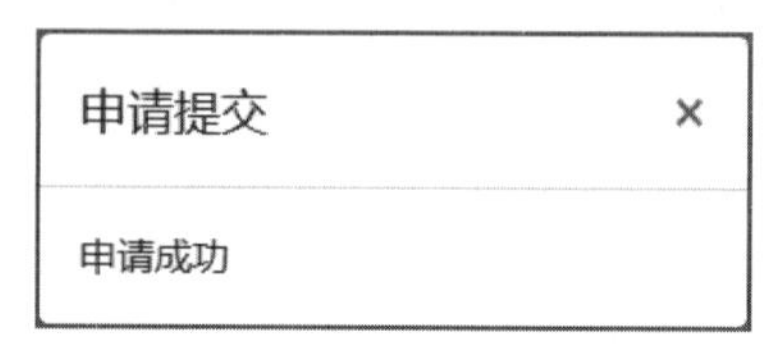

图 9.3　改变对话框的内容

2. 自定义对话框的按钮

通过 dialog()方法定义的对话框可以自定义若干按钮，并且分别为其添加样式以及回调函数等，例如下面代码就是为自定义对话框添加了 3 个按钮。

```
bootbox.dialog({
    title: "自定义对话框的按钮以及回调函数",
    message: "<div class='text-center'>单击不同的按钮调用不同的函数</div>",
    buttons: {
        cancel: {
            label: "关闭",
            className: "btn-danger",
            callback: function () {
                alert("关闭对话框成功")
            }
        },
        customBtn: {
            label: "这是一个自定义的按钮",
            className: "btn-success",
            callback: function () {
                alert("你单击了一个自定义按钮")
                return false;
            }
        },
        ok: {
            label: "提交",
            className: "btn-info",
            callback: function () {
                alert("成功提交对话框")
            }
        }
    }
})
```

其效果如图 9.4 所示。

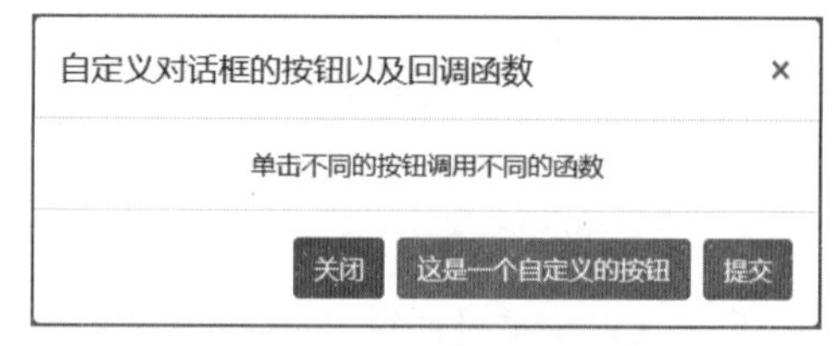

图 9.4　自定义对话框的按钮

3. bootbox 中模态框的参数设置

前面介绍的定义 bootbox 对话框内容以及样式都是对 bootbox 中模态框的各参数（如 message、title 以及 size 等）的设置。而表 9.4 所列出的是 bootbox 中常用的一些参数及其含义。

表 9.4 bootbox 中各参数及其含义

参数	含义
message	显示在对话框中的文字或标签
title	添加对话框的标题
callback	回调函数，除 alert()外，其他模态框可提供无参数
onEscape	用户是否可以通过 ESC 键关闭模态框
onShow	添加一个回调函数，该函数被绑定到 show.bd.modal 事件
onShown	添加一个回调函数，该函数被绑定到 shown.bd.modal 事件
onHide	添加一个回调函数，该函数被绑定到 hide.bd.modal 事件
ONhidden	添加一个回调函数，该函数被绑定到 hidden.bd.modal 事件
show	是否立即显示对话框
backdrop	是否显示背景（遮罩）
CloseButton	模态框是否具有关闭按钮
animate	对对话框进行动画处理
className	应用于对话框包裹的附加类
size	将 Bootstrap 模态框大小的样式类添加到对话框的包装类
buttons	通过 JavaScript 对象定义按钮的样式

例如，添加一个自定义对话框，并且为对话框添加信息、标题等内容。代码如下：

```
bootbox.dialog({
    message: "这是一个没有关闭按钮×的对话框",    //添加对话框信息
    title: "关闭对话框之前会有提示",             //添加对话框标题
    closeButton: false,                          //取消对话框的关闭图标
    //设置按钮样式
    buttons: {
        cancel: {
            label: "我知道了",
            className: "btn-danger",
        }
    },
    //对话框关闭前的提示
    onHide: function (e) {
        bootbox.alert("这个对话框即将被关闭")
    }
})
```

上面代码的初始效果如图 9.5 所示。单击按钮“我知道了”时，会弹出对话框关闭前的提示对话框，如图 9.6 所示。

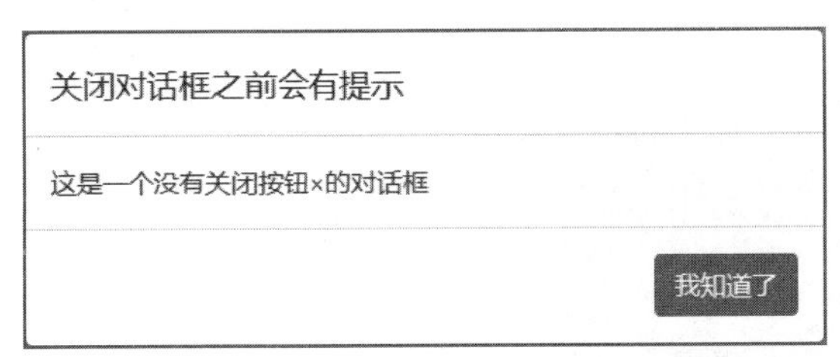

图 9.5 自定义对话框的信息和标题等

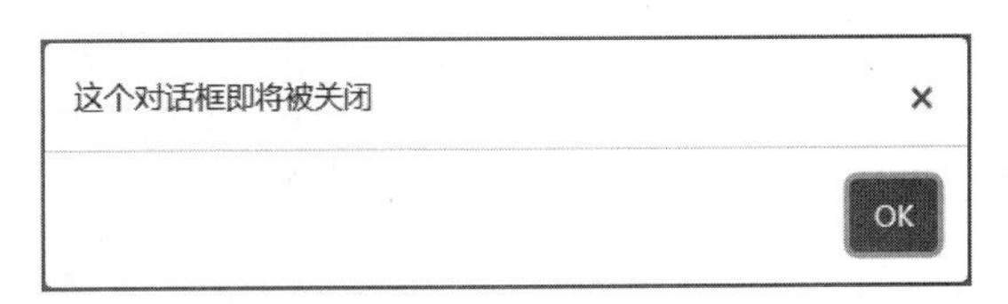

图 9.6 onHide 作用效果

9.4 主页的设计与实现

9.4.1 主页的设计

吃了么外卖网的主页主要由页面头部、页面主体以及页面尾部组成。页面头部包括登录和注册超链接，以及网站 logo 等内容。页面主体包括导航、广告轮播图和商家分类展示信息，页面尾部包括导航和版权信息。主页的效果如图 9.7 所示。

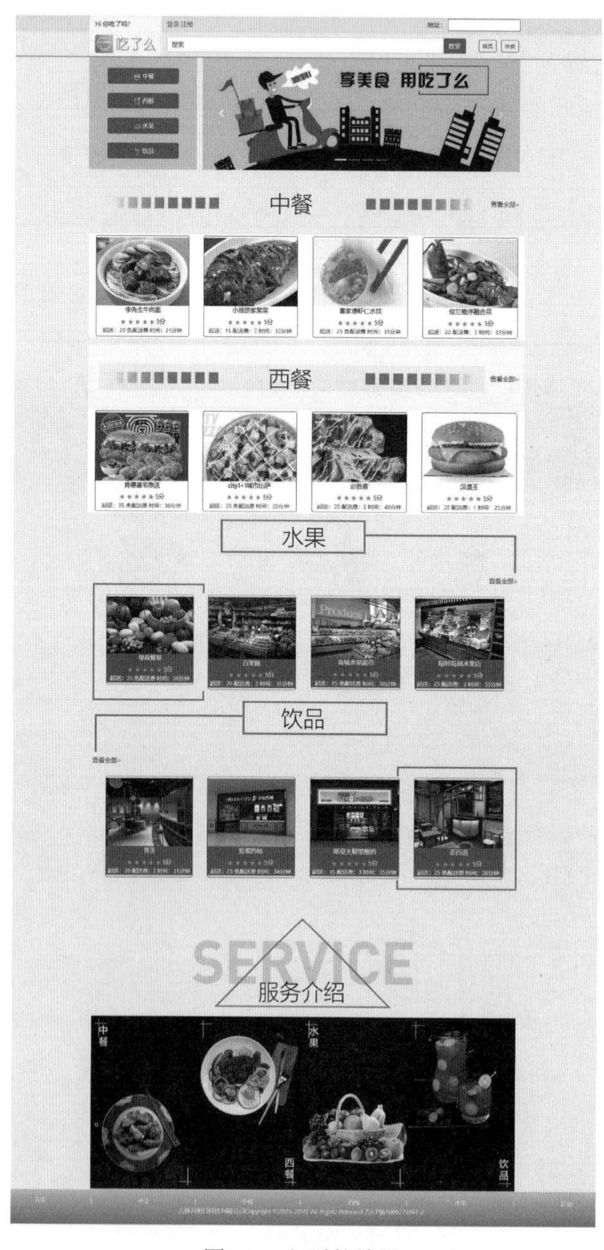

图 9.7 主页的效果

9.4.2 页面头部和页面尾部的实现

根据由简到繁的原则，首先实现页面头部和页面尾部的功能。页面头部的界面效果如图 9.8 所示。页面尾部的界面效果如图 9.9 所示。

图 9.8 主页的页面头部区域

图 9.9 主页的页面尾部区域

具体实现步骤如下。

（1）在项目文件夹下新建 index.html 文件。在文件中编写代码，实现页面头部的功能。在<div>标签中添加<script>标签，在<script>标签中编写 JavaScript 代码，使用 if 语句判断用户是否已登录，如果已登录就输出登录用户名和“退出登录”超链接，如果未登录就输出“登录”和“注册”超链接。之后定义搜索文本框以及“首页”和“外卖”超链接。关键代码如下：

```
<div id="top" class="fixed-top">
    <div class="top1 container-fluid" style="background: #ece9e9 ">
        <div class="top1_con container">
            <ul class="nav row align-items-center">
                <li class="bg-light col-3 col-sm-2 col-md-2 py-2 d-none d-sm-block">
                    <a href="#" class="text-dark">Hi 你吃了吗?</a>
                </li>
                <li class="mr-auto col">
                    <script>
                        if(sessionStorage.getItem("username")){
                            document.write('<span style="color: green">'+sessionStorage.getItem('username')+', 欢迎您
<a onclick="logout()" style="cursor: pointer;color: red">退出登录</a></span>');
                        }else{
                            document.write('<a href="login.html">登录</a> <a href="register.html">注册</a>')
                        }
                    </script>
                </li>
                <li class="col-auto">
                    <label>地址: </label>
                    <input id="city">
                </li>
            </ul>
        </div>
    </div>
    <div class="top2 container-fluid" style="background-color:rgb(247, 242, 242)">
        <div class="container">
            <div class="row justify-content-between align-items-center">
                <a href="index.html" class="col-3 col-sm-2 col-md-2 bg-light py-2">
                    <img src="image/logo.gif" class="img-fluid"></a>
                <div class="col input-group rounded-lg">
                    <input type="text" class="form-control" placeholder="搜索">
                    <div class="input-group-append">
                        <button class="btn btn-primary">搜索</button>
                    </div>
                </div>
```

```
                <div class="col-auto">
                    <a href="index.html" class="btn btn-outline-primary mx-1 btn-sm">首页</a>
                    <a href="wm_index.html" class="btn btn-outline-primary mx-1 btn-sm">外卖</a>
                </div>
            </div>
        </div>
    </div>
</div>
```

（2）定义 logout()函数，单击“退出登录”超链接时会调用这个函数，在函数中使用 sessionStorage 的 removeItem()方法删除保存的登录用户名，并使用 location 对象的 reload()方法刷新当前页面。代码如下：

```
<script>
    function logout(){
        sessionStorage.removeItem("username");    //删除保存的用户名
        location.reload();                        //刷新页面
    }
</script>
```

（3）实现页面尾部的功能。在<footer>标签中使用<div>标签分别定义导航链接和网站的版权信息。代码如下：

```
<footer id="sj_footer" class="fixed-bottom">
    <div class="text-white">
        <div class="nav pt-3 justify-content-around d-flex">
            <a href="index.html" class="text-white nav-item">首页</a>
            <a href="#" class="text-white nav-item">|</a>
            <a href="wm_index.html" class="text-white nav-item">外卖</a>
            <a href="#" class=" nav-item text-white">|</a>
            <a href="wm_index.html" class=" nav-item text-white">中餐</a>
            <a href="#" class=" nav-item text-white">|</a>
            <a href="wm_index.html" class=" nav-item   text-white">西餐</a>
            <a href="#" class=" nav-item text-white">|</a>
            <a href="wm_index.html" class="nav-item   text-white">水果</a>
            <a href="#" class="nav-item text-white">|</a>
            <a href="wm_index.html" class="nav-item text-white">饮品</a>
        </div>
        <div class="text-center pb-2">
            <p>吉林省明日科技有限公司 Copyright ©2024-2050, All Rights Reserved 吉 ICP 备 10002740 号-2 </p>
        </div>
    </div>
</footer>
```

9.4.3 导航和轮播图的实现

页面主体的顶部是导航和轮播图的展示区域，界面效果如图 9.10 所示。单击导航菜单项可以进入商家列表页面。导航右侧是轮播图。

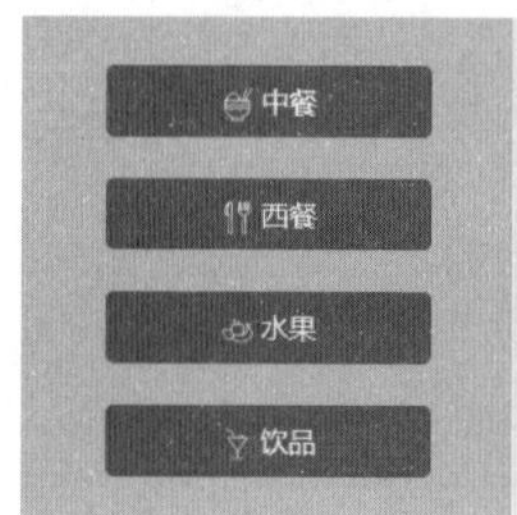

图 9.10　导航和轮播图的界面效果

具体实现方法如下。

首先使用 Bootstrap 中的 nav 组件定义导航，为 4 个导航菜单项设置不同的链接地址。然后定义轮播图组件，使用 slide 类名设置轮播图的过渡动画效果，将轮播图的图片放置在类名为 carousel-inner 的<div>标签中。关键代码如下：

```
<div class="row" id="banner">
    <!--导航-->
    <nav class="col-12 col-md-3 nav text-center flex-row table-primary py-3 px-md-5 flex-md-column justify-content-around
align-items-stretch">
        <a href="wm_index.html" class="nav-link text-white bg-primary rounded-lg">
            <img src="image/zc.png" width="20" class="mr-md-1">中餐
        </a>
        <a href="wm_index.html" class="nav-link text-white bg-primary rounded-lg">
            <img src="image/xc.png" width="20" class="mr-md-1">西餐
        </a>
        <a href="wm_index.html" class="nav-link text-white bg-primary rounded-lg">
            <img src="image/sg.png" width="20" class="mr-md-1">水果
        </a>
        <a href="wm_index.html" class="nav-link text-white bg-primary rounded-lg">
            <img src="image/yp.png" width="20" class="mr-md-1">饮品
        </a>
    </nav>
    <!--轮播图-->
    <div class="col-12 col-md-9 carousel slide overflow-hidden" id="carousel">
        <ol class="carousel-indicators">
            <li data-target="#carousel" data-slide-to="0" class="active"></li>
            <li data-target="#carousel" data-slide-to="1"></li>
            <li data-target="#carousel" data-slide-to="2"></li>
            <li data-target="#carousel" data-slide-to="3"></li>
        </ol>
        <div class="carousel-inner">
            <div class="carousel-item active">
                <img src="image/banner.jpg" class="d-block w-100" alt="">
            </div>
            <div class="carousel-item">
                <img src="image/banner.jpg" class="d-block w-100" alt="">
            </div>
            <div class="carousel-item">
                <img src="image/banner.jpg" class="d-block w-100" alt="">
            </div>
            <div class="carousel-item">
                <img src="image/banner.jpg" class="d-block w-100" alt="">
            </div>
        </div>
        <a href="#carousel" class="carousel-control-prev" data-slide="prev">
            <span class="carousel-control-prev-icon"></span>
        </a>
        <a href="#carousel" class="carousel-control-next" data-slide="next">
            <span class="carousel-control-next-icon"></span>
        </a>
    </div>
    <!--轮播图-->
</div>
```

9.4.4 商家分类展示的实现

导航和轮播图的下方是商家分类展示界面。在主页中主要展示了 4 种分类的商家，4 种分类分别是“中餐”“西餐”“水果”和“饮品”。在不同分类下方展示了该分类中的部分商家信息，包括商家图片、商家名称、起送价、配送费和配送时间等信息。界面效果如图 9.11 所示。

图 9.11　商家分类展示的界面效果

具体实现方法如下。

首先在<div>标签中定义商家分类名称和“查看全部”超链接，然后使用<ul>和<li>标签定义该分类中的商家列表，关键代码如下：

```
<div id="dinner1">
    <div class="row justify-content-between align-items-center ">
        <div class="col-auto"></div>
        <h2 class="col my-5 text-center mr-auto display-4">中餐</h2>
        <a href="wm_index.html" class="col-auto">查看全部></a>
    </div>
    <ul class="row list-unstyled bg-white">
        <li class="col-12 col-md-3">
            <div class="row m-1 py-1 border border-primary text-center rounded-lg">
                <div class="col-5 col-md-12 p-0">
                    <a href="wm_shop.html">
                        <img src="image/businesses/01.jpg" class="img-fluid">
                    </a>
                </div>
                <div class="col-7 col-md-12 p-0 d-flex flex-column justify-content-between">
                    <h6>李先生牛肉面</h6>
                    <div>
                        <ul class="list-unstyled list-inline d-inline-block">
                            <li class="list-inline-item m-0"><img src="image/eva.png" width="15"></li>
                            <li class="list-inline-item m-0"><img src="image/eva.png" width="15"></li>
                            <li class="list-inline-item m-0"><img src="image/eva.png" width="15"></li>
                            <li class="list-inline-item m-0"><img src="image/eva.png" width="15"></li>
                            <li class="list-inline-item m-0"><img src="image/eva.png" width="15"></li>
                            <li class="list-inline-item m-0"><span class=" d-inline-block">5 分</span></li>
                        </ul>
                    </div>
                    <div class="food_sc initialism text-secondary">
                        <span>起送：20 </span><span>免配送费 </span><span>时间：21 分钟</span>
                    </div>
                </div>
            </div>
        </li>
        <li class="col-12 col-md-3">
            <div class="row m-1 py-1 border border-primary text-center rounded-lg">
                <div class="col-5 col-md-12 p-0">
                    <a href="wm_shop.html">
                        <img src="image/businesses/02.jpg" class="img-fluid">
                    </a>
                </div>
                <div class="col-7 col-md-12 p-0 d-flex flex-column justify-content-between">
                    <h6>小油饼家常菜</h6>
                    <div>
                        <ul class="list-unstyled list-inline d-inline-block">
                            <li class="list-inline-item m-0"><img src="image/eva.png" width="15"></li>
                            <li class="list-inline-item m-0"><img src="image/eva.png" width="15"></li>
                            <li class="list-inline-item m-0"><img src="image/eva.png" width="15"></li>
                            <li class="list-inline-item m-0"><img src="image/eva.png" width="15"></li>
                            <li class="list-inline-item m-0"><img src="image/eva.png" width="15"></li>
                            <li class="list-inline-item m-0"><span class=" d-inline-block">5 分</span></li>
                        </ul>
                    </div>
                    <div class="food_sc initialism text-secondary">
                        <span>起送：15 </span><span>配送费：2 </span><span>时间：32 分钟</span>
                    </div>
                </div>
            </div>
        </li>
        <li class="col-12 col-md-3">
            <div class="row m-1 py-1 border border-primary text-center rounded-lg">
                <div class="col-5 col-md-12 p-0">
                    <a href="wm_shop.html">
                        <img src="image/businesses/03.jpg" class="img-fluid">
                    </a>
```

```
                </div>
                <div class="col-7 col-md-12 p-0 d-flex flex-column justify-content-between">
                    <h6>喜家德虾仁水饺</h6>
                    <div>
                        <ul class="list-unstyled list-inline d-inline-block">
                            <li class="list-inline-item m-0"><img src="image/eva.png" width="15"></li>
                            <li class="list-inline-item m-0"><img src="image/eva.png" width="15"></li>
                            <li class="list-inline-item m-0"><img src="image/eva.png" width="15"></li>
                            <li class="list-inline-item m-0"><img src="image/eva.png" width="15"></li>
                            <li class="list-inline-item m-0"><img src="image/eva.png" width="15"></li>
                            <li class="list-inline-item m-0"><span class=" d-inline-block">5 分</span></li>
                        </ul>
                    </div>
                    <div class="food_sc initialism text-secondary">
                        <span>起送：25 </span><span>免配送费  </span><span>时间：35 分钟</span>
                    </div>
                </div>
            </div>
        </li>
        <li class="col-12 col-md-3">
            <div class="row m-1 py-1 border border-primary text-center rounded-lg">
                <div class="col-5 col-md-12 p-0">
                    <a href="wm_shop.html">
                        <img src="image/businesses/04.jpg" class="img-fluid">
                    </a>
                </div>
                <div class="col-7 col-md-12 p-0 d-flex flex-column justify-content-between">
                    <h6>佳兰雅序融合菜</h6>
                    <div>
                        <ul class="list-unstyled list-inline d-inline-block">
                            <li class="list-inline-item m-0"><img src="image/eva.png" width="15"></li>
                            <li class="list-inline-item m-0"><img src="image/eva.png" width="15"></li>
                            <li class="list-inline-item m-0"><img src="image/eva.png" width="15"></li>
                            <li class="list-inline-item m-0"><img src="image/eva.png" width="15"></li>
                            <li class="list-inline-item m-0"><img src="image/eva.png" width="15"></li>
                            <li class="list-inline-item m-0"><span class=" d-inline-block">5 分</span></li>
                        </ul>
                    </div>
                    <div class="food_sc initialism text-secondary">
                        <span>起送：20 </span><span>配送费：2 </span><span>时间：33 分钟</span>
                    </div>
                </div>
            </div>
        </li>
    </ul>
</div>
<!--省略其他相似代码-->
```

9.5 商家列表页面的设计与实现

9.5.1 商家列表页面的设计

单击主页中的某个导航菜单项或“查看全部”超链接可以进入商家列表页面。在商家列表页面中分页展示了某个分类对应的商家列表或全部商家列表，每个商家的信息都包括商家图片、商家名称、起送价、配送费和配送时间等。页面效果如图 9.12 所示。

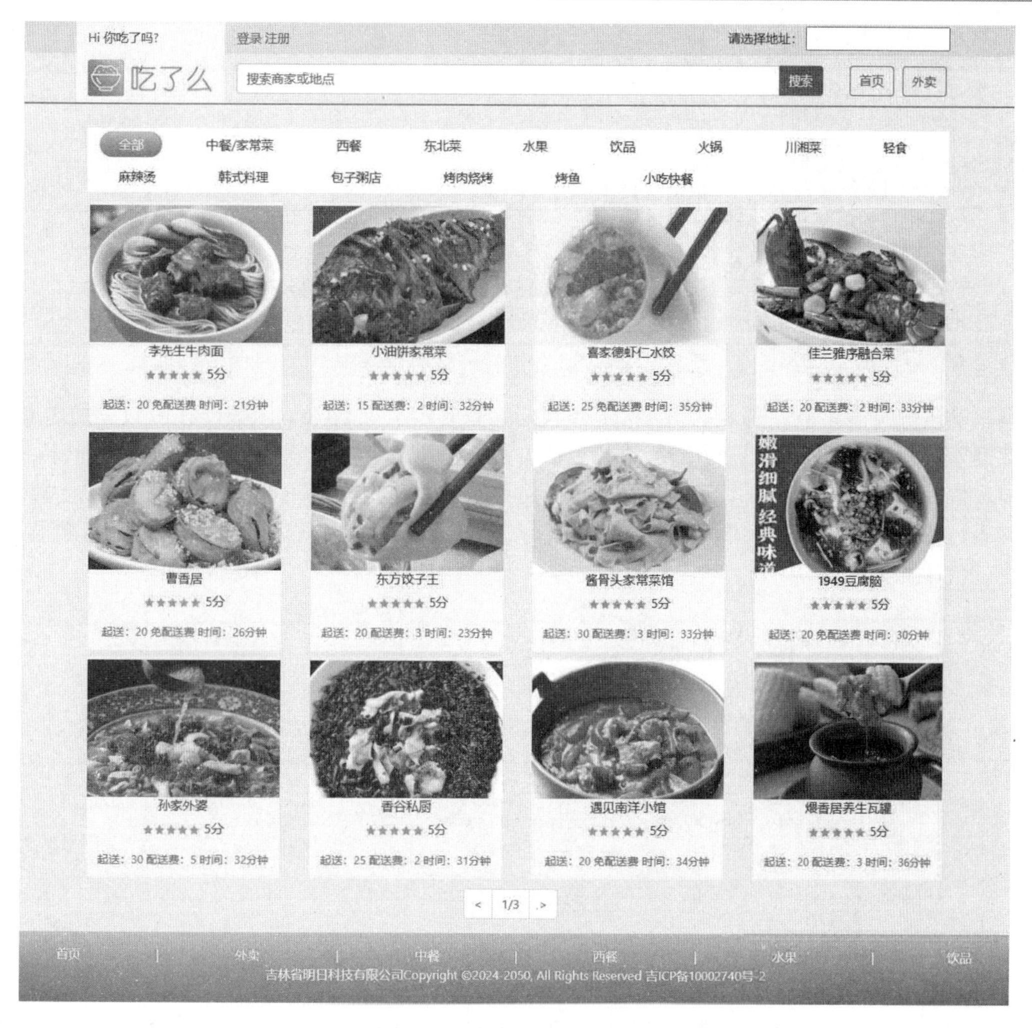

图 9.12　商家列表页面效果

9.5.2　商家列表页面的实现

商家列表页面同样是由页面头部、页面主体和页面尾部组成。其中，页面头部和页面尾部的实现方法和主页类似，这里主要介绍页面主体的实现方法。具体实现方法如下。

（1）在项目文件夹下新建 wm_index.html 文件。在文件中编写实现商家列表的 HTML 代码。在<div>标签中使用<ul>标签和<li>标签按食物类型对商家进行分类，使用<div>标签定义分页部件。关键代码如下：

```
<div id="main" class="container" style="margin: 134px auto 90px ">
    <ul class="wm_list list-unstyled d-flex flex-wrap my-2 bg-white">
        <li class="active px-4 py-1 my-1 mx-3 rounded-pill">全部</li>
        <li class="px-4 py-1 my-1 mx-3 rounded-pill">中餐/家常菜</li>
        <li class="px-4 py-1 my-1 mx-3 rounded-pill">西餐</li>
        <li class="px-4 py-1 my-1 mx-3 rounded-pill">东北菜</li>
        <li class="px-4 py-1 my-1 mx-3 rounded-pill">水果</li>
        <li class="px-4 py-1 my-1 mx-3 rounded-pill">饮品</li>
        <li class="px-4 py-1 my-1 mx-3 rounded-pill">火锅</li>
        <li class="px-4 py-1 my-1 mx-3 rounded-pill">川湘菜</li>
        <li class="px-4 py-1 my-1 mx-3 rounded-pill">轻食</li>
        <li class="px-4 py-1 my-1 mx-3 rounded-pill">麻辣烫</li>
        <li class="px-4 py-1 my-1 mx-3 rounded-pill">韩式料理</li>
```

```
            <li class="px-4 py-1 my-1 mx-3 rounded-pill">包子粥店</li>
            <li class="px-4 py-1 my-1 mx-3 rounded-pill">烤肉烧烤</li>
            <li class="px-4 py-1 my-1 mx-3 rounded-pill">烤鱼</li>
            <li class="px-4 py-1 my-1 mx-3 rounded-pill">小吃快餐</li>
        </ul>
        <div class="row my-2 dj-list"></div>
        <div class="cp_fenye row justify-content-center">
            <ul class="pagination col-12 col-sm-6 justify-content-center">
                <li class="page-item"><a id="prev" class="page-link" href="#"><</a></li>
                <li class="page-item"><a id="show_page" class="page-link" href="#">1/1</a></li>
                <li class="page-item"><a id="next" class="page-link" href="#">></a></li>
            </ul>
        </div>
</div>
```

（2）编写实现分页展示商家列表的 JavaScript 代码。首先定义 ajaxGet()函数，在函数中发送 GET 请求以获取全部商家信息，然后对商家分类进行遍历，单击某个分类时分页展示该分类下的商家列表。接下来分别定义当前页码、每页显示的商家数量、总页数和 page()函数。单击左箭头按钮时调用 page()函数显示上一页的商家列表，单击右箭头按钮时调用 page()函数显示下一页的商家列表。最后调用 page()函数显示当前页的商家列表。代码如下：

```
<script type="text/javascript">
    window.onload = function (){
        var businesses;
        function ajaxGet(url) {
            var xhr = new XMLHttpRequest();
            xhr.open('GET', url, false);
            xhr.onreadystatechange = function() {
                if (xhr.readyState === 4 && xhr.status === 200) {
                    businesses = JSON.parse(xhr.responseText);    //获取全部商家信息
                }
            };
            xhr.send(null);
        }
        ajaxGet('js/business.json');                              //调用函数获取响应数据
        var i, j;                                                 //循环变量
        var data = businesses;                                    //获取全部商家信息
        var wm_list = document.querySelector(".wm_list");         //获取食物类型所在 ul 元素
        var lis = wm_list.querySelectorAll("li");                 //获取食物类型所在 li 元素
        for(i = 0; i < lis.length; i++){
            lis[i].index = i;                                     //设置食物类型索引
            lis[i].onclick = function (){
                var t = this;
                for(var j = 0; j < lis.length; j++){
                    lis[j].classList.remove("active");            //为所有食物类型删除 active 类
                }
                this.classList.add("active");                     //为当前食物类型添加 active 类
                if(this.index === 0){                             //如果单击“全部”类型
                    data = businesses;                            //获取全部商家信息
                }else{
                    //过滤商家信息
                    data = businesses.filter(function (item){
                        return item.type === t.index;
                    })
                }
                totalPage = Math.ceil(data.length / pageSize);    //计算总页数
                curPage = 1;                                      //当前页码
                page(curPage);                                    //调用函数显示当前页商家列表
            }
        }
        var curPage = 1;                                          //当前页码
        var pageSize = 12;                                        //每页显示的商家数量
        var totalPage = Math.ceil(data.length / pageSize);        //总页数
```

```
        function page(n){
            curPage = n;
            //如果当前页是第一页，设置上一页按钮禁用
            if(curPage === 1){
                document.getElementById("prev").style.pointerEvents = "none";
            }else{
                document.getElementById("prev").style.pointerEvents = "";
            }
            //如果当前页是最后一页，设置下一页按钮禁用
            if(curPage === totalPage){
                document.getElementById("next").style.pointerEvents = "none";
            }else{
                document.getElementById("next").style.pointerEvents = "";
            }
            var firstN = pageSize * (curPage - 1);                    //当前页第一条数据索引
            var lastN = firstN + pageSize;                            //当前页最后一条数据索引
            var pageData = data.slice(firstN, lastN);                 //当前页的商家数据
            var djList = document.querySelector(".dj-list");
            djList.innerHTML = "";                                    //清空分页数据
            for(i = 0; i < pageData.length; i++){
                var html = `
                        <div class="col-12 col-md-3">
                            <dl class="row m-1 py-1 text-center bg-light">
                                <dt class="col-5 col-md-12 p-0"><a href="wm_shop.html">
                                    <img src="${pageData[i].pic}" class="img-fluid"></a>
                                </dt>
                                <dd class="col-7 col-md-12 p-0 d-flex flex-column justify-content-between">
                                    <h6>${pageData[i].name}</h6>
                                    <ul class="list-unstyled list-inline d-inline-block">
                    `;
                for(j = 0; j < pageData[i].score; j++){
                    html += `<li class="list-inline-item m-0"><img src="image/eva.png" width="15"></li>`;
                }
                html += `
                                <li  class="list-inline-item  m-0"><span  class="  d-inline-block">${pageData[i].score} 分
</span></li>
                                </ul>
                                <div class="initialism text-secondary">
                                    <span>起送：${pageData[i].startPrice} </span>
                    `;
                if(pageData[i].deliveryPrice !== 0) {
                    html += `<span>配送费：${pageData[i].deliveryPrice} </span>`;
                }else{
                    html += "免配送费 ";
                }
                html += `
                        <span>时间：${pageData[i].time}分钟</span>
                                </div>
                            </dd>
                        </dl>
                    </div>
                    `;
                djList.insertAdjacentHTML("beforeend", html);          //插入 HTML
            }
            document.querySelector("#show_page").innerHTML = curPage + "/" + totalPage; //显示当前页码和总页数
        }
        document.getElementById("prev").onclick = function (){
            curPage--;                                                //当前页码减 1
            page(curPage);                                            //调用 page()函数实现分页显示
        }
        document.getElementById("next").onclick = function (){
            curPage++;                                                //当前页码加 1
            page(curPage);                                            //调用 page()函数实现分页显示
        }
        page(curPage);                                                //调用函数显示当前页商家列表
    }
```

```
</script>
```

9.6 商家详情页面的设计与实现

9.6.1 商家详情页面的设计

单击主页中的商家图片，或者单击商家列表中的商家图片可以进入商家详情页面。商家详情页面由 3 部分组成，即商家信息界面、菜单界面和购物车界面。商家详情的页面效果如图 9.13 所示。

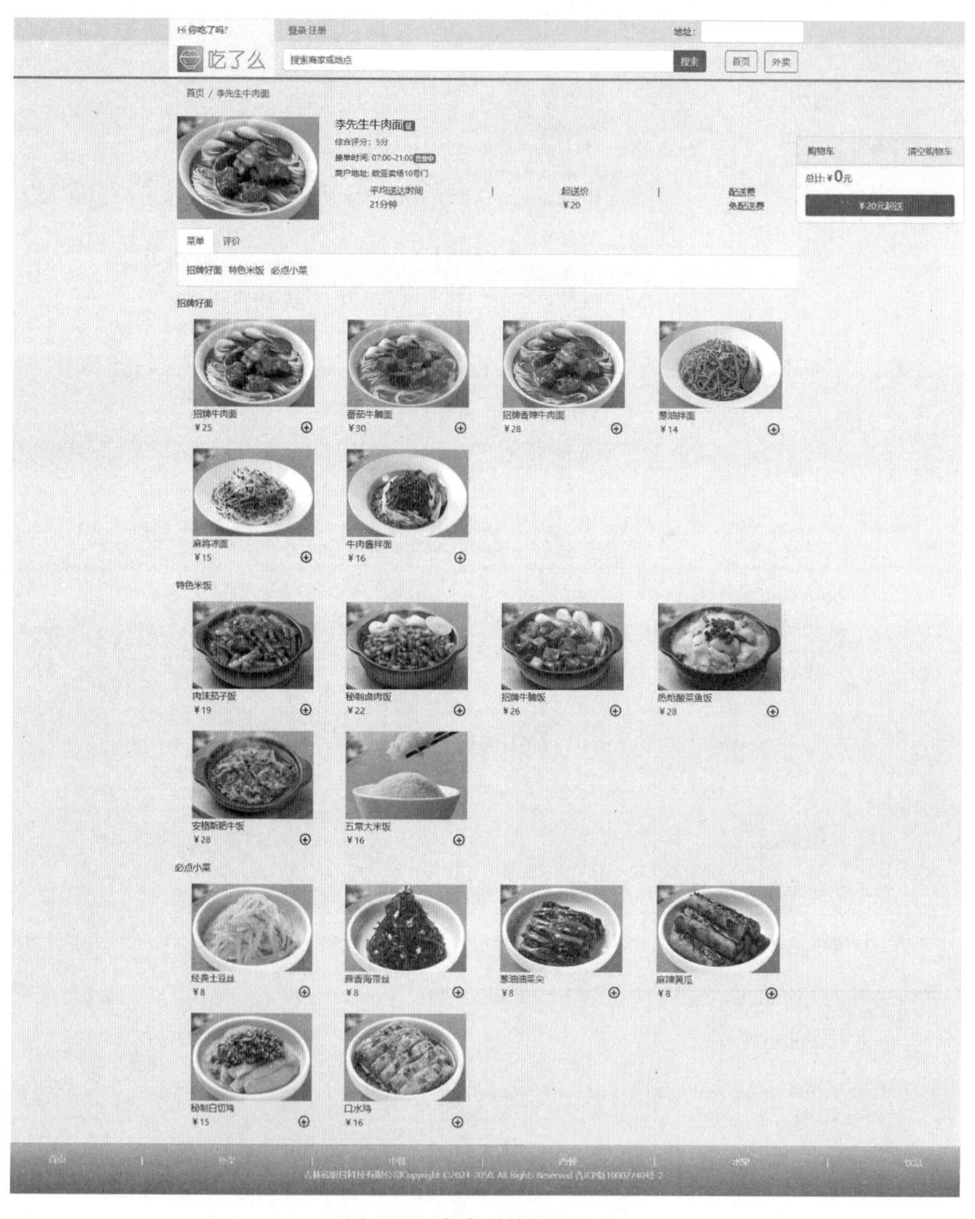

图 9.13 商家详情页面效果

9.6.2 商家信息界面的实现

商家信息界面展示了该商家的具体信息，包括商家图片、商家名称、接单时间、商家地址（商户地址）、平均送达时间、起送价和配送费等信息。商家信息界面的效果如图 9.14 所示。

图 9.14 商家信息界面效果

具体实现步骤如下。

（1）在项目文件夹下新建 wm_shop.html 文件。在文件中编写实现商家信息界面的 HTML 代码。在<div>标签中分别定义商家图片、商家名称、接单时间、商家地址（商户地址）、平均送达时间、起送价和配送费等信息。关键代码如下：

```
<div class="row align-items-stretch">
    <div class="col-md-3 col-5"><img src="image/businesses/01.jpg" class="img-fluid"></div>
    <div class="col d-flex flex-column justify-content-between">
        <p class="mb-0"><span class="h5">李先生牛肉面</span><span class="badge badge-primary">证</span></p>
        <span class="text-danger initialism">综合评分：5 分</span>
        <p class="initialism mb-0"><span>接单时间：07:00-21:00</span><span class="badge badge-success">营业中
</span></p>
        <span class="initialism d-none d-md-block">商户地址：欧亚卖场 10 号门</span>
        <ul class="list-unstyled d-flex justify-content-around">
            <li class="d-none d-md-inline-block">
                <span class="d-inline d-md-block">平均送达时间</span>
                <span class="d-inline d-md-block"></span>
            </li>
            <li class="d-none d-md-inline-block">|</li>
            <li>
                <span class="d-inline d-md-block">起送价</span>
                <span class="d-inline d-md-block"></span>
            </li>
            <li>|</li>
            <li>
                <span class="d-inline d-md-block">配送费</span>
                <span class="d-inline d-md-block"></span>
            </li>
        </ul>
    </div>
</div>
```

（2）编写用于显示平均送达时间、起送价和配送费的 JavaScript 代码。定义 ajaxGet()函数，在函数中发送 GET 请求并在页面中显示响应内容，包括平均送达时间、起送价和配送费等信息。关键代码如下：

```
<script type="text/javascript">
    function ajaxGet(url, callback) {
        var xhr = new XMLHttpRequest();
        xhr.open('GET', url, true);//发送 GET 请求
        xhr.onreadystatechange = function() {
            if (xhr.readyState === 4 && xhr.status === 200) {
                callback(xhr.responseText);
            }
        };
        xhr.send();
    }
```

```
    function handleResponse(response) {
        //解析和处理响应
        var data = JSON.parse(response);
        //在页面上显示响应内容
        document.querySelectorAll(".d-inline")[1].innerHTML = data[0].time + "分钟";
        document.querySelectorAll(".d-inline")[3].innerHTML = "￥" + data[0].startPrice;
        var deliveryPrice = data[0].deliveryPrice ? "￥" + data[0].deliveryPrice : "免配送费";
        document.querySelectorAll(".d-inline")[5].innerHTML = deliveryPrice;
    }
    ajaxGet('js/business.json', handleResponse);
</script>
```

9.6.3 菜单界面的实现

菜单界面主要展示了该商家提供的食物列表。内容包括食物图片、食物名称、食物单价，以及用于更改食物数量的“-”按钮和“+”按钮。菜单界面效果如图 9.15 所示。

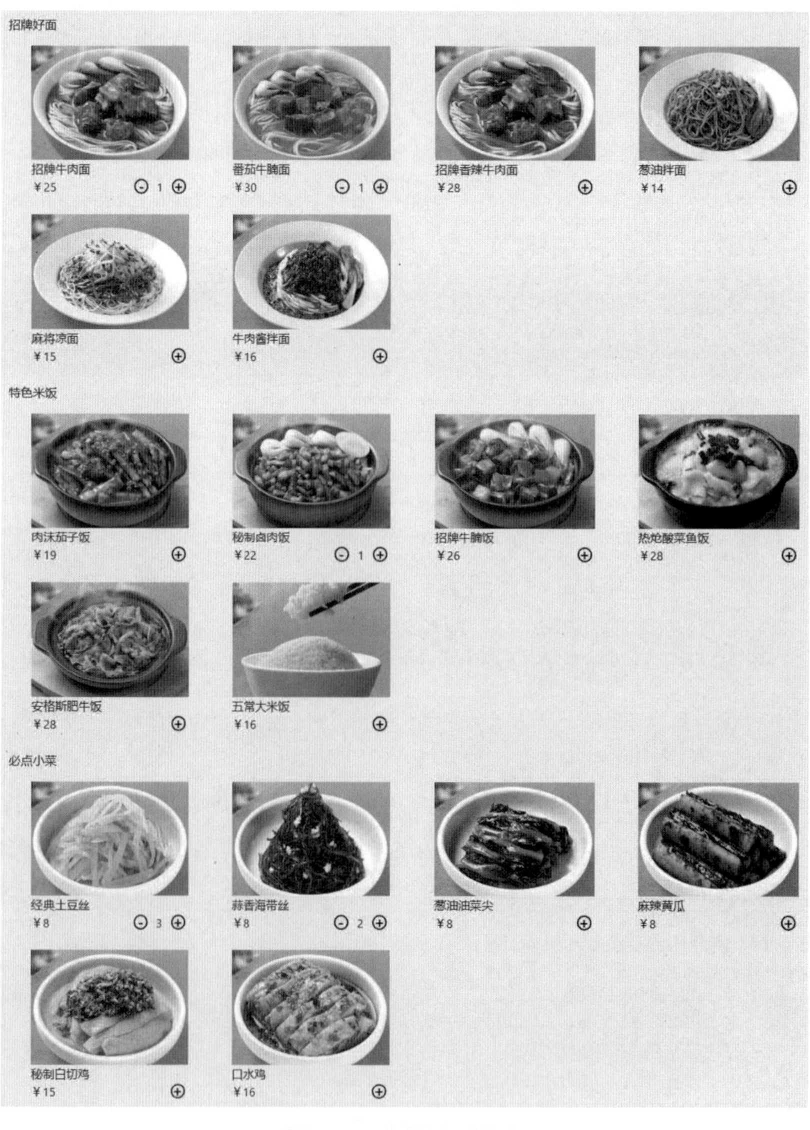

图 9.15　菜单界面效果

具体实现步骤如下。

（1）编写实现菜单界面的 HTML 代码。在<div>标签中使用<ul>和<li>标签定义食物种类。关键代码如下：

```
<div class="tab-pane show active" id="order" role="tabpanel">
    <ul class="fixedmeau list-inline list-unstyled rounded-lg p-3 bg-light border ">
        <li class="list-inline-item"><a href="#noodle" class="text-dark">招牌好面</a></li>
        <li class="list-inline-item"><a href="#rice" class="text-dark">特色米饭</a></li>
        <li class="list-inline-item"><a href="#dish" class="text-dark">必点小菜</a></li>
    </ul>
</div>
```

（2）编写实现菜单界面的 JavaScript 代码。首先使用 insertAdjacentHTML()方法将食物列表添加到页面的指定位置。然后判断用户是否已登录，如果已登录就将购物车中的指定食物数量和食物总价显示在页面中。接下来分别定义单击“+”按钮和“-”按钮所执行的操作，最后定义 updateCart()函数，在函数中实现更新购物车的功能。关键代码如下：

```
<script type="text/javascript">
    window.onload = function (){
        var eval_nav = document.querySelector(".eval_nav");
        var as = eval_nav.querySelectorAll("a");
        var fades = document.querySelectorAll(".fade");
        var i, j;
        for(i = 0; i < as.length; i++){
            as[i].index = i;
            as[i].onclick = function (){
                for(j = 0; j < as.length; j++){
                    as[j].classList.remove("active");
                    fades[j].style.display = "none";
                }
                this.classList.add("active");
                fades[this.index].style.display = "block";
            }
        }
        var foodList = [];
        var shop_car = document.querySelector(".shop_car");
        for(i = 0; i < food.length; i++){
            foodList = foodList.concat(food[i].foods);                    //将所有食物信息元素放在一个数组中
            var html1 = `
                        <div id="${food[i].id}" class="food">
                            <p>${food[i].type}</p>
                            <div class="row">
                    `;
            shop_car.insertAdjacentHTML("beforebegin", html1);
            for(j = 0; j < food[i].foods.length; j++){
                var html2 = `
                            <dl class="col-12 col-sm-4 col-md-3 d-flex flex-row flex-md-column ">
                                <dt class="col-6 col-md-auto">
                                    <img src="${food[i].foods[j].pic}" class="img-fluid">
                                </dt>
                                <dd class="col-6 col-md-auto d-flex flex-column d-md-block justify-content-between">
                                    <div>${food[i].foods[j].name}</div>
                                    <div class="d-flex justify-content-between">
                                        <span class="mr-auto">￥${food[i].foods[j].price}</span>
                                        <div>
                                            <button class="minus mx-1" style="display:none"><span class="minus_
icon">-</span></button>
                                            <span class="mx-1" style="display:none">0</span>
                                            <button class="add mx-1"><span class="add_icon">+</span></button>
                                        </div>
```

```
                                </div>
                            </dd>
                        </dl>
                    `;
            shop_car.insertAdjacentHTML("beforebegin", html2);
        }
        var html3 = `
                    </div>
                    </div>
                `;
        shop_car.insertAdjacentHTML("beforebegin", html3);
    }
    var adds = document.querySelectorAll(".add");                    //获取所有加号按钮元素
    var minus = document.querySelectorAll(".minus");                 //获取所有减号按钮元素
    var tpEle = document.querySelector("#totalpriceshow");           //获取显示总价的元素
    if(sessionStorage.getItem('cartList')){
        var cartList = JSON.parse(sessionStorage.getItem('cartList'));  //获取购物车列表
        for(i = 0; i < cartList.length; i++){
            minus[cartList[i].index].style.display = "inline-block";    //显示购物车中食物的减号按钮
            //显示购物车中食物的数量
            minus[cartList[i].index].nextElementSibling.style.display = "inline-block";
            minus[cartList[i].index].nextElementSibling.innerHTML = cartList[i].num.toString();
        }
        tpEle.innerHTML = sessionStorage.getItem("totalPrice");         //显示食物总价
        jss();
    }
    for(i = 0; i < adds.length; i++){
        adds[i].index = i;                                           //设置加号按钮索引
        adds[i].onclick = function (){
            if(!sessionStorage.getItem("username")){                 //如果用户未登录
                alert("请您先登录！");
                location.href = "login.html";                        //跳转到登录页面
                return false;
            }
            this.previousElementSibling.style.display = "inline-block";  //显示数量
            this.previousElementSibling.previousElementSibling.style.display = "inline-block";  //显示减号按钮
            var n = this.previousElementSibling.innerHTML;           //获取数量
            var num = parseInt(n) + 1;                               //数量加 1
            this.previousElementSibling.innerHTML = num.toString();  //显示加 1 后的数量
            var unitPrice = this.parentElement.previousElementSibling.innerHTML.substring(1); //获取单价
            var totalPrice = tpEle.innerHTML;                        //获取当前总价
            tpEle.innerHTML = parseInt(totalPrice) + parseInt(unitPrice);//重新计算当前总价
            sessionStorage.setItem("totalPrice", tpEle.innerHTML);   //保存总价
            jss();
            var foodInfo = [
                {
                    index: this.index,
                    name: foodList[this.index].name,
                    price: foodList[this.index].price,
                    num: num
                }
            ]
            updateCart(foodInfo);
        }
    }
    for(j = 0; j < minus.length; j++){
        minus[j].index = j;                                          //设置减号按钮索引
        minus[j].onclick = function (){
            var n = this.nextElementSibling.innerHTML;               //获取数量
            var num = parseInt(n) - 1;                               //数量减 1
            this.nextElementSibling.innerHTML = num.toString();      //显示减 1 后的数量
            var unitPrice = this.parentElement.previousElementSibling.innerHTML.substring(1); //获取单价
            var totalPrice = tpEle.innerHTML;                        //获取当前总价
```

```
                tpEle.innerHTML = parseInt(totalPrice) - parseInt(unitPrice); //重新计算当前总价
                sessionStorage.setItem("totalPrice", tpEle.innerHTML);     //保存总价
                if (num === 0) {
                    //如果数量是 0 就隐藏数量和减号按钮
                    this.nextElementSibling.style.display = "none";
                    this.style.display = "none";
                }
                jss();                                                      //改变按钮样式
                var foodInfo = [
                    {
                        index: this.index,
                        name: foodList[this.index].name,
                        price: foodList[this.index].price,
                        num: num
                    }
                ]
                updateCart(foodInfo);
            }
        }
    }
    function updateCart(obj){
        //获取购物车列表
        var cartList = sessionStorage.getItem('cartList')?JSON.parse(sessionStorage.getItem('cartList')):[];
        if(cartList.length === 0){
            sessionStorage.setItem('cartList',JSON.stringify(obj));         //向购物车中添加该食物
        }else{
            var index = cartList.findIndex(function (item){                 //获取购物车中该食物的索引
                return item.name === obj[0].name;
            })
            if(index === -1){
                //如果购物车中没有该食物，就将该食物添加到购物车末尾
                cartList.push(obj[0]);
                sessionStorage.setItem('cartList',JSON.stringify(cartList)); //保存购物车
            }else{
                //如果购物车中有该食物，就更新该食物数量
                cartList[index].num = obj[0].num;
                if(obj[0].num === 0){
                    cartList.splice(index, 1);
                }
                sessionStorage.setItem('cartList',JSON.stringify(cartList)); //保存购物车
            }
        }
    }
</script>
```

9.6.4 购物车界面的实现

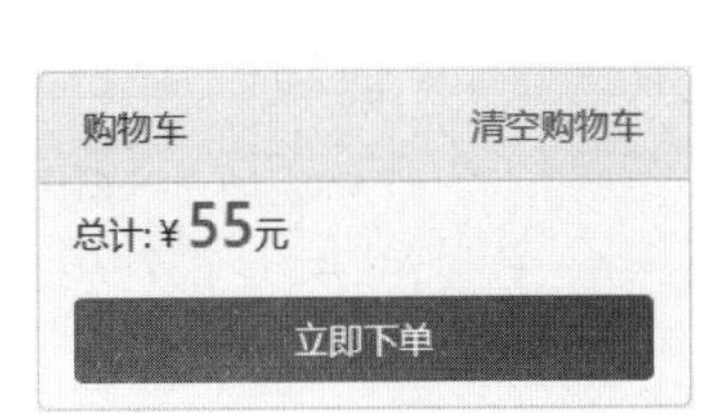

图 9.16 购物车界面效果

用户在菜单界面单击“+”按钮选择食物后，购物车界面将显示所选食物的总价等信息。购物车界面效果如图 9.16 所示。

具体实现步骤如下。

（1）编写实现购物车界面的 HTML 代码。在<div>标签中分别定义“清空购物车”超链接、选择食物的总价和购物车中显示的按钮。关键代码如下：

```
<div class="shop_car card bg-light rounded-lg">
    <div class="shop_car_title card-header">
        <span>购物车</span><a href="javascript:void(0)" class="clear_shopcar float-right">清空购物车</a>
        <div class="clr"></div>
    </div>
    <div class="shop_car_con mx-3">
        <p>总计:¥<span id="totalpriceshow" class="h3 text-danger d-inline">0</span>元</p>
        <button class="shop_btn btn btn-secondary btn-block ">¥20 元起送</button>
```

```
    </div>
</div>
```

（2）编写实现购物车界面的 JavaScript 代码。首先获取购物车中的按钮，单击按钮时判断选择食物的总价是否达到 20 元，如果达到 20 元就跳转到提交订单页面。然后定义单击“清空购物车”超链接时调用的函数，在函数中删除 sessionStorage 中保存的购物车列表和食物总价信息。最后定义 jss()函数，在函数中根据食物总价显示不同的按钮文本。关键代码如下：

```
<script type="text/javascript">
    window.onload = function (){
        var shop_btn = document.querySelector(".shop_btn");              //获取“立即下单”按钮
        shop_btn.onclick = function (){
            var m = parseInt(tpEle.innerHTML);                           //获取总价
            if (m >= 20) {
                window.location.href = "wm_plaorder.html";               //跳转到提交订单页面
            }
        }
        var clear_shopcar = document.querySelector(".clear_shopcar");    //获取“清空购物车”超链接
        clear_shopcar.onclick = function (){
            tpEle.innerHTML = "0";                                       //总价设置为 0
            shop_btn.classList.remove("btn-danger");                     //为元素删除 btn-danger 类
            shop_btn.classList.add("btn-secondary");                     //为元素添加 btn-secondary 类
            shop_btn.innerHTML = "￥20 元起送";                           //修改按钮文本
            //遍历所有减号按钮元素
            for(j = 0; j < minus.length; j++){
                if(minus[j].style.display !== "none"){                   //如果显示减号按钮元素
                    minus[j].nextElementSibling.innerHTML = "0";         //数量设置为 0
                    minus[j].nextElementSibling.style.display = "none";  //隐藏数量
                    minus[j].style.display = "none";                     //隐藏减号按钮
                }
            }
            sessionStorage.removeItem("cartList");                       //删除购物车列表
            sessionStorage.removeItem("totalPrice");                     //删除食物总价
        }
    }
    function jss() {
        var tpEle = document.querySelector("#totalpriceshow");           //获取显示总价的元素
        var shop_btn = document.querySelector(".shop_btn");              //获取“立即下单”按钮
        var m = parseInt(tpEle.innerHTML);                               //获取总价
        if (m >= 20) {                                                   //如果总价大于或等于 20
            shop_btn.classList.remove("btn-secondary");                  //为元素删除 btn-secondary 类
            shop_btn.classList.add("btn-danger");                        //为元素添加 btn-danger 类
            shop_btn.innerHTML = "立即下单";                              //修改按钮文本
        } else {
            shop_btn.classList.remove("btn-danger");                     //为元素删除 btn-danger 类
            shop_btn.classList.add("btn-secondary");                     //为元素添加 btn-secondary 类
            shop_btn.innerHTML = "￥20 元起送";                           //修改按钮文本
        }
    }
</script>
```

9.7 提交订单页面的设计与实现

9.7.1 提交订单页面的设计

用户选择食物后，单击购物车界面的“立即下单”按钮可以进入提交订单页面。提交订单页面主要包括购物车中的食物信息、用于选择收货地址的下拉菜单、用于输入留言和发票信息的表单，以及“去付款”按钮等内容。提交订单页面效果如图 9.17 所示。

图 9.17　提交订单页面效果

9.7.2　提交订单页面的实现

提交订单页面主要实现两个功能：一个功能是展示购物车中的食物信息，包括食物名称、食物单价、食物数量和食物的合计金额，界面效果如图 9.18 所示；另一个功能是新增收货地址，并将该收货地址添加到下拉菜单中。单击页面中的“新增收货地址”文本会弹出新增收货地址对话框，效果如图 9.19 所示。在表单中输入收货人信息，并将该地址设置为默认地址，效果如图 9.20 所示。单击对话框中的“保存”按钮后，收货地址下拉菜单的效果如图 9.21 所示。

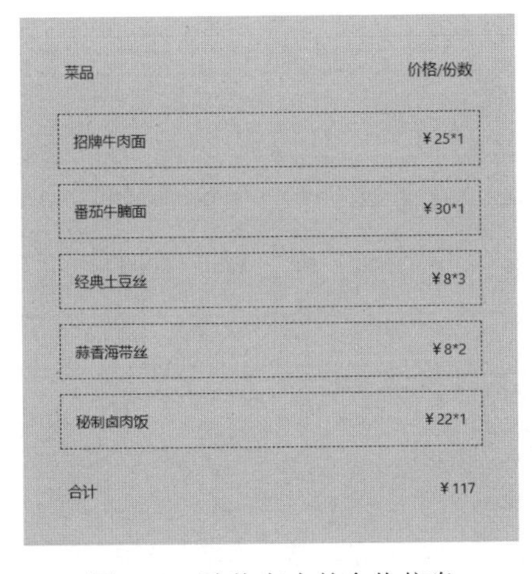

图 9.18　购物车中的食物信息

新增收货地址 ×
收货人
所在地区
详细地址
手机号码
设为默认地址
取消 保存

图 9.19　弹出的新增收货地址对话框

图 9.20　输入收货人信息

图 9.21　收货地址下拉菜单

具体实现步骤如下。

（1）在项目文件夹下新建 wm_plaorder.html 文件。在文件中编写提交订单页面的 HTML 代码。在<div>标签中分别定义购物车中的食物信息、“新增收货地址”文本、用于选择收货地址的下拉菜单、用于输入留言和发票信息的表单，以及“去付款”按钮。关键代码如下：

```
<div id="main" class="container" style="margin-bottom: 90px">
    <div class="breadcrumb d-flex justify-content-sm-start">
        <a class="breadcrumb-item" href="index.html">首页</a>
        <a class="breadcrumb-item" href="wm_shop.html">李先生牛肉面</a>
        <a class="breadcrumb-item active" href="#">确认购买</a>
    </div>
    <div class="sure_or row ">
        <div class="col-md-6 col-12">
            <div class="text-center"><img src="image/sure_list_bg.png" class="img-fluid"></div>
            <ul style="background:rgb(154,229,250)" class="list-unstyled p-4">
                <li class="d-flex justify-content-between m-2 p-3">
                    <span>菜品</span><span>价格/份数</span>
                </li>
            </ul>
        </div>
        <div class="sure_xx    col-md-6 col-12">
            <div class="d-flex justify-content-between">
                <p>送餐详情</p>
                <p onClick="address()">新增收货地址</p>
            </div>
            <form action="wm_pay.html">
                <div class="row p-2">
                    <select class="form-control custom-select custom-select-lg bg-transparent text-warning"
                            style="border:1px #eb8b02 dashed;">
                        <option>吉林省长春市高新区幸福花园 100 栋 3 单元 307 Tony 136****8888</option>
                    </select>
                </div>
                <div class="row my-3">
                    <label class="col-auto col-sm-3 text-secondary">我要留言：</label>
                    <input type="text" class="col form-control" placeholder="请输入口味、偏好等要求">
                </div>
                <div class="row my-3">
                    <label class="col-auto col-sm-3 text-secondary">发票信息：</label>
                    <input type="text" class="col form-control" placeholder="输入发票抬头">
                </div>
                <div class="row my-3 pb-5" style="border-bottom: 2px #666 dashed;">
```

```
                <label class="col-auto col-sm-3 text-secondary"></label>
                <input type="text" class="col form-control" placeholder="输入纳税人识别号">
            </div>
            <div class="d-flex my-5 justify-content-between">
                <div>您需要支付：<span class="h3 text-danger"></span></div>
                <button class="go_pay btn btn-danger">去付款</button>
                <div></div>
            </div>
        </form>
    </div>
  </div>
</div>
```

（2）编写显示购物车中食物信息的 JavaScript 代码。首先获取 sessionStorage 中保存的购物车列表，然后对该列表进行遍历，在遍历时使用 insertAdjacentHTML()方法将购物车中的食物信息添加到页面中。代码如下：

```
<script>
    window.onload = function (){
        if(!sessionStorage.getItem("username")){                          //如果用户未登录
            alert("请您先登录！");
            location.href = "login.html";                                   //跳转到登录页面
            return false;
        }
        var orderListEle = document.querySelector(".p-4");
        var cartList = JSON.parse(sessionStorage.getItem("cartList"));
        var totalPrice = 0;
        var html = "";
        for(var i = 0; i < cartList.length; i++){
            totalPrice += cartList[i].price * cartList[i].num;
            html += `
                <li class="d-flex justify-content-between m-3 p-3" style="border:1px dashed #333;">
                    <span>${cartList[i].name}</span><span>￥${cartList[i].price}*${cartList[i].num}</span>
                </li>
            `;
        }
        html += `
            <li class="d-flex justify-content-between m-2 p-3">
                <span>合计</span><span>￥${totalPrice}</span>
            </li>
        `;
        orderListEle.insertAdjacentHTML("beforeend", html);
        if(sessionStorage.getItem("address")){
            var customSelect = document.querySelector(".custom-select");
            customSelect.innerHTML = sessionStorage.getItem("address");
        }
        document.querySelector(".h3").innerHTML = "￥" + totalPrice;
    }
</script>
```

（3）编写实现新增收货地址功能的 JavaScript 代码。首先定义 address()函数，在函数中使用 Bootbox.js 插件中的 dialog()方法弹出对话框，并设置对话框的标题、大小和按钮等参数，然后使用 init()方法设置对话框中显示的内容。代码如下：

```
<script>
    function address() {
        var dialog=bootbox.dialog({
            title: "新增收货地址",
            message: "<div></div>",
            size:"large",
```

```
            centerVertical:true,
            buttons: {
                cancel: {
                    label: "取消",
                    className: "btn-danger",
                },
                ok: {
                    label: "保存",
                    className: "btn-primary",
                    callback: function () {
                        var consignee = document.querySelector("#consignee");
                        var area = document.querySelector("#area");
                        var address = document.querySelector("#address");
                        var tel = document.querySelector("#tel");
                        var setAutoAddr = document.querySelector("#setAutoAddr");
                        var customSelect = document.querySelector(".custom-select");
                        //拼接收货地址
                        var info = area.value + address.value + " " + consignee.value + " " + tel.value;
                        var option = document.createElement("option");              //创建 option 元素
                        option.innerHTML = info;                                    //设置元素内容
                        if(setAutoAddr.checked){
                            option.selected = true;                                 //选中该选项
                            customSelect.insertBefore(option, customSelect.firstChild);    //将地址添加到第一项
                        }else{
                            customSelect.appendChild(option);                       //将地址添加到最后一项
                        }
                        sessionStorage.setItem("address", customSelect.innerHTML);  //保存收货地址选项
                    }
                }
            }
        })
        dialog.init(function () {
            var formstart = "<form class='form'>";
            var html1=`<div class='row align-items-center my-2'>
                <div class='col-md-3'>收货人</div>
                <div class='col'><input id='consignee' type='text' class='form-control'> </div>
            </div>`;
            var html2 = `<div class='row align-items-center my-2'>
                <div class='col-md-3'>所在地区</div>
                <div class='col'><input id='area' type='text' class='form-control'> </div>
            </div>`;
            var html3 = `<div class='row align-items-center my-2'>
                <div class='col-md-3'>详细地址</div>
                <div class='col'><input id='address' type='text' class='form-control'> </div>
            </div>`;
            var html4 = `<div class='row align-items-center my-2'>
                <div class='col-md-3'>手机号码</div>
                <div class='col'><input id='tel' type='text' class='form-control'> </div>
            </div>`;
            var html5 = `<div class='custom-control custom-checkbox'>
                <input type='checkbox' class='custom-control-input' id='setAutoAddr'>
                <label class='custom-control-label' for='setAutoAddr'>设为默认地址</label>
            </div>`;
            var formend = "</form>";
            //将表单显示在对话框中
            dialog.find('.bootbox-body').html(formstart + html1 + html2 + html3 + html4 + html5 + formend);
        })
    }
</script>
```

9.8 选择支付方式页面的设计与实现

9.8.1 选择支付方式页面的设计

单击提交订单页面中的“去付款”按钮会进入选择支付方式页面。该页面主要用于显示订单支付截止时间和应付金额，并可以选择支付方式。选择支付方式页面的效果如图 9.22 所示。

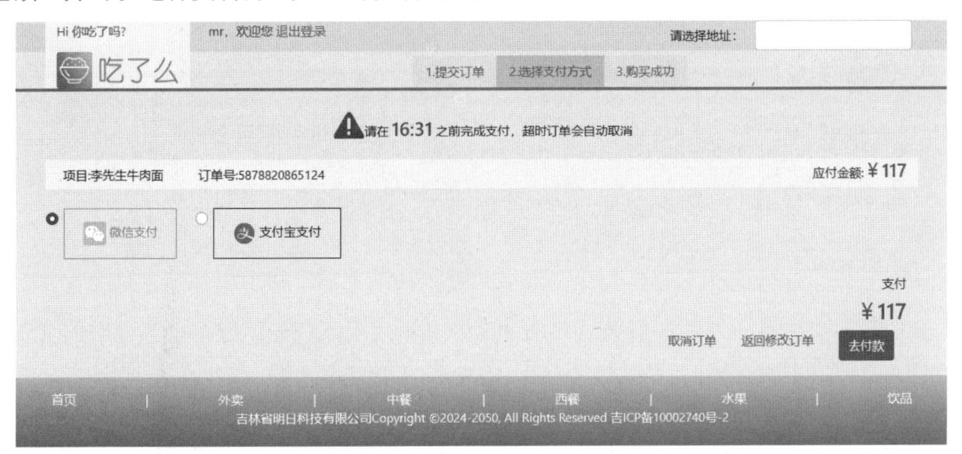

图 9.22 选择支付方式页面效果

9.8.2 选择支付方式页面的实现

选择支付方式页面主要实现两个功能，一个功能是设置订单支付截止时间，该时间为系统当前时间 15 分钟后的时间。另一个功能是设置切换支付方式时的显示样式。具体实现步骤如下。

（1）在项目文件夹下新建 wm_pay.html 文件。在文件中编写选择支付方式页面的 HTML 代码。分别在<div>标签中定义订单支付截止时间的提示信息、应付金额、支付方式、“去付款”按钮，以及“返回修改订单”和“取消订单”超链接。关键代码如下：

```
<div id="main" class="container">
    <div class="pay_warn d-flex justify-content-center py-4">
        <div><img src="image/warn.png" width="40"></div>
        <div class=" align-self-end"><span class="h6">请在</span>
            <span class="h4 text-danger"></span>
            <span class="h6">之前完成支付，超时订单会自动取消</span>
        </div>
    </div>
    <div class="row align-items-center bg-light">
        <div class="col-12 col-md-auto mx-md-2">项目:李先生牛肉面</div>
        <div class="col-12 col-md-auto mx-md-2 mr-md-auto">订单号:5878820865124</div>
        <div class="col-12 col-md-auto">
            <h6 class="d-inline-block">应付金额:</h6>
            <h4 class="text-danger d-inline-block"></h4>
        </div>
    </div>
    <div class="pay_con">
        <form class="row my-3 align-items-center" id="payWay">
            <div class="custom-control custom-radio col-auto p-2 mx-3">
```

```
                <input type="radio" class="custom-control-input" name="pay" id="wx_pay" checked>
                <label class="custom-control-label px-4 py-3" for="wx_pay" style="border:1px solid #ff9900; color: #ff9900">
                    <img src="image/wx_icon.png" class="img-fluid">
                    <span class="">微信支付</span>
                </label>
            </div>
            <div class="custom-control custom-radio col-auto p-2 mx-3">
                <input type="radio" class="custom-control-input" name="pay" id="zfb_pay">
                <label class="custom-control-label px-4 py-3" for="zfb_pay" style="border:1px solid #000">
                    <img src="image/zfb.png" class="img-fluid" width="30">
                    <span class="">支付宝支付</span>
                </label>
            </div>
        </form>
        <div class="pay_state w-100 text-right">
            <p class="h6">支付
            <h3 class="text-danger">￥37.80</h3>
        </div>
        <div class="pay_a d-flex flex-row-reverse justify-content-sm-start align-content-center">
            <a href="wm_ordertrack.html" class="btn btn-primary mx-3">去付款</a>
            <a href="wm_plaorder.html" class=" mx-3">返回修改订单</a>
            <a href="#" class=" mx-3" onClick="cancelOrder()">取消订单</a>
        </div>
    </div>
</div>
```

（2）编写获取订单支付截止时间和取消订单的 JavaScript 代码。首先获取系统当前时间 15 分钟后的时间，并将该时间显示在页面中的指定位置，然后定义 cancelOrder()函数，在函数中使用 sessionStorage 的 removeItem()方法删除保存的购物车列表和食物总价信息，并跳转到商家详情页面。关键代码如下：

```
<script>
    window.onload = function (){
        if(!sessionStorage.getItem("username")){                    //如果用户未登录
            alert("请您先登录！");
            location.href = "login.html";                           //跳转到登录页面
            return false;
        }
        //显示订单总价
        document.querySelector("h4").innerHTML = "￥" + sessionStorage.getItem("totalPrice");
        document.querySelector("h3").innerHTML = "￥" + sessionStorage.getItem("totalPrice");
        var now = new Date();                                       //获取当前日期对象
        var hour = now.getHours();                                  //获取当前小时数
        var minute = now.getMinutes();                              //获取当前分钟数
        var payHour, payMinute;
        if(minute + 15 < 60){
            payMinute = minute + 15;
            payHour = hour < 10 ? "0" + hour : hour;
        }else{
            payHour = hour + 1;
            if(payHour === 24){
                payHour = 0;
            }
            payHour = payHour < 10 ? "0" + payHour : payHour;       //付款截止时间中的小时数
            payMinute = minute + 15 - 60;
            payMinute = payMinute < 10 ? "0" + payMinute : payMinute;   //付款截止时间中的分钟数
        }
        //显示付款截止时间
        document.querySelector(".h4").innerHTML = payHour + ":" + payMinute;
        var payWayEle = document.querySelectorAll(".custom-control");
        for(var i = 0; i < payWayEle.length; i++){
            payWayEle[i].onclick = function (){
                for(var i = 0; i < payWayEle.length; i++){
                    //设置元素边框
                    payWayEle[i].querySelector("label").style.borderColor = "#000";
```

```
                    //设置元素文字颜色
                    payWayEle[i].querySelector("label").style.color = "#000";
                }
                //设置元素边框
                this.querySelector("label").style.borderColor = "#ff9900";
                //设置元素文字颜色
                this.querySelector("label").style.color = "#ff9900";
            }
        }
    }
    function cancelOrder(){
        sessionStorage.removeItem("cartList");                    //删除购物车列表
        sessionStorage.removeItem("totalPrice");                  //删除食物总价
        location.href = "wm_shop.html";                           //跳转到商家详情页面
    }
</script>
```

9.9 订单跟踪页面的设计与实现

9.9.1 订单跟踪页面的设计

单击选择支付方式页面中的“去付款”按钮会进入订单跟踪页面。订单跟踪页面主要分为两部分，第一部分用于显示订单的状态，第二部分用于显示“刷新订单”“催单”和“确认收货”按钮。订单跟踪页面的效果如图 9.23 所示。

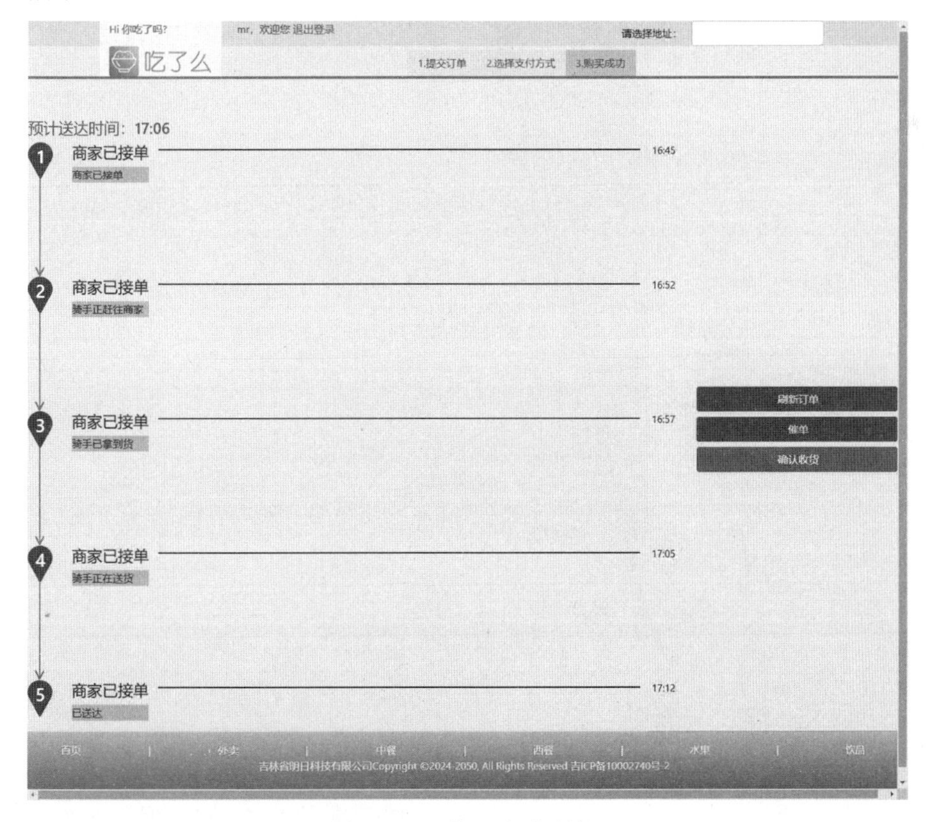

图 9.23　订单跟踪页面效果

9.9.2 订单跟踪页面的实现

订单跟踪页面的订单状态包括5部分，分别是商家已接单、骑手正赶往商家、骑手已拿到货、骑手正在送货和已送达。为了实现订单跟踪的效果，订单状态右侧对应的时间为随机获取的时间。具体实现步骤如下。

（1）在项目文件夹下新建wm_ordertrack.html文件。在文件中编写订单跟踪页面的HTML代码。首先在<div>标签中使用<ul>标签和<li>标签定义5个订单状态，然后在<div>标签中定义“刷新订单”“催单”和“确认收货”按钮。关键代码如下：

```
<div id="main" style="margin: 60px auto 90px">
    <div class="row align-items-center">
        <div class="col-9">
            <h4 class="text-primary"></h4>
            <ul class="list-unstyled">
                <li class="row">
                    <div class="col-auto text-center posit_icon">
                        <h3 class="text-white mb-0 p-1">1</h3>
                        <div></div>
                    </div>
                    <div class="col-auto">
                        <h4>商家已接单</h4>
                        <p style="background: #dacece">商家已接单</p>
                    </div>
                    <div class="col" style="height: 2px;background: #0b2e13;margin-top: 10px"></div>
                    <div class="col-auto mx-1"></div>
                </li>
                <li class="row">
                    <div class="col-auto text-center posit_icon">
                        <h3 class="text-white mb-0 p-1">2</h3>
                        <div></div>
                    </div>
                    <div class="col-auto">
                        <h4>商家已接单</h4>
                        <p style="background: #dacece">骑手正赶往商家</p>
                    </div>
                    <div class="col" style="height: 2px;background: #0b2e13;margin-top: 10px"></div>
                    <div class="col-auto mx-1"></div>
                </li>
                <li class="row">
                    <div class="col-auto text-center posit_icon">
                        <h3 class="text-white mb-0 p-1">3</h3>
                        <div></div>
                    </div>
                    <div class="col-auto">
                        <h4>商家已接单</h4>
                        <p style="background: #dacece">骑手已拿到货</p>
                    </div>
                    <div class="col" style="height: 2px;background: #0b2e13;margin-top: 10px"></div>
                    <div class="col-auto mx-1"></div>
                </li>
                <li class="row">
                    <div class="col-auto text-center posit_icon">
                        <h3 class="text-white mb-0 p-1">4</h3>
                        <div></div>
                    </div>
                    <div class="col-auto">
                        <h4>商家已接单</h4>
                        <p style="background: #dacece">骑手正在送货</p>
                    </div>
                    <div class="col" style="height: 2px;background: #0b2e13;margin-top: 10px"></div>
                    <div class="col-auto mx-1"></div>
```

```
                </li>
                <li class="row">
                    <div class="col-auto text-center posit_icon">
                        <h3 class="text-white mb-0 p-1">5</h3>
                    </div>
                    <div class="col-auto">
                        <h4>商家已接单</h4>
                        <p style="background: #dacece">已送达</p>
                    </div>
                    <div class="col" style="height: 2px;background: #0b2e13;margin-top: 10px"></div>
                    <div class="col-auto mx-1"></div>
                </li>
            </ul>
        </div>
        <div class="col-3">
            <button type="button" class="btn btn-primary btn-block my-2" onClick="history.go(0)">刷新订单</button>
            <button type="button" class="btn btn-danger btn-block my-2">催单</button>
            <button type="button" class="btn btn-success btn-block my-2" onClick="confirm_receipt()">确认收货</button>
        </div>
    </div>
</div>
```

（2）编写获取随机时间和确认收货的 JavaScript 代码。首先定义 getTime()函数，该函数用于获取系统当前时间指定分钟后的时间，然后调用 5 次 getTime()函数，在页面中显示订单状态中的 5 个时间，接下来定义 ajaxGet()函数，在函数中发送 GET 请求以获取配送时间，并在页面中显示预计送达时间。最后定义 confirm_receipt()函数，在函数中使用 sessionStorage 的 removeItem()方法删除保存的购物车列表和食物总价信息，并跳转到主页。关键代码如下：

```
<script>
    window.onload = function () {
        if(!sessionStorage.getItem("username")){                    //如果用户未登录
            alert("请您先登录！ ");
            location.href = "login.html";                           //跳转到登录页面
            return false;
        }
        function getTime(minutes){
            var now = new Date();                                   //获取当前日期对象
            var hour = now.getHours();                              //获取当前小时数
            var minute = now.getMinutes();                          //获取当前分钟数
            var payHour, payMinute;
            if(minute + minutes < 60){
                payMinute = minute + minutes;
                payHour = hour < 10 ? "0" + hour : hour;
            }else{
                payHour = hour + 1;
                if(payHour === 24){
                    payHour = 0;
                }
                payHour = payHour < 10 ? "0" + payHour : payHour;    //时间中的小时数
                payMinute = minute + minutes - 60;
                payMinute = payMinute < 10 ? "0" + payMinute : payMinute;   //时间中的分钟数
            }
            return payHour + ":" + payMinute;
        }
        var randomInt1 = Math.floor(Math.random()*(8-5+1))+5;               //获取第一个随机整数
        var randomInt2 = randomInt1 + Math.floor(Math.random()*(8-5+1))+5;  //获取第二个随机整数
        var randomInt3 = randomInt2 + Math.floor(Math.random()*(8-5+1))+5;  //获取第三个随机整数
        var randomInt4 = randomInt3 + Math.floor(Math.random()*(8-5+1))+5;  //获取第四个随机整数
        document.querySelectorAll(".mx-1")[0].innerHTML = getTime(0);
        document.querySelectorAll(".mx-1")[1].innerHTML = getTime(randomInt1);
        document.querySelectorAll(".mx-1")[2].innerHTML = getTime(randomInt2);
        document.querySelectorAll(".mx-1")[3].innerHTML = getTime(randomInt3);
        document.querySelectorAll(".mx-1")[4].innerHTML = getTime(randomInt4);
```

```
            function ajaxGet(url) {
                var xhr = new XMLHttpRequest();
                xhr.open('GET', url, true);
                xhr.onreadystatechange = function () {
                    if (xhr.readyState === 4 && xhr.status === 200) {
                        var businesses = JSON.parse(xhr.responseText);          //获取全部商家信息
                        var time = businesses[0].time;                          //获取配送时间
                        //显示预计送达时间
                        document.querySelector(".text-primary").innerHTML = "预计送达时间：" + getTime(time);
                    }
                };
                xhr.send(null);
            }
            ajaxGet('js/business.json');                                        //调用函数获取响应数据
        }
        function confirm_receipt(){
            sessionStorage.removeItem("cartList");                              //删除购物车列表
            sessionStorage.removeItem("totalPrice");                            //删除食物总价
            location.href = "index.html";                                       //跳转到主页
        }
</script>
```

9.10 注册和登录页面的设计与实现

9.10.1 注册和登录页面的设计

注册和登录页面是通用的功能页面。在吃了么外卖网中，如果用户还未注册过，需要先进行注册，注册后还需要进行登录，登录成功之后才能进行选择食物和提交订单等操作。注册和登录的页面效果分别如图 9.24 和图 9.25 所示。

图 9.24 注册页面效果

图 9.25　登录页面效果

9.10.2　注册页面的实现

注册页面分为页面头部、主显示区和页面尾部 3 个部分。这里重点讲解主显示区的布局和用户注册信息的验证。在验证用户输入的表单信息时，需要验证邮箱格式是否正确、验证电话号码格式是否正确等。

具体实现步骤如下。

（1）在项目文件夹下新建 register.html 文件。在文件中定义用户注册表单，在表单中添加用于输入账号的文本框、用于输入密码的密码框、用于输入确认密码的密码框、用于输入真实姓名的文本框、用于输入电话号码的文本框、用于输入地址的文本框、用于输入邮箱的文本框、用于选择性别的单选按钮、用于选择头像的文件域和“注册”按钮，单击“注册”按钮时调用 register()函数实现注册验证。关键代码如下：

```
<div id="register_main" style="margin:90px auto" class="container">
    <form class="container" name="reg_form">
        <div class="form-group row">
            <label class="col-auto col-sm-2">账号</label>
            <input type="text" class="form-control col" name="username">
        </div>
        <div class="form-group row">
            <label class="col-auto col-sm-2">创建密码</label>
            <input type="password" class="form-control col" name="pwd">
        </div>
        <div class="form-group row">
            <label class="col-auto col-sm-2">确认密码</label>
            <input type="password" class="form-control col" name="confirm_pwd">
        </div>
        <div class="form-group row">
            <label class="col-auto col-sm-2">真实姓名</label>
            <input type="text" class="form-control col" name="real_name">
        </div>
        <div class="form-group row">
            <label class="col-auto col-sm-2">联系电话</label>
            <input type="text" class="form-control col" name="tel">
        </div>
        <div class="form-group row">
            <label class="col-auto col-sm-2">地址</label>
            <input type="text" class="form-control col" name="address">
```

```
            </div>
            <div class="form-group row">
                <label class="col-auto col-sm-2">邮箱</label>
                <input type="text" class="form-control col" name="email">
            </div>
            <div class="form-group row">
                <label class="col-auto col-sm-2">性别</label>
                <div class="col-auto form-check-inline">
                    <input name="sex" type="radio" class="form-check-input" value="" checked/>
                    <label class="form-check-label">男</label>
                </div>
                <div class="col-auto form-check-inline">
                    <input name="sex" type="radio" class="form-check-input" value=""/>
                    <label class="form-check-label">女</label>
                </div>
            </div>
            <div class="row align-items-center">
                <div class="col-auto col-sm-2">头像</div>
                <div class="img_yulan">
                    <img id="preview" width="100" height="100"/>
                </div>
                <input type="file" class=" ml-2" name="file" id="head" onChange="imgPreview('preview','head')">
            </div>
            <div class="row my-2 justify-content-center">
                <button type="button" class="btn btn-primary" onClick="register(reg_form)">注册</button>
            </div>
        </form>
</div>
```

（2）编写验证注册信息的 JavaScript 代码。首先定义用于显示上传头像的函数 imgPreview()，然后定义 register()函数，在函数中分别判断用户输入的账号、密码、确认密码、电话号码、地址、邮箱是否为空，以及两次输入的密码是否一致，接着判断输入的电话号码和邮箱的格式是否正确，如果格式都正确就弹出“注册成功”的提示信息，并跳转到登录页面，代码如下：

```
<script>
    function imgPreview(imgBox,fileInput) {
        //判断是否支持 FileReader
        if (window.FileReader) {
            //获取文件
            var inputFile=document.getElementById(fileInput)
            var file = inputFile.files[0];
            var reader = new FileReader();                          //创建 FileReader 对象
            reader.readAsDataURL(file)
            //读取完成
            reader.onload = function (e) {
                //获取图片
                var img = document.getElementById(imgBox);
                //图片路径设置为读取的图片
                img.setAttribute("src", this.result);
            };
        } else {
            alert("您的设备不支持图片预览功能，如需该功能，请升级您的设备！");
        }
    }
    function register(form){
        //判断账号文本框是否为空
        if(form.username.value===''){
            alert("账号不能为空！");
            return;
        }
        //判断密码框是否为空
        if(form.pwd.value===''){
            alert("密码不能为空！");
            return;
```

```
        }
        //判断确认密码框是否为空
        if(form.confirm_pwd.value===''){
            alert("确认密码不能为空！");
            return;
        }
        //判断电话文本框是否为空
        if(form.tel.value===''){
            alert("联系电话不能为空！");
            return;
        }
        //判断地址文本框是否为空
        if(form.address.value===''){
            alert("地址不能为空！");
            return;
        }
        //判断邮箱文本框是否为空
        if(form.email.value===''){
            alert("邮箱不能为空！");
            return;
        }
        //判断两次密码是否一致
        if(form.pwd.value !== form.confirm_pwd.value ){
            alert("密码设置前后不一致！");
            return;
        }
        //验证电话号格式
        if(!/^1[3-9]\d{9}$/.test(form.tel.value)){
            alert("电话号格式错误！");
            return;
        }
        //验证邮箱格式
        if(!/^[a-zA-Z0-9._-]+@[a-zA-Z0-9.-]+\.[a-zA-Z]{2,6}$/.test(form.email.value)){
            alert("邮箱格式错误！");
            return;
        }
        alert("注册成功！");
        location.href = "login.html";                         //跳转到登录页面
    }
</script>
```

9.10.3 登录页面的实现

登录页面和注册页面一样，也是分为页面头部、主显示区和页面尾部3个部分。这里重点讲解主显示区的布局和用户登录的验证。

具体实现步骤如下。

（1）在项目文件夹下新建login.html文件。在文件中编写用户登录表单，在表单中添加一个用于输入账号的文本框和一个密码框，另外再添加一个“登录”按钮和一个“免费注册”超链接，单击“登录”按钮时调用login()函数实现登录验证。关键代码如下：

```
<div class="container" style="margin:65px auto 90px">
    <div class="row" style="background:url('image/logo_bg.jpg') no-repeat">
        <div class="offset-md-8 offset-sm-4 col-12 col-sm p-4 my-4 rounded-lg" style="background:rgba(0,0,0,0.8)">
            <h4 class="text-white py-2 pb-0">账号登录</h4>
            <form class="pt-1" name="login_form">
                <div>
                    <input type="text" class="form-control mb-3" name="username" placeholder="手机号/用户名/邮箱">
                </div>
                <div>
                    <input type="password" class="form-control mt-3" name="pwd" placeholder="密码">
```

```
                </div>
                <div class="d-flex justify-content-end">
                    <a href="#" class="for_pass text-white">忘记密码?</a>
                </div>
                <div class="d-flex justify-content-center mt-4">
                    <button type="button" class="btn btn-primary px-5" onClick="login(login_form)">登录</button>
                </div>
                <div class="text-white my-1">还没有账号？ <a href="register.html">免费注册</a></div>
                <div class="text-white text-center">
                    <div class="my-2">————用合作网站账号登录————</div>
                    <div class="my-3">
                        <a href="#" class="mx-2"><img src="image/wx_icon.png" alt=""> </a>
                        <a href="#" class="mx-2"><img src="image/wb_icon.png" alt=""></a>
                    </div>
                </div>
            </form>
        </div>
    </div>
</div>
```

（2）编写验证登录信息的 JavaScript 代码。定义 login()函数，在函数中判断用户输入的账号和密码是否为空，如果都不为空就继续判断账号和密码是否正确，如果输入正确就将登录用户名保存在 sessionStorage 中，弹出“登录成功”的提示信息后跳转到主页。代码如下：

```
<script>
    function login(form){
        if(form.username.value === ''){
            alert('请输入账号！');
            return false;
        }
        if(form.pwd.value === ''){
            alert('请输入密码！');
            return false;
        }
        //判断用户名和密码是否正确
        if(form.username.value !== 'mr' || form.pwd.value !== 'mrsoft' ){
            alert('您输入的账号或密码错误！');
        }else{
            sessionStorage.setItem('username',form.username.value);        //保存用户名
            alert('登录成功！');
            window.location.href = 'index.html';                           //跳转到主页
        }
    }
</script>
```

默认正确账号为 mr，密码为 mrsoft。若输入错误，则提示“您输入的账号或密码错误”，否则提示“登录成功”。

9.11 项 目 运 行

通过前述步骤，设计并完成了“吃了么外卖网”项目的开发。下面运行该项目，检验一下我们的开发成果。因为在该项目中使用了 Ajax 技术，所以需要将项目文件夹存储在服务器的网站根目录下。在浏览器中输入“http://localhost/09/index.html”，单击 Enter 键即可成功运行该项目，运行后的界面效果如图 9.7 所示。

在主页中，单击某个导航菜单项或“查看全部”超链接可以进入商家列表页面。在商家列表页面可以通过商家分类对商家进行检索。例如，检索商家分类为“中餐/家常菜”的商家列表的页面效果如图 9.26 所示。在商家列表页面单击商家图片可以进入商家详情页面。在商家详情页面可以将所选食物添加到购物车，单击页面中的“立即下单”按钮可以进入提交订单页面。在提交订单页面可以新增收货地址，选择收货地址并单击页面中的“去付款”按钮可以进入选择支付方式页面。选择支付方式后，单击页面中的“去付款”按钮可以进入订单跟踪页面，单击页面中的“确认收货”按钮可以删除保存的购物车列表和食物总价信息，并跳转到主页。

图 9.26　展示指定分类的商家列表

9.12　源码下载

虽然本章详细地讲解了如何编码实现“吃了么外卖网”的各个功能，但给出的代码都是代码片段。为了方便读者学习，本书提供了完整的项目源码，扫描右侧二维码即可下载。

源码下载

第 10 章 星光音乐网

——XML + Ajax + Vue.js

音乐类网站是当今流行音乐的主流发布平台。随着网络技术的发展，用户对音乐网站的要求逐渐提高。音乐网站为了吸引更多的用户，需要对界面进行不断的美化。本章将使用XML、Ajax 和 Vue.js 技术设计一个简洁大方的音乐网。

本项目的核心功能及实现技术如下：

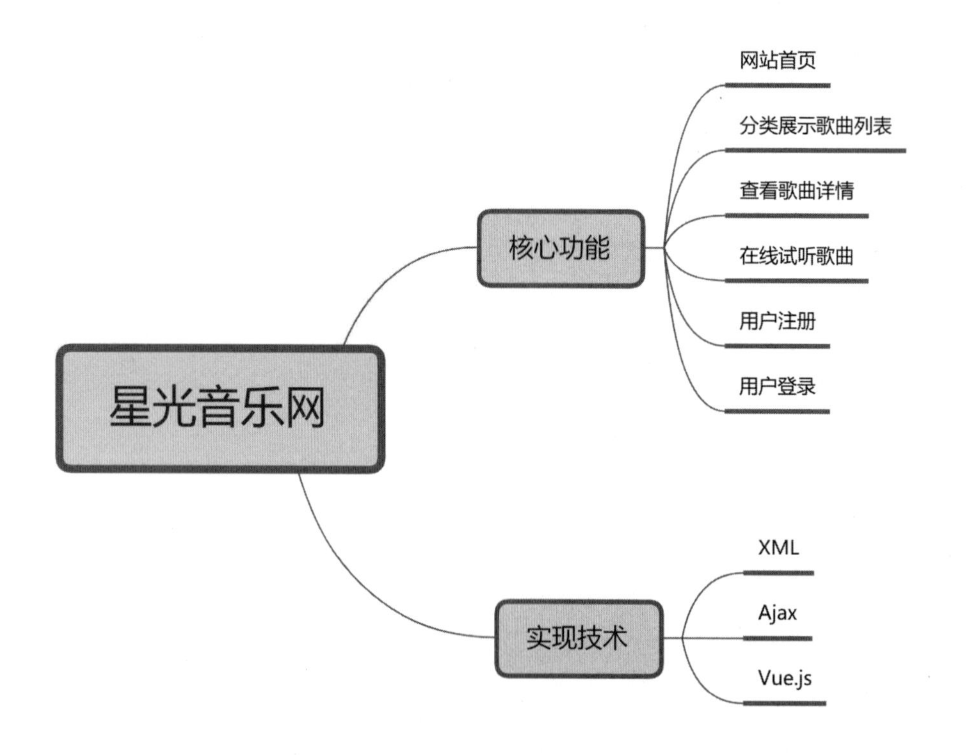

10.1　开 发 背 景

在人们的日常生活中，音乐已经成为不可或缺的一部分。随着互联网技术的不断发展，人们对音乐的需求也日益增加，由此在线音乐网站应运而生。该类网站可以为用户提供丰富的音乐资源和个性化的音乐推荐，使人们能够在线欣赏不同风格、不同国家的歌曲，实现资源共享。本章将使用 XML、Ajax 和 Vue.js 技术开发一个音乐网站——星光音乐网，其实现目标如下：

☑　网站首页。

☑　分类展示歌曲列表。

☑ 查看歌曲详情。
☑ 在线试听歌曲。
☑ 用户注册。
☑ 用户登录。

10.2 系 统 设 计

10.2.1 开发环境

本项目的开发及运行环境如下：
☑ 操作系统：推荐 Windows 10、11 及以上，兼容 Windows 7（SP1）。
☑ 开发工具：WebStorm。
☑ 开发语言：JavaScript。

10.2.2 业务流程

在运行星光音乐网后，如果用户未注册或者已经注册但未登录，则只能浏览首页、查看分类歌曲列表和查看歌曲详情信息。用户登录成功后，除了可以浏览上述页面之外，还可以在线试听歌曲。

本项目的业务流程如图 10.1 所示。

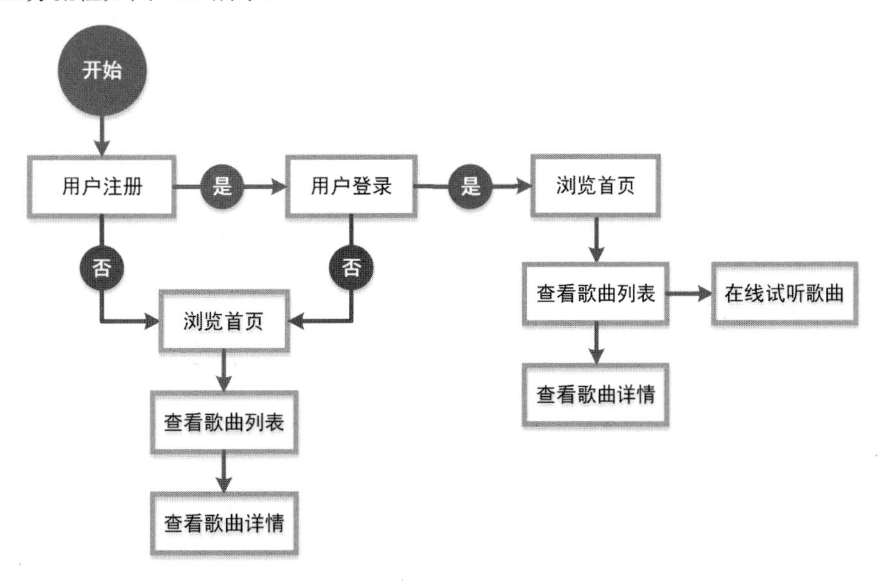

图 10.1 业务流程

10.2.3 功能结构

本项目的功能结构已经在章首页中给出，其实现的具体功能如下：
☑ 网站首页：内容包括导航栏、歌曲列表、轮播图、歌曲排行榜、最新音乐资讯和新歌首发等多个部分。

☑ 分类展示歌曲列表：当鼠标单击某个导航菜单项时，会进入分类歌曲列表页面。该页面分页展示了某个分类下的歌曲列表信息。

☑ 查看歌曲详情：在分类歌曲列表页面中，单击某一首歌曲中的歌曲简介图标可以进入歌曲详情页面。在该页面中展示了歌曲图片、歌曲名称、词曲作者、歌曲类型和歌曲简介等信息。

☑ 在线试听歌曲：在分类歌曲列表页面中，如果用户已登录，单击某一首歌曲中的在线试听图标可以进入歌曲在线试听页面。

☑ 用户注册：在注册表单中需要输入用户名、密码和确认密码，如果输入的内容符合要求，则单击“注册”按钮完成注册。

☑ 用户登录：在登录表单中需要输入用户名和密码，如果输入的用户名和密码都正确，则单击“登录”按钮后可以实现登录。

10.3 技术准备

10.3.1 技术概览

在开发星光音乐网时应用了 JavaScript 中的 XML 和 Ajax 等技术。其中，Ajax 技术在前面的章节已经做了介绍，下面将简述本项目所用的 XML 及其具体作用。

XML（extensible markup language，可扩展标记语言）是一种用于描述数据的标记语言，它很容易被使用，而且还可以被定制。XML 只描述数据的结构以及数据之间的关系，它是一种纯文本的语言，用于在计算机之间共享结构化数据。

XML 的最常见应用是通过 DOM 处理 XML 数据。应用 DOM 处理 XML 数据时，首先需要对 XML 进行解析，解析之后会生成一个 XML DOM 对象。下面介绍在浏览器中解析 XML 文本的方法。

解析 XML 文本时，首先需要创建 DOMParser 对象。当使用 DOMParser 时，需要使用不带参数的构造函数对其进行实例化。语法格式如下：

```
var parser=new DOMParser();
```

当在浏览器中解析 XML 文本时，需要使用 DOMParser 对象中的 parseFromString()方法。语法格式如下：

```
parseFromString(text, contentType)
```

☑ text：要解析的 XML 文本。

☑ contentType：文本的内容类型。可能是“text/xml”“application/xml”或“application/xhtml+xml”。

例如，定义 XML 文本，并在浏览器中对定义的 XML 文本进行解析。代码如下：

```
<script>
    var txt = "<booklist><book>";
    txt = txt+"<bookname>JavaScript 从入门到精通</bookname>";
    txt = txt+"<author>明日科技</author>";
    txt = txt+"<year>2024</year>";
    txt = txt+"</book></booklist>";
    var parser = new DOMParser();                          //创建 DOMParser 对象
    var xmlDoc = parser.parseFromString(txt,"text/xml");  //解析 XML 文本
</script>
```

解析 XML 文本后，就可以使用 DOM 操作 XML 数据。例如，通过 DOM 元素的属性和方法获取 XML

文本中定义的书名和作者。代码如下：

```
<script>
    var txt = "<booklist><book>";
    txt = txt+"<bookname>JavaScript 从入门到精通</bookname>";
    txt = txt+"<author>明日科技</author>";
    txt = txt+"<year>2024</year>";
    txt = txt+"</book></booklist>";
    var parser = new DOMParser();                        //创建 DOMParser 对象
    var xmlDoc = parser.parseFromString(txt,"text/xml"); //解析 XML 文本
    var booksNode = xmlDoc.documentElement;              //获取根节点
    var bookNode=booksNode.children;                     //获取根节点下的子节点
    var bookName = bookNode[0].getElementsByTagName("bookname")[0].firstChild.nodeValue;
    var author = bookNode[0].getElementsByTagName("author")[0].firstChild.nodeValue;
    document.write("书名：" + bookName);
    document.write("<br>作者：" + author);
</script>
```

运行结果为：

```
书名：JavaScript 从入门到精通
作者：明日科技
```

有关 XML 的基础知识在《JavaScript 从入门到精通（第 5 版）》中有详细的讲解，对这些知识不太熟悉的读者可以参考该书对应的内容。下面将对 Vue.js 进行必要介绍，以确保读者可以顺利完成本项目。

10.3.2 Vue.js

Vue.js 是一套用于构建用户界面的渐进式框架。与其他重量级框架不同的是，它只关注视图层，采用自底向上增量开发的设计。其本身具有响应式编程和组件化的特点。所谓响应式编程，即保持状态和视图的同步。应用组件化的特点，可以将任意封装好的代码注册成标签，这样就在很大程度上减少了重复开发，提高了开发效率和代码复用性。

1. 使用 Vue.js

在项目中使用 Vue.js 时可以使用 CDN 的方式。这种方式很简单，只需要选择一个提供稳定 Vue.js 链接的 CDN 服务商即可。Vue 3.0 的官网中提供了一个 CDN 链接“https://unpkg.com/vue@3”，在项目中直接通过<script>标签引入即可。代码如下：

```
<script src="https://unpkg.com/vue@3"></script>
```

2. 创建应用程序实例

每个 Vue.js 的应用都需要创建一个应用程序的实例对象并挂载到指定 DOM 上。在 Vue.js 3.0 中，创建一个应用程序实例的语法格式如下：

```
Vue.createApp(App)
```

createApp()是一个全局 API，它接收一个根组件选项对象作为参数。选项对象中包括数据、方法、生命周期钩子函数等选项。创建应用程序实例后，可以调用实例的 mount()方法，将应用程序实例的根组件挂载到指定的 DOM 元素上。这样，该 DOM 元素中的所有数据变化都会被 Vue 所监控，从而实现数据的双向绑定。例如，要绑定的 DOM 元素的 id 属性值为 app，创建一个应用程序实例并绑定到该 DOM 元素的代码如下：

```
Vue.createApp(App).mount('#app')
```

3. 定义数据对象

在组件选项对象中有一个 data 选项，该选项是一个函数，Vue 在创建组件实例时会调用该函数，该函数可以返回一个数据对象。例如，创建一个应用程序实例，在 data 选项中定义数据对象，代码如下：

```
<script type="text/javascript">
	//创建应用程序实例
	var vm = Vue.createApp({
		//返回数据对象
		data : function(){
			return {
				word : '机会总是留给有准备的人'//定义数据
			}
		}
	//挂载应用程序实例的根组件
	}).mount('#app');
</script>
```

定义数据后，要想在页面中显示定义的数据，需要进行数据绑定。数据绑定是 Vue.js 最核心的一个特性。建立数据绑定后，数据和视图会相互关联，当数据发生变化时，视图会自动更新。文本插值是数据绑定最基本的形式，使用的是双大括号标签{{}}。

例如，使用双大括号标签将定义的文本插入 HTML 中，代码如下：

```
<div id="app">
	<h3>{{word}}</h3>
</div>
<script type="text/javascript">
	//创建应用程序实例
	var vm = Vue.createApp({
		//返回数据对象
		data : function(){
			return {
				word : '机会总是留给有准备的人'//定义数据
			}
		}
	//挂载应用程序实例的根组件
	}).mount('#app');
</script>
```

运行结果为：

```
机会总是留给有准备的人
```

4. 使用 v-for 指令遍历数组

除了数据绑定之外，指令也是 Vue.js 的重要特性之一，它是带有 v-前缀的特殊属性。在本项目中，主要应用了 Vue.js 中的 v-for 指令。v-for 指令可将数组或对象中的数据循环渲染到 DOM 中，其效果类似 JavaScript 中的遍历。

使用 v-for 指令遍历数组时可采用 item in items 形式的语法。其中，item 为数组元素的别名，items 为数据对象中的数组名称，通过别名可以获取数组的每个元素。

例如，应用 v-for 指令输出数组中存储的音乐类型。代码如下：

```
<div id="app">
	<div v-for="item in items">{{item.type}}</div>
</div>
<script type="text/javascript">
	//创建应用程序实例
	var vm = Vue.createApp({
		//返回数据对象
		data : function(){
		return {
				items : [                              //定义音乐类型数组
```

```
                        { type : '流行音乐' },
                        { type : '摇滚音乐' },
                        { type : '古典音乐' }
                    ]
                }
            }
        //挂载应用程序实例的根组件
        }).mount('#app');
</script>
```

运行结果为：

```
流行音乐
摇滚音乐
古典音乐
```

10.4 首页的设计与实现

星光音乐网的首页由导航栏、歌曲列表、轮播图、歌曲排行榜、最新音乐资讯和新歌首发等多个部分组成。首页的效果如图 10.2 所示。

图 10.2 网站首页效果

10.4.1 导航栏

在网站首页的导航栏中共有 6 个菜单项。除了“首页”之外，还有 5 个菜单项，分别表示 5 种不同类型的音乐风格，包括流行音乐、摇滚音乐、民族音乐、古典音乐和金属乐。当鼠标指向某个导航菜单项时，下面会显示该菜单项对应的子项。页面效果如图 10.3 所示。

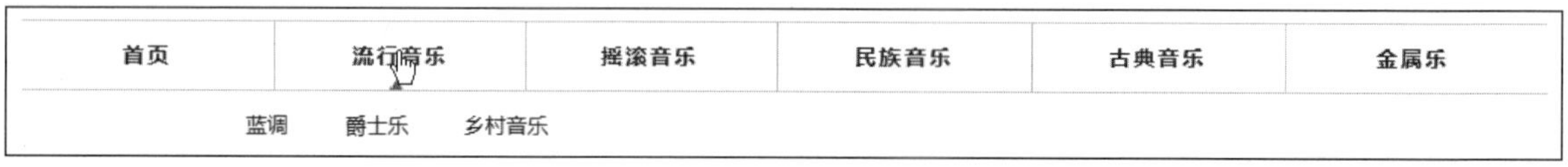

图 10.3 导航栏效果

设计导航栏的关键步骤如下。

（1）在项目文件夹下新建 index.html 文件，在文件中编写导航栏部分的 HTML 代码。首先在<div>标签中使用<ul>标签和<li>标签定义导航菜单项，然后在<div>标签中使用<ul>标签和<li>标签定义导航菜单项对应的子项。具体代码如下：

```
<div class="menu">
    <div class="main_menu">
        <ul>
            <li><a href="index.html">首页</a></li>
            <li><a href="popular.html">流行音乐</a></li>
            <li><a href="popular.html">摇滚音乐</a></li>
            <li><a href="popular.html">民族音乐</a></li>
            <li><a href="popular.html">古典音乐</a></li>
            <li><a href="popular.html">金属乐</a></li>
        </ul>
    </div>
    <div class="sub_menu">
        <span class="i0w">欢迎来到星光音乐网</span>
        <ul class="i1w">
            <li>蓝调</li>
            <li>爵士乐</li>
            <li>乡村音乐</li>
        </ul>
        <ul class="i2w">
            <li>硬核摇滚</li>
            <li>艺术摇滚</li>
            <li>朋克</li>
        </ul>
        <ul class="i3w">
            <li>歌舞音乐</li>
            <li>说唱音乐</li>
            <li>戏曲音乐</li>
        </ul>
        <ul class="i4w">
            <li>奏鸣曲</li>
            <li>交响曲</li>
            <li>协奏曲</li>
        </ul>
        <ul class="i5w">
            <li>黑金属</li>
            <li>重金属</li>
            <li>工业金属</li>
        </ul>
    </div>
</div>
```

（2）在 index.html 文件中编写 JavaScript 代码。首先设置只显示第一个菜单项对应的子菜单，并且为第一个菜单项添加类名，然后设置在鼠标移入某个菜单项时只显示该菜单项对应的子菜单，并为该菜单项添加类名，在鼠标移出某个菜单项时只显示第一个菜单项对应的子菜单，并为第一个菜单项添加类名。代码如下：

```
<script>
    window.onload = function (){
        var navLi = document.querySelector(".main_menu").querySelectorAll("li");
        var sub_menu = document.querySelector(".sub_menu");
        for(i = 0; i < sub_menu.children.length; i++){
            sub_menu.children[i].style.display = "none";
        }
        sub_menu.children[0].style.display = "block";                    //显示第一个子菜单
        navLi[0].classList.add("active");                                //为第一个主菜单添加类名
        for(i = 0; i < navLi.length; i++){
            navLi[i].index = i;
            navLi[i].onmouseover = function (){
                for(j = 0; j < navLi.length; j++){
                    navLi[j].classList.remove("active");                 //删除类名
                    sub_menu.children[j].style.display = "none";         //隐藏子菜单
                }
                this.classList.add("active");                            //为当前主菜单添加类名
                sub_menu.children[this.index].style.display = "block";//显示当前子菜单
            }
            navLi[i].onmouseout = function(){
                sub_menu.children[this.index].style.display = "none"; //隐藏子菜单
                navLi[this.index].classList.remove("active");            //删除类名
                sub_menu.children[0].style.display = "block";           //显示第一个子菜单
                navLi[0].classList.add("active");                        //为第一个主菜单项设置类名
            }
        }
    }
</script>
```

10.4.2 歌曲列表

在星光音乐网中，主显示区的左侧部分是歌曲列表展示界面。界面中共展示了 9 首歌曲，包括歌曲图片、歌曲名称和歌曲描述。页面效果如图 10.4 所示。

图 10.4 歌曲列表展示界面

在设计歌曲列表展示界面时应用了 Vue.js 技术。歌曲列表展示界面的实现步骤如下。

（1）在<script>标签中创建应用程序实例，在 data 选项中定义歌曲列表数组 song_list，包括歌曲图片 URL、歌曲名称和歌曲描述的信息。具体代码如下：

```
<script>
    const vm = Vue.createApp({
        data() {
            return {
                song_list: [                                        //歌曲列表数组
                    {
                        imgUrl: 'images/1.jpg',                     //歌曲图片 URL
                        name: '加州旅馆',                            //歌曲名称
                        intro: '老鹰乐队经典代表作'                    //歌曲描述
                    },
                    {
                        imgUrl: 'images/2.jpg',
                        name: 'My Love',
                        intro: '西城男孩代表作之一'
                    },
                    {
                        imgUrl: 'images/3.jpg',
                        name: 'Lemon Tree',
                        intro: '一首写在夏天里的歌'
                    },
                    {
                        imgUrl: 'images/4.jpg',
                        name: '乡村路带我回家',
                        intro: '乡村音乐歌手约翰·丹佛的成名作'
                    },
                    {
                        imgUrl: 'images/5.jpg',
                        name: '卡萨布兰卡',
                        intro: '贝蒂·希金斯代表作'
                    },
                    {
                        imgUrl: 'images/6.jpg',
                        name: '昨日重现',
                        intro: '卡朋特乐队经典代表作'
                    },
                    {
                        imgUrl: 'images/7.jpg',
                        name: 'I Want It That Way',
                        intro: '后街男孩代表作之一'
                    },
                    {
                        imgUrl: 'images/8.jpg',
                        name: '今夜爱无限',
                        intro: '《狮子王》电影插曲'
                    },
                    {
                        imgUrl: 'images/9.jpg',
                        name: '此情可待',
                        intro: '传唱不衰，颂扬真情的永恒'
                    }
                ]
            }
        }
    }).mount('#app');
</script>
```

（2）在<div>标签中定义<ul>列表标签，对<ul>列表标签使用 v-for 指令，对保存歌曲信息的数组 song_list

进行遍历。代码如下：

```
<div class="left">
    <ul v-for="value in song_list" :key="value">
        <li><img :src="value.imgUrl"></li>
        <li>{{value.name}}</li>
        <li>{{value.intro}}</li>
    </ul>
</div>
```

10.4.3 轮播图

首页主显示区右侧的最上方是轮播图的展示界面。共有 3 张轮播图片，每隔两秒会自动切换一张图片。图片下方有 3 个数字按钮，当鼠标单击某个数字按钮时会切换到对应的图片。页面效果如图 10.5 和图 10.6 所示。

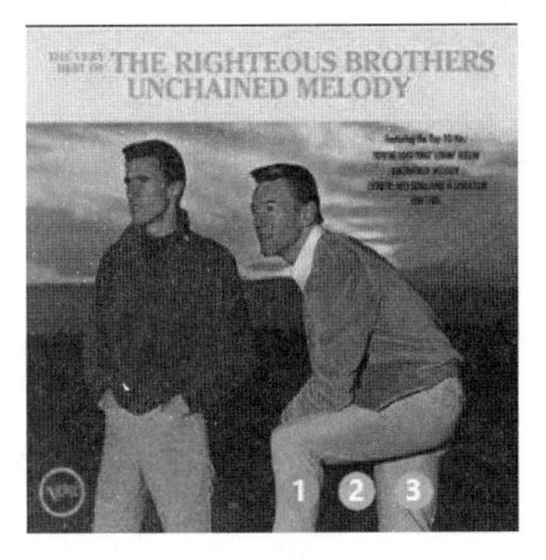

图 10.5　轮播图 1

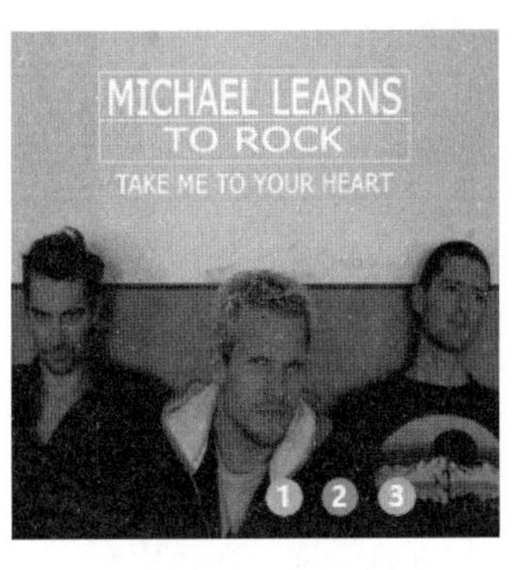

图 10.6　轮播图 2

轮播图的实现步骤如下。

（1）在<div>标签中使用<img>标签定义轮播图片，使用<ul>标签和<li>标签定义用于切换图片的数字按钮。具体代码如下：

```
<div class="right">
    <!--切换的图片-->
    <div class="banner">
            <span>
                <img src="images/10.jpg">
                <img src="images/11.jpg">
                <img src="images/12.jpg">
            </span>
    </div>
    <!--切换的小按钮-->
    <ul class="numBtn">
        <li>
            <a href="javascript:;" style="background:#FF9900" class="num">1</a>
        </li>
        <li>
            <a href="javascript:;" style="background:#CCCCCC" class="num">2</a>
        </li>
        <li>
            <a href="javascript:;" style="background:#CCCCCC" class="num">3</a>
        </li>
    </ul>
</div>
```

（2）编写实现轮播图的 JavaScript 代码。首先获取图片和数字按钮所在的元素，然后分别定义用于控制图片显示或隐藏的 show()函数、自动轮播图片的 autoPlay()函数和用于停止图片轮播的 stopPlay()函数，接下来设置单击数字按钮时显示对应的图片，最后设置鼠标移入图片时停止轮播、鼠标移出图片 2 秒后继续轮播，以及每隔 2 秒就自动轮播的功能。代码如下：

```
<script>
    window.onload = function (){
        var banner = document.querySelector(".banner"); //获取指定类名的元素
        var imgs = banner.querySelectorAll("img");      //获取指定元素下的 img 元素
        var btn = document.querySelector(".numBtn");    //获取指定类名的元素
        var btnObj = btn.querySelectorAll("a");         //获取指定元素下的 a 元素
        var box = document.querySelector(".right");     //获取指定类名的元素
        var i, j;
        function show(j){
            //隐藏所有图片并设置数字按钮的背景颜色
            for(var i = 0; i < imgs.length; i++){
                imgs[i].style.display = "none";
                btnObj[i].style.backgroundColor = "#CCCCCC";
            }
            imgs[j].style.display = "block";                //显示单击的数字按钮对应的图片
            btnObj[j].style.backgroundColor = "#FF9900"; //为单击的数字按钮设置背景颜色
        }
        var index = 0;                                  //当前图片索引
        function autoPlay(){
            index = index === 2 ? 0 : index + 1;
            show(index);
        }
        function stopPlay(){
            clearInterval(timerId);                     //停止播放轮播图
        }
        for(i = 0; i < btnObj.length; i++){
            btnObj[i].index = i;                        //设置索引
            btnObj[i].onclick = function (){
                show(this.index);                       //显示对应图片
                index = this.index;                     //修改当前图片索引
            }
        }
        imgs[0].style.display = "block";                //显示第一张图片
        box.onmouseenter = function (){
            stopPlay();                                 //轮播图停止播放
        }
        box.onmouseleave = function (){
            //2 秒后继续播放轮播图
            timerId = setInterval(function (){
                autoPlay();
            }, 2000);
        }
        //2 秒后自动播放轮播图
        var timerId = setInterval(function (){
            autoPlay();
        }, 2000);
    }
</script>
```

10.4.4 歌曲排行榜

在首页主显示区右侧的中间是歌曲排行榜的展示界面。这里使用了选项卡切换的效果。当单击“推荐歌曲”选项卡时，下方会显示推荐歌曲列表，如图 10.7 所示；当单击“热门歌曲”选项卡时，下方会显示热门歌曲列表，如图 10.8 所示。

歌曲排行榜 推荐歌曲 热门歌曲

1	管不住的音符	丹尼尔·波特
2	英雄	玛丽亚·凯莉
3	说你、说我	莱昂纳尔·里奇
4	快乐的结局	艾薇儿·拉维尼
5	加州旅馆	老鹰乐队
6	我希望它保持那样	后街男孩
7	想念你	滚石乐队
8	寂静之声	保罗·西蒙

图 10.7　推荐歌曲列表

歌曲排行榜 推荐歌曲 热门歌曲

1	嘿，朱迪	披头士乐队
2	尊重	奥蒂斯·雷丁
3	卡萨布兰卡	贝蒂·希金斯
4	雨的旋律	瀑布合唱团
5	我的爱	西城男孩
6	你若即若离	U2乐队
7	情歌	阿黛尔·阿德金斯
8	远离家乡	舞动精灵乐团

图 10.8　热门歌曲列表

歌曲排行榜展示界面的实现步骤如下。

（1）在<div>标签中使用<ul>标签和<li>标签定义“推荐歌曲”选项卡和“热门歌曲”选项卡，再使用两个<div>标签用于显示两个选项卡对应的歌曲列表。代码如下：

```
<div class="tabs">
    <div class="top">
        <div class="title">歌曲排行榜</div>
        <ul class="tab">
            <li>推荐歌曲</li>
            <li>热门歌曲</li>
        </ul>
    </div>
    <div class="songlist" id="recommend"></div>
    <div class="songlist" id="hot"></div>
</div>
```

（2）编写实现歌曲排行榜的 JavaScript 代码。首先将推荐歌曲列表和热门歌曲列表分别定义在 XML 文本中，然后创建 DOMParser 对象并解析 XML 文本，接下来通过 DOM 元素的属性和方法获取 XML 文本中定义的歌曲列表信息，再使用 for 循环语句进行遍历，在遍历时使用 insertAdjacentHTML()方法将歌曲列表信息添加到页面中的指定位置。最后设置单击某个选项卡时只显示该选项卡对应的歌曲列表信息，同时为该选项卡添加样式。具体代码如下：

```
<script>
    window.onload = function (){
        //推荐歌曲
        var recommend=`<?xml version="1.0" encoding="utf-8"?>
            <songs>
                <song>
                    <name>管不住的音符</name>
                    <singer>丹尼尔·波特</singer>
                </song>
                <song>
                    <name>英雄</name>
                    <singer>玛丽亚·凯莉</singer>
                </song>
                <song>
                    <name>说你、说我</name>
                    <singer>莱昂纳尔·里奇</singer>
```

```
            </song>
            <song>
                <name>快乐的结局</name>
                <singer>艾薇儿·拉维尼</singer>
            </song>
            <song>
                <name>加州旅馆</name>
                <singer>老鹰乐队</singer>
            </song>
            <song>
                <name>我希望它保持那样</name>
                <singer>后街男孩</singer>
            </song>
            <song>
                <name>想念你</name>
                <singer>滚石乐队</singer>
            </song>
            <song>
                <name>寂静之声</name>
                <singer>保罗·西蒙</singer>
            </song>
        </songs>`;
var parser=new DOMParser();                                    //创建 DOMParser 对象
var xmldoc = parser.parseFromString(recommend,"text/xml"); //解析 XML 文本
var recommendSongsNode=xmldoc.documentElement;         //获取根节点
var recommendSongNode=recommendSongsNode.children;  //获取根节点下的子节点
for(i = 0; i < recommendSongNode.length; i++){
    var html1 = `
        <div>
            <span>${i + 1}</span>
            <span>${recommendSongNode[i].getElementsByTagName("name")[0].firstChild.nodeValue}</span>
            <span>${recommendSongNode[i].getElementsByTagName("singer")[0].firstChild.nodeValue}</span>
        </div>
    `;
    document.querySelector("#recommend").insertAdjacentHTML("beforeend", html1);
}
//热门歌曲
var hot=`<?xml version="1.0" encoding="utf-8"?>
    <songs>
        <song>
            <name>嘿，朱迪</name>
            <singer>披头士乐队</singer>
        </song>
        <song>
            <name>尊重</name>
            <singer>奥蒂斯·雷丁</singer>
        </song>
        <song>
            <name>卡萨布兰卡</name>
            <singer>贝蒂·希金斯</singer>
        </song>
        <song>
            <name>雨的旋律</name>
            <singer>瀑布合唱团</singer>
        </song>
        <song>
            <name>我的爱</name>
            <singer>西城男孩</singer>
        </song>
        <song>
            <name>你若即若离</name>
            <singer>U2 乐队</singer>
```

```
                </song>
                <song>
                    <name>情歌</name>
                    <singer>阿黛尔·阿德金斯</singer>
                </song>
                <song>
                    <name>远离家乡</name>
                    <singer>舞动精灵乐团</singer>
                </song>
            </songs>`;
        xmldoc = parser.parseFromString(hot,"text/xml");                //解析 XML 文本
        var hotSongsNode=xmldoc.documentElement;                        //获取根节点
        var hotSongNode=hotSongsNode.children;                          //获取根节点下的子节点
        for(i = 0; i < hotSongNode.length; i++){
            var html2 = `
                <div>
                    <span>${i + 1}</span>
                    <span>${hotSongNode[i].getElementsByTagName("name")[0].firstChild.nodeValue}</span>
                    <span>${hotSongNode[i].getElementsByTagName("singer")[0].firstChild.nodeValue}</span>
                </div>
            `;
            document.querySelector("#hot").insertAdjacentHTML("beforeend", html2);
        }
        var oDiv = document.querySelectorAll(".songlist");
        for(i = 0; i < oDiv.length; i++){
            oDiv[i].style.display = "none";                             //隐藏推荐歌曲和热门歌曲
        }
        oDiv[0].style.display = "block";                                //默认显示推荐歌曲
        var oLi = document.querySelector(".tab").querySelectorAll("li");
        oLi[0].classList.add("actived");                                //为第一个标签添加样式
        for(i = 0; i < oLi.length; i++){
            oLi[i].index = i;                                           //设置索引
            oLi[i].onclick = function() {                               //鼠标单击某标签
                this.classList.add("actived");                          //为当前的标签添加样式
                oDiv[this.index].style.display = "block";               //显示当前标签对应的歌曲内容
                //移除另一个标签的类，隐藏另一个标签对应的歌曲内容
                if(this.nextElementSibling){
                    this.nextElementSibling.classList.remove("actived");
                    oDiv[this.index].nextElementSibling.style.display = "none";
                }else{
                    this.previousElementSibling.classList.remove("actived");
                    oDiv[this.index].previousElementSibling.style.display = "none";
                }
            }
        }
    }
</script>
```

10.4.5 最新音乐资讯

在首页主显示区右侧的最下方是最新音乐资讯的展示界面，其中有 5 条音乐资讯从下到上间断循环滚动。为了展示滚动效果，页面中只显示了 4 条音乐资讯，页面效果如图 10.9 所示。

最新资讯
aespa新歌SpicyMV将出
乡村歌星创B榜新纪录
BLACKPINK回归新专辑即将发表
SEVENTEEN新歌《Rock With You》

图 10.9 最新资讯列表

实现最新音乐资讯的展示界面时使用了 axios 发送请求并获取响应数据，所以需要安装并引入 axios。最新音乐资讯的实现步骤如下。

（1）编写实现最新音乐资讯的 HTML 代码，在<div>标签中添加一个<ul>标签。代码如下：

```
<div class="news">
    <div class="news_title">最新资讯</div>
    <div class="scroll">
        <ul class="list"></ul>
    </div>
</div>
```

在本项目中，将最新音乐资讯信息保存在 data.json 文件中，再使用 Ajax 发送 GET 请求获取该文件中保存的数据。

（2）编写实现最新音乐资讯的 JavaScript 代码。首先定义用于发送 GET 请求的 ajaxGet()函数，然后调用该函数获取响应数据，将最新音乐资讯信息添加到页面中的指定位置。接下来定义 scrollUp()函数，在函数中设置每隔两秒向上滚动一条音乐资讯，再调用 scrollUp()函数执行向上滚动的操作。最后设置鼠标移入时停止向上滚动和鼠标移出时继续向上滚动的效果。代码如下：

```
<script>
    window.onload = function (){
        var timerID = null;                                          //定时器 ID
        var news_list;                                               //最新资讯列表
        function ajaxGet(url) {
            var xhr = new XMLHttpRequest();
            xhr.open('GET', url, true);
            xhr.onreadystatechange = function () {
                if (xhr.readyState === 4 && xhr.status === 200) {
                    news_list = JSON.parse(xhr.responseText);        //获取最新资讯信息
                    for(i = 0; i < news_list.length; i++){
                        var html = `
                            <li>${news_list[i]}</li>
                        `;
                        document.querySelector(".list").insertAdjacentHTML("beforeend", html);
                    }
                }
            };
            xhr.send(null);
        }
        ajaxGet('data.json');                                        //调用函数获取响应数据
        function scrollUp(){
            timerID = setInterval(function (){
                document.querySelector(".list").classList.add("anim");//添加指定类名
                setTimeout(function (){
                    news_list.push(news_list[0]);                    //将数组第一个元素添加到数组末尾
                    news_list.shift();                               //删除数组的第一个元素
                    document.querySelector(".list").innerHTML = ""; //清空最新资讯
                    //重新在页面中渲染最新资讯列表
                    for(i = 0; i < news_list.length; i++){
                        var html = `
                            <li>${news_list[i]}</li>
                        `;
                        document.querySelector(".list").insertAdjacentHTML("beforeend", html);
                    }
                    document.querySelector(".list").classList.remove("anim");//移除指定类名
                },500)
            }, 2000);
        }
        scrollUp();                                                  //执行向上滚动操作
```

```
        document.querySelector(".list").onmouseenter = function() {
            clearInterval(timerID);                              //停止向上滚动操作
        }
        document.querySelector(".list").onmouseleave = function() {
            scrollUp();                                          //执行向上滚动操作
        }
    }
</script>
```

10.4.6 新歌首发

歌曲列表展示界面的下方是新歌首发的展示界面。由于歌曲数量较多，因此分页展示首发歌曲信息。页面效果如图 10.10 和图 10.11 所示。

图 10.10 第一页首发歌曲列表

图 10.11 第二页首发歌曲列表

新歌首发界面的实现步骤如下。

（1）编写实现新歌首发界面的 HTML 代码，在<div>标签中添加一个 class 属性值为 page_item_box 的<div>标签，该标签用于显示首发歌曲信息。再添加一个 class 属性值为 page_control 的<div>标签，该标签用于定义分页部件。代码如下：

```
<div class="page">
    <div class="page_title">新歌首发</div>
    <div class="page_item_box"></div>
    <div class="page_control">
        <button id="prev">&lt;</button>
        <span></span>
        <button id="next">&gt;</button>
    </div>
</div>
```

（2）编写实现分页展示首发歌曲信息的 JavaScript 代码。首先定义首发歌曲列表，歌曲信息包括歌曲图片、歌曲名称、歌手名称和歌曲时长；然后分别定义 3 个变量，分别用于保存当前页码、每页显示的歌曲数量和总页数；接下来定义 page()函数，该函数用于显示指定的分页数据；最后分别设置单击左箭头按钮时实现当前页码减 1 的操作、单击右箭头按钮时实现当前页码加 1 的操作，并调用 page()函数显示当前页的首发歌曲列表。代码如下：

```
<script>
    window.onload = function (){
        var dataList = [                                          //首发歌曲列表数组
            {
                imgUrl: 'images/new/1.jpg',
                songName: 'Count Me Out',
                singer: 'Vicetone /Emily Falvey',
                duration: '03:13'
            },
            {
                imgUrl: 'images/new/2.jpg',
                songName: 'Still Here With You',
                singer: 'TheFatRat',
                duration: '02:28'
            },
            {
                imgUrl: 'images/new/3.jpg',
                songName: 'Higher Ground',
                singer: 'Purple Disco Machine',
                duration: '04:33'
            },
            {
                imgUrl: 'images/new/4.jpg',
                songName: 'You And Me',
                singer: 'Take That',
                duration: '03:34'
            },
            {
                imgUrl: 'images/new/5.jpg',
                songName: 'Lonely Cowboy',
                singer: 'KALEO',
                duration: '04:53'
            },
            {
                imgUrl: 'images/new/6.jpg',
                songName: 'Herobrine Phonk',
                singer: 'abtmelody',
                duration: '02:00'
            },
            {
                imgUrl: 'images/new/7.jpg',                       //歌曲图片 URL
                songName: 'Co-Pathetic',                          //歌曲名称
                singer: 'Novo Amor',                              //歌手名称
                duration: '03:55'                                 //歌曲时长
            },
            {
                imgUrl: 'images/new/8.jpg',
                songName: 'Like That (Explicit)',
                singer: 'Future',
                duration: '04:27'
            },
            {
                imgUrl: 'images/new/9.jpg',
                songName: 'Run Run Run',
                singer: 'The Libertines',
```

```
            duration: '02:53'
        },
        {
            imgUrl: 'images/new/10.jpg',
            songName: 'Been Like This',
            singer: 'Meghan Trainor /T-Pain',
            duration: '02:25'
        },
        {
            imgUrl: 'images/new/11.jpg',
            songName: 'Team Side feat.RCB',
            singer: 'Alan Walker /Sofiloud',
            duration: '03:00'
        },
        {
            imgUrl: 'images/new/12.jpg',
            songName: 'The Last Bit Of Us',
            singer: 'Dean Lewis',
            duration: '03:22'
        }
    ];
    var curPage = 1;                                              //当前页码
    var pageSize = 6;                                             //每页显示的歌曲数量
    var totalPage = Math.ceil(dataList.length / pageSize);        //总页数
    function page(n){
        curPage = n;
        //如果当前页是第一页，设置上一页按钮禁用
        if(curPage === 1){
            document.getElementById("prev").disabled = true;
        }else{
            document.getElementById("prev").disabled = false;
        }
        //如果当前页是最后一页，设置下一页按钮禁用
        if(curPage === totalPage){
            document.getElementById("next").disabled = true;
        }else{
            document.getElementById("next").disabled = false;
        }
        var firstN = pageSize * (curPage - 1);                    //当前页第一条数据索引
        var lastN = firstN + pageSize;                            //当前页最后一条数据索引
        var pageData = dataList.slice(firstN, lastN);             //当前页的歌曲数据
        var page_item_box = document.querySelector(".page_item_box");
        page_item_box.innerHTML = "";                             //清空分页数据
        for(i = 0; i < pageData.length; i++){
            var html = `
                    <div class="page_item">
                        <div class="img"><img src="${pageData[i].imgUrl}"></div>
                        <div class="name">
                            <div>${pageData[i].songName}</div>
                            <div>${pageData[i].singer}</div>
                        </div>
                        <div class="duration">${pageData[i].duration}</div>
                    </div>
                `;
            page_item_box.insertAdjacentHTML("beforeend", html);  //插入 HTML
        }
        //显示当前页码和总页数
        document.querySelector(".page_control").querySelector("span").innerHTML = curPage + "/" + totalPage;
    }
    document.getElementById("prev").onclick = function (){
        curPage--;                                                //当前页码减 1
        page(curPage);                                            //调用 page()函数实现分页显示
```

```
        }
        document.getElementById("next").onclick = function (){
            curPage++;                                          //当前页码加 1
            page(curPage);                                      //调用 page()函数实现分页显示
        }
        page(curPage);                                          //调用函数显示当前页歌曲列表
    }
</script>
```

10.5 分类歌曲列表页面的设计与实现

在星光音乐网的首页中，当鼠标单击某个导航菜单项时，会进入分类歌曲列表页面。该页面分页展示了某个分类下的歌曲列表信息。页面效果如图 10.12 所示。

图 10.12 分类歌曲列表页面

10.5.1 图片轮播效果

与首页的轮播图类似，在分类歌曲列表页面导航栏的下方也有两张轮播图片，每隔 3 秒会自动切换一张图片。页面效果如图 10.13 和图 10.14 所示。

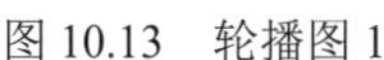
图 10.13 轮播图 1

图 10.14 轮播图 2

实现图片轮播效果的关键步骤如下。

（1）在项目文件夹下新建 popular.html 文件，在文件中编写实现图片轮播效果的 HTML 代码。在<div>标签中添加两张图片，设置第二张图片隐藏。具体代码如下：

```
<div class="pop_banner" style="width: 100%">
    <div id="tabs">
        <img src="images/banner/1.png">
        <img src="images/banner/2.png" style="display: none">
    </div>
</div>
```

（2）在 popular.html 文件中编写 JavaScript 代码。首先获取图片元素，然后定义 changeimage()函数，在函数中隐藏指定索引对应的图片，同时显示另一张图片。最后使用 setInterval()方法，每隔 3 秒调用一次 changeimage()函数，实现图片的轮播效果。代码如下：

```
<script type="text/javascript">
    var tabs = document.getElementById("tabs");     //获取 id 是 tabs 的元素
    var len = tabs.getElementsByTagName("img");     //获取 img 元素
    var pos = 0;                                    //定义变量值为 0
    function changeimage(){
        len[pos].style.display = "none";            //隐藏元素
        pos++;                                      //变量值加 1
        if(pos === len.length) pos=0;               //变量值重新定义为 0
        len[pos].style.display = "block";           //显示元素
    }
    setInterval("changeimage()",3000);              //每隔 3 秒执行一次 changeimage()函数
</script>
```

10.5.2 分页展示分类歌曲列表

分页展示分类歌曲列表是分类歌曲列表页面的核心功能。展示的歌曲信息包括歌曲名称、歌曲主唱、歌曲简介图标、歌曲时长和在线试听图标。页面效果如图 10.15 所示。在页面中设置了 3 个歌曲类型，单击某个歌曲类型，下方会展示对应的歌曲列表。例如，歌曲类型为乡村音乐的歌曲列表如图 10.16 所示。

实现分页展示分类歌曲列表的关键步骤如下。

（1）在 popular.html 文件中编写 HTML 代码。首先在<div>标签中使用<ul>标签和<li>标签定义歌曲类型，然后在<div>标签中定义歌曲列表的标题、用于显示歌曲列表的<div>标签和分页部件。具体代码如下：

按类型　乡村音乐　蓝调音乐　爵士音乐

热门歌曲

歌曲名称	主唱	歌曲简介	歌曲时长	在线试听
Lemon Tree	Fool's Garden	⋯	3分17秒	▷
加州旅馆	老鹰乐队	⋯	6分30秒	▷
I Can't Be Satisfied	Muddy Waters	⋯	3分20秒	▷
Remember When	Alan Jackson	⋯	3分21秒	▷
Sunday Morning	Maroon 5	⋯	4分4秒	▷
FLY ME TO THE MOON	Felicia Sanders	⋯	3分40秒	▷

< 1/4 >

图 10.15　分页展示分类歌曲列表

图 10.16　歌曲类型为乡村音乐的歌曲列表

```
<div class="main">
    <div class="type">
        <div>按类型</div>
        <ul>
            <li>乡村音乐</li>
            <li>蓝调音乐</li>
            <li>爵士音乐</li>
        </ul>
    </div>
    <div class="hot">
        <div>热门歌曲</div>
        <ul class="title">
            <li>歌曲名称</li>
            <li>主唱</li>
            <li>歌曲简介</li>
```

```
            <li>歌曲时长</li>
            <li>在线试听</li>
        </ul>
        <div class="song_list"></div>
        <div class="page">
            <div class="page_control">
                <button id="prev">&lt;</button>
                <span></span>
                <button id="next">&gt;</button>
            </div>
        </div>
    </div>
</div>
```

（2）在 popular.html 文件中编写 JavaScript 代码。首先定义歌曲列表，其中的歌曲信息包括歌曲类型、歌曲名称、歌手名称和歌曲时长；然后定义 3 个变量分别用于保存当前页码、每页显示的歌曲数量和总页数；接下来定义 page()函数，该函数用于显示指定的分页数据；然后分别设置单击左箭头按钮时实现当前页码减 1 的操作、单击右箭头按钮时实现当前页码加 1 的操作，并调用 page()函数显示当前页的歌曲列表。最后设置单击歌曲类型时过滤出该类型的歌曲，再调用 page()函数实现该类型歌曲列表的分页展示。代码如下：

```
<script type="text/javascript">
    var songList = [                                        //歌曲列表
        {
            id: 1,
            type: "乡村音乐",
            name: "Lemon Tree",
            singer: "Fool's Garden",
            duration: "3 分 17 秒"
        },
        {
            id: 2,
            type: "乡村音乐",
            name: "加州旅馆",
            singer: "老鹰乐队",
            duration: "6 分 30 秒"
        },
        {
            id: 3,
            type: "蓝调音乐",
            name: "I Can't Be Satisfied",
            singer: "Muddy Waters",
            duration: "3 分 20 秒"
        },
        {
            id: 4,
            type: "乡村音乐",
            name: "Remember When",
            singer: "Alan Jackson",
            duration: "3 分 21 秒"
        },
        {
            id: 5,
            type: "乡村音乐",
            name: "Sunday Morning",
            singer: "Maroon 5",
            duration: "4 分 4 秒"
        },
        {
            id: 6,
            type: "爵士音乐",
```

```
        name: "FLY ME TO THE MOON",
        singer: "Felicia Sanders",
        duration: "3 分 40 秒"
    },
    {
        id: 7,
        type: "蓝调音乐",
        name: "Moving",
        singer: "Howlin' Wolf",
        duration: "2 分 56 秒"
    },
    {
        id: 8,
        type: "爵士音乐",
        name: "What A Wonderful World",
        singer: "路易斯·阿姆斯特朗",
        duration: "2 分 21 秒"
    },
    {
        id: 9,
        type: "乡村音乐",
        name: "Jolene",
        singer: "Dolly Parton",
        duration: "2 分 42 秒"
    },
    {
        id: 10,
        type: "乡村音乐",
        name: "You're Beautiful",
        singer: "James Blunt",
        duration: "3 分 25 秒"
    },
    {
        id: 11,
        type: "爵士音乐",
        name: "My Funny Valentine",
        singer: "Chet Baker",
        duration: "9 分 34 秒"
    },
    {
        id: 12,
        type: "乡村音乐",
        name: "lady",
        singer: "kenny Rogers",
        duration: "3 分 26 秒"
    },
    {
        id: 13,
        type: "乡村音乐",
        name: "500 miles",
        singer: "The Journeymen",
        duration: "2 分 49 秒"
    },
    {
        id: 14,
        type: "蓝调音乐",
        name: "Mannish Boy",
        singer: "Muddy Waters",
        duration: "3 分 5 秒"
    },
    {
        id: 15,
```

```
            type: "蓝调音乐",
            name: "I'm A King Bee",
            singer: "Slim Harpo",
            duration: "4分16秒"
        },
        {
            id: 16,
            type: "乡村音乐",
            name: "乡村路带我回家",
            singer: "约翰·丹佛",
            duration: "3分12秒"
        },
        {
            id: 17,
            type: "乡村音乐",
            name: "Rhythm Of The Rain",
            singer: "The Cascades",
            duration: "2分35秒"
        },
        {
            id: 18,
            type: "蓝调音乐",
            name: "Sleepy Man Blues",
            singer: "Bukka White",
            duration: "3分26秒"
        },
        {
            id: 19,
            type: "爵士音乐",
            name: "Moon River",
            singer: "Audrey Hepburn",
            duration: "2分3秒"
        },
        {
            id: 20,
            type: "爵士音乐",
            name: "Song For My Father",
            singer: "Billie Holiday",
            duration: "5分8秒"
        }
];
var pageSongList = songList;
var curPage = 1;                                                    //当前页码
var pageSize = 6;                                                   //每页显示的歌曲数量
var totalPage = Math.ceil(pageSongList.length / pageSize);          //总页数
function page(n){
    curPage = n;
    //如果当前页是第一页，设置上一页按钮禁用
    if(curPage === 1){
        document.getElementById("prev").disabled = true;
    }else{
        document.getElementById("prev").disabled = false;
    }
    //如果当前页是最后一页，设置下一页按钮禁用
    if(curPage === totalPage){
        document.getElementById("next").disabled = true;
    }else{
        document.getElementById("next").disabled = false;
    }
```

```
        var firstN = pageSize * (curPage - 1);                    //当前页第一条数据索引
        var lastN = firstN + pageSize;                            //当前页最后一条数据索引
        var pageData = pageSongList.slice(firstN, lastN);         //当前页的歌曲数据
        var songData = document.querySelector(".song_list");
        songData.innerHTML = "";                                  //清空分页数据
        for(var i = 0; i < pageData.length; i++){
            var html = `
                    <ul class="list">
                        <li>${pageData[i].name}</li>
                        <li>${pageData[i].singer}</li>
                        <li><a href="intro.html?id=${pageData[i].id}"><img src="images/music_01.png"></a></li>
                        <li>${pageData[i].duration}</li>
                        <li><a href="#" onclick="toListen()"><img src="images/music_02.png"></a></li>
                    </ul>
                `;
            songData.insertAdjacentHTML("beforeend", html);  //插入 HTML
        }
        //显示当前页码和总页数
        document.querySelector(".page_control").querySelector("span").innerHTML = curPage + "/" + totalPage;
    }
    document.getElementById("prev").onclick = function (){
        curPage--;                                                //当前页码减 1
        page(curPage);                                            //调用 page()函数实现分页显示
    }
    document.getElementById("next").onclick = function (){
        curPage++;                                                //当前页码加 1
        page(curPage);                                            //调用 page()函数实现分页显示
    }
    page(curPage);                                                //调用函数显示当前页歌曲列表
    var oLi = document.querySelector(".type").querySelectorAll("li");
    for(var i = 0; i < oLi.length; i++){
        oLi[i].onclick = function (e){
            oLi.forEach(function (item){
                item.style.color = "";
            })
            this.style.color = "#0066FF";                         //为当前选项添加颜色
            curPage = 1;                                          //当前页码
            //过滤指定类型的歌曲
            pageSongList = songList.filter(function (item){
                return e.target.innerHTML === item.type;
            })
            totalPage = Math.ceil(pageSongList.length / pageSize);//总页数
            page(curPage);                                        //调用函数显示当前页歌曲列表
        }
    }
</script>
```

10.6 歌曲详情页面的设计与实现

在分类歌曲列表页面中，单击某一首歌曲中的歌曲简介图标可以进入歌曲详情页面。在该页面展示了该歌曲的详细信息，包括歌曲图片、歌曲名称、歌曲原唱、作词、作曲、歌曲类型、语言、时长和歌曲简介等。页面效果如图 10.17 所示。

图 10.17　歌曲详情页面

实现歌曲详情页面的关键步骤如下。

（1）在项目文件夹下新建 intro.html 文件，在文件中编写展示歌曲详情的 HTML 代码，包括显示歌曲图片的<img>标签、显示歌曲基本信息的<ul>标签和<li>标签，以及显示歌曲简介的<p>标签。具体代码如下：

```
<div class="main">
    <div class="title">歌曲详情</div>
    <div class="content">
        <div class="pic">
            <img src="" alt="">
        </div>
        <ul class="song_info">
            <li class="name"></li>
            <li class="singer"></li>
            <li class="lyrics"></li>
            <li class="composition"></li>
            <li class="type"></li>
            <li class="language"></li>
            <li class="duration"></li>
        </ul>
        <div class="intro_box">
            <div>歌曲简介</div>
            <p class="intro"></p>
        </div>
    </div>
</div>
```

（2）在 intro.html 文件中编写 JavaScript 代码，定义用于保存歌曲详情信息的列表 songDetailList。代码如下：

```
<script>
    var songDetailList = [//定义歌曲详情信息列表
        {
            id: 1,
            pic: "images/pic/1.jpg",
            name: "Lemon Tree",
            singer: "Fool's Garden",
            lyrics: "彼得·弗洛伊登塔勒、沃尔克·欣克尔",
            composition: "彼得·弗洛伊登塔勒、沃尔克·欣克尔",
            type: "乡村音乐",
            language: "英语",
            duration: "3 分 17 秒",
            intro: "《Lemon Tree》（柠檬树）写的是一个大男孩在某个下着太阳雨的星期天下午等着他的女朋友到来时的心
境，该曲的创作者、Fool's Garden 乐队主唱彼得·弗洛伊登塔勒创作该曲时也正在等待女友的拜访，他午后在德国黑森林北部
偶遇了一棵柠檬树后，迸发了灵感，正如歌中描述的一样，彼得的女友最终也没有到来。"
        },
        {
            id: 2,
            pic: "images/pic/2.jpg",
            name: "加州旅馆",
            singer: "老鹰乐队",
            lyrics: "唐·亨利、格列·弗雷、Don Felder",
            composition: "Don Felder",
            type: "乡村音乐",
            language: "英语",
            duration: "6 分 30 秒",
            intro: "《加州旅馆》（Hotel California）是……"
        },
        {
            id: 3,
            pic: "images/pic/3.jpg",
            name: "Can't Be Satisfied",
            singer: "Muddy Waters",
            lyrics: "Mckinley Morganfield、Muddy Waters",
            composition: "Mckinley Morganfield、Muddy Waters",
            type: "蓝调音乐",
            language: "英语",
            duration: "3 分 20 秒",
            intro: "《Can't Be Satisfied》是……"
        },
        {
            id: 4,
            pic: "images/pic/3.jpg",
            name: "Remember When",
            singer: "Alan Jackson",
            lyrics: "Alan Jackson",
            composition: "Alan Jackson",
            type: "乡村音乐",
            language: "英语",
            duration: "3 分 21 秒",
            intro: "Remember When》是……"
        },
        {
            id: 5,
            pic: "images/pic/3.jpg",
            name: "Sunday Morning",
            singer: "Maroon 5",
            lyrics: "Maroon 5",
            composition: "Maroon 5",
            type: "乡村音乐",
            language: "英语",
            duration: "4 分 4 秒",
            intro: "《Sunday Morning》是……"
```

```
    },
    {
        id: 6,
        pic: "images/pic/3.jpg",
        name: "FLY ME TO THE MOON",
        singer: "Felicia Sanders",
        lyrics: "巴特.霍华德",
        composition: "巴特.霍华德",
        type: "爵士音乐",
        language: "英语",
        duration: "3 分 40 秒",
        intro: "《FLY ME TO THE MOON》是……"
    },
    {
        id: 7,
        pic: "images/pic/3.jpg",
        name: "Moving",
        singer: "Howlin' Wolf",
        lyrics: "Howlin' Wolf",
        composition: "Howlin' Wolf",
        type: "蓝调音乐",
        language: "英语",
        duration: "2 分 56 秒",
        intro: "《Moving》是……"
    },
    {
        id: 8,
        pic: "images/pic/3.jpg",
        name: "What A Wonderful World",
        singer: "路易斯・阿姆斯特朗",
        lyrics: "鲍勃・希尔、George David Weiss",
        composition: "鲍勃・希尔、George David Weiss",
        type: "爵士音乐",
        language: "英语",
        duration: "2 分 21 秒",
        intro: "《What a Wonderful World》是……"
    },
    {
        id: 9,
        pic: "images/pic/3.jpg",
        name: "Jolene",
        singer: "Dolly Parton",
        lyrics: "Dolly Parton",
        composition: "Dolly Parton",
        type: "乡村音乐",
        language: "英语",
        duration: "2 分 42 秒",
        intro: "《Jolene》是……"
    },
    {
        id: 10,
        pic: "images/pic/3.jpg",
        name: "You're Beautiful",
        singer: "James Blunt",
        lyrics: "詹姆斯・布朗特、萨夏・斯卡尔贝克、阿曼达・苟斯特",
        composition: "詹姆斯・布朗特、萨夏・斯卡尔贝克、阿曼达・苟斯特",
        type: "乡村音乐",
        language: "英语",
        duration: "3 分 25 秒",
        intro: "《You're Beautiful》是……"
    },
    {
        id: 11,
        pic: "images/pic/3.jpg",
        name: "My Funny Valentine",
```

```
        singer: "Chet Baker",
        lyrics: "Lorenz Hart",
        composition: "Richard Rodgers",
        type: "爵士音乐",
        language: "英语",
        duration: "9 分 34 秒",
        intro: "《My Funny Valentine》是……"
    },
    {
        id: 12,
        pic: "images/pic/3.jpg",
        name: "lady",
        singer: "kenny Rogers",
        lyrics: "kenny Rogers",
        composition: "kenny Rogers",
        type: "乡村音乐",
        language: "英语",
        duration: "3 分 26 秒",
        intro: "《Lady》是……"
    },
    {
        id: 13,
        pic: "images/pic/3.jpg",
        name: "500 miles",
        singer: "The Journeymen",
        lyrics: "Hedy West",
        composition: "Hedy West",
        type: "乡村音乐",
        language: "英语",
        duration: "2 分 49 秒",
        intro: "《500 miles》是……"
    },
    {
        id: 14,
        pic: "images/pic/3.jpg",
        name: "Mannish Boy",
        singer: "Muddy Waters",
        lyrics: "Muddy Waters",
        composition: "Muddy Waters",
        type: "蓝调音乐",
        language: "英语",
        duration: "3 分 5 秒",
        intro: "《Mannish Boy》是……"
    },
    {
        id: 15,
        pic: "images/pic/3.jpg",
        name: "I Am A King Bee",
        singer: "Slim Harpo",
        lyrics: "Slim Harpo",
        composition: "Slim Harpo",
        type: "蓝调音乐",
        language: "英语",
        duration: "4 分 16 秒",
        intro: "《I Am A King Bee》是……"
    },
    {
        id: 16,
        pic: "images/pic/3.jpg",
        name: "乡村路带我回家",
        singer: "约翰·丹佛",
        lyrics: "约翰·丹佛",
        composition: "约翰·丹佛、Bill Danoff、Taffy Nivert Danoff",
        type: "乡村音乐",
        language: "英语",
```

```
            duration: "3 分 12 秒",
            intro: "《乡村路带我回家》（Take Me Home, Country Roads）是……"
        },
        {
            id: 17,
            pic: "images/pic/3.jpg",
            name: "Rhythm Of The Rain",
            singer: "The Cascades",
            lyrics: "约翰·肯莫斯",
            composition: "约翰·肯莫斯",
            type: "乡村音乐",
            language: "英语",
            duration: "2 分 35 秒",
            intro: "《Rhythm of the Rain》是……"
        },
        {
            id: 18,
            pic: "images/pic/3.jpg",
            name: "Sleepy Man Blues",
            singer: "Bukka White",
            lyrics: "Bukka White",
            composition: "Bukka White",
            type: "蓝调音乐",
            language: "英语",
            duration: "3 分 26 秒",
            intro: "《Sleepy Man Blues》是……"
        },
        {
            id: 19,
            pic: "images/pic/3.jpg",
            name: "Moon River",
            singer: "Audrey Hepburn",
            lyrics: "约翰尼·默瑟",
            composition: "亨利·曼西尼",
            type: "爵士音乐",
            language: "英语",
            duration: "2 分 3 秒",
            intro: "《Moon River》是……"
        },
        {
            id: 20,
            pic: "images/pic/3.jpg",
            name: "Song For My Father",
            singer: "Billie Holiday",
            lyrics: "Billie Holiday",
            composition: "Billie Holiday",
            type: "爵士音乐",
            language: "英语",
            duration: "5 分 8 秒",
            intro: "《Song For My Father》是……"
        }
    ];
</script>
```

（3）在 intro.html 文件中继续编写展示歌曲详情的 JavaScript 代码。首先定义 GetRequest()函数，在函数中获取 URL 传递的参数值，然后调用 GetRequest()函数获取传递的参数值，即要查看歌曲详情的歌曲 id，再使用 filter()方法获取歌曲详情列表中指定 id 的歌曲信息，最后将这些歌曲信息显示在页面中的指定位置。代码如下：

```
<script>
    function GetRequest() {                                    //获取 URL 传递的参数值
        var url = location.search;
        if (url.indexOf("?") !== -1) {
```

```
            var str = url.slice(1);
            var arr = str.split("=");
            return arr[1];
        }
    }
    var id = GetRequest();                                                          //调用函数获取歌曲 id
    //获取当前歌曲数据
    var data = songDetailList.filter(function (item){
        return item.id === parseInt(id);
    });
    var pic = document.querySelector(".pic");
    var song_info = document.querySelector(".song_info");
    var intro_box = document.querySelector(".intro_box");
    pic.querySelector("img").src = data[0].pic;                                     //显示歌曲图片
    song_info.querySelector(".name").innerHTML = "歌曲名称：" + data[0].name;
    song_info.querySelector(".singer").innerHTML = "歌曲原唱：" + data[0].singer;
    song_info.querySelector(".lyrics").innerHTML = "作词：" + data[0].lyrics;
    song_info.querySelector(".composition").innerHTML = "作曲：" + data[0].composition;
    song_info.querySelector(".type").innerHTML = "歌曲类型：" + data[0].type;
    song_info.querySelector(".language").innerHTML = "语言：" + data[0].language;
    song_info.querySelector(".duration").innerHTML = "时长：" + data[0].duration;
    intro_box.querySelector(".intro").innerHTML = data[0].intro;                    //显示歌曲简介
</script>
```

10.7 在线试听页面的设计与实现

在分类歌曲列表页面中，如果用户已登录，单击某一首歌曲中的在线试听图标就可以进入歌曲在线试听页面。页面效果如图 10.18 所示。

图 10.18 在线试听页面

实现歌曲在线试听页面的方法如下。

在项目文件夹下新建 play.html 文件，在文件中编写实现歌曲在线试听页面的 HTML 代码。在<div>标签中使用<audio>标签，在<audio>标签中使用 src 属性设置试听歌曲的 URL，使用 controls 属性设置显示音频控件，使用 autoplay 属性设置音频自动播放。具体代码如下：

```
<div class="main">
    <audio src="audio.mp3" controls autoplay></audio>
</div>
```

10.8 注册和登录页面的设计与实现

单击首页、分类歌曲列表页面或歌曲详情页面右上角的“登录”或“注册”超链接，可以进入用户登录或注册页面。注册页面的效果如图 10.19 所示。登录页面的效果如图 10.20 所示。

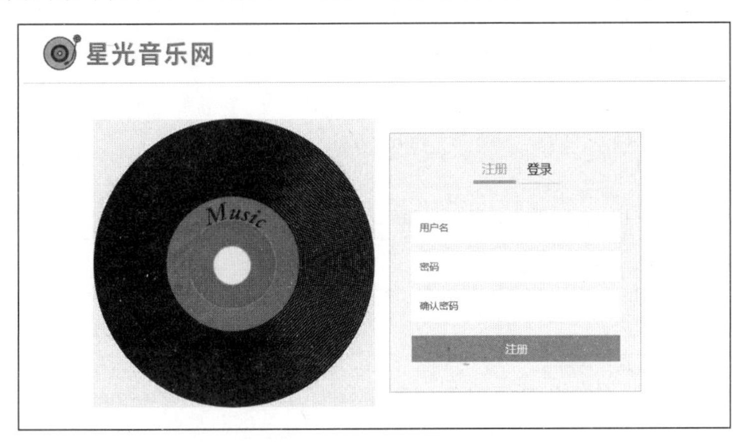

图 10.19 用户注册页面

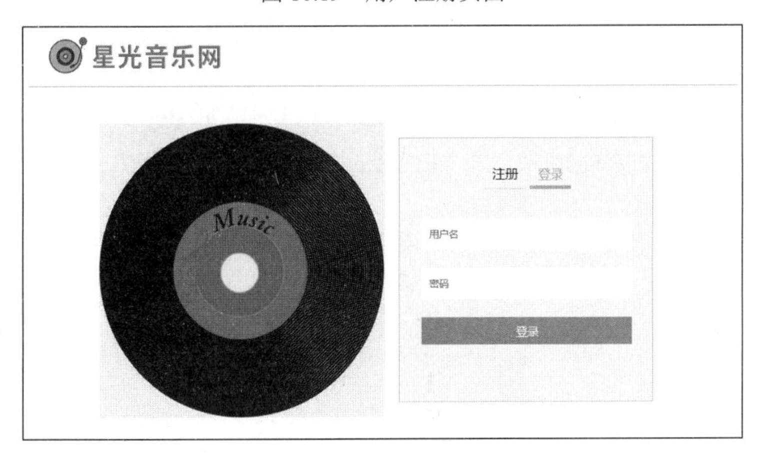

图 10.20 用户登录页面

10.8.1 用户注册页面

图 10.21 注册表单验证效果

用户注册页面主要由注册表单组成。用户在注册表单中需要输入用户名、密码和确认密码后才能激活“注册”按钮。单击“注册”按钮时需要对用户输入的内容进行验证，如果输入的内容不符合要求就在输入框上方给出相应的提示信息，效果如图 10.21 所示。如果验证通过会提示注册成功。

用户注册页面的实现过程如下。

（1）在项目文件夹下新建 register.html 文件，在文件中编写用户注册页面的 HTML 代码。在<div>标签中定义“注册”“登录”超链接和用户注册表单，在表单上方添加一个<div>标签，该标签用于显示验证输入内容的提示信息。代码如下：

```
<div class="res-banner">
    <div class="res-main">
        <div class="login-banner-bg"><img src="images/music.jpg"/></div>
        <div class="login-box">
            <div class="title">
                <a class="active" href="register.html">注册</a>
                <a href="login.html">登录</a>
            </div>
            <div class="mr-tabs-bd">
                <div class="mr-tab-panel mr-active">
                    <div id="tips"></div>
                    <form>
                        <div class="email">
                            <input type="text" id="name" placeholder="用户名">
                        </div>
                        <div class="pass">
                            <input type="password" id="password" placeholder="密码">
                        </div>
                        <div class="pass">
                            <input type="password" id="passwords" placeholder="确认密码">
                        </div>
                    </form>
                    <div class="mr-cf">
                        <input type="button" id="send" value="注册" class="mr-btn-primary mr-btn-sm">
                    </div>
                </div>
            </div>
        </div>
    </div>
</div>
```

（2）在注册页面中编写 JavaScript 代码。首先获取表单元素，并设置默认情况下“注册”按钮禁用。然后分别定义 isEnabled()函数和 toReg()函数。在 isEnabled()函数中判断“注册”按钮是否可用，在 toReg()函数中调用 isEnabled()函数。如果“注册”按钮可用，就为按钮添加单击事件监听器，在监听器中对表单输入的内容进行判断：如果输入的内容不符合要求就给出相应的提示信息；如果输入的内容符合要求就提示“注册成功”，并跳转到登录页面。最后为三个输入框添加 oninput 事件，当触发 oninput 事件时调用 toReg()函数。代码如下：

```
<script>
    window.onload = function (){
        var name = document.getElementById("name");                    //获取用户名文本框
        var password = document.getElementById("password");            //获取密码框
        var passwords = document.getElementById("passwords");          //获取确认密码框
        var tips = document.getElementById("tips");                    //获取提示信息所在元素
        var send = document.getElementById("send");                    //获取注册按钮
        send.disabled = true;                                          //设置注册按钮禁用
        send.classList.add("dis");                                     //为注册按钮添加 dis 类
        function isEnabled(){
            //如果输入框都有值
            if(name.value && password.value && passwords.value){
                send.disabled = false;                                 //设置注册按钮可用
                send.classList.remove("dis");                          //为注册按钮移除 dis 类
                return true;
            }else{
                send.disabled = true;                                  //设置注册按钮禁用
                send.classList.add("dis");                             //为注册按钮添加 dis 类
                return false;
            }
        }
        function toReg(){
```

```
            if(isEnabled()){
                //如果注册按钮可用，就为注册按钮添加单击事件监听器
                send.onclick = function (){
                    //判断输入的用户名是否符合要求
                    if(!/^[\u4e00-\u9fa5a-zA-Z0-9]+$/.test(name.value)){
                        send.disabled = true;                              //设置注册按钮禁用
                        send.classList.add("dis");                         //为注册按钮添加 dis 类
                        tips.classList.add("error");                       //为 span 元素添加 error 类
                        tips.innerHTML = "用户名只能包括中文、字母或数字";    //设置提示文字
                        return false;
                    }
                    //判断输入的密码是否符合要求
                    if(!/^[0-9A-Za-z]{6,}$/.test(password.value)){
                        send.disabled = true;                              //设置注册按钮禁用
                        send.classList.add("dis");                         //为注册按钮添加 dis 类
                        tips.classList.add("error");                       //为 span 元素添加 error 类
                        tips.innerHTML = "密码由数字或字母组成，且至少 6 位";  //设置提示文字
                        return false;
                    }
                    //判断两次输入的密码是否一致
                    if(passwords.value !== password.value){
                        send.disabled = true;                              //设置注册按钮禁用
                        send.classList.add("dis");                         //为注册按钮添加 dis 类
                        tips.classList.add("error");                       //为 span 元素添加 error 类
                        tips.innerHTML = "两次密码不一致";                   //设置提示文字
                        return false;
                    }
                    alert("注册成功！");
                    location.href = "login.html";                          //跳转到登录页面
                }
            }
        }
        name.oninput = function (){
            toReg();
        }
        password.oninput = function (){
            toReg();
        }
        passwords.oninput = function (){
            toReg();
        }
    }
</script>
```

10.8.2 用户登录页面

用户注册成功之后会跳转到登录页面，登录页面主要由登录表单组成。在登录表单中需要输入用户名和密码才能激活“登录”按钮。单击“登录”按钮时会对用户输入的用户名和密码进行验证，效果如图 10.22 所示。如果输入的用户名和密码都正确，则会提示登录成功，并跳转到首页。

图 10.22 登录表单验证效果

用户登录页面的实现过程如下。

（1）在项目文件夹下新建 login.html 文件，在文件中编写用户登录页面的 HTML 代码。在<div>标签中定义“注册”“登录”超链接和用户登录表单，在表单上方添加一个<div>标签，该标签用于显示验证用户名或密码的提示信息。代码如下：

```
<div class="login-banner">
```

```
<div class="login-main">
    <div class="login-banner-bg"><img src="images/music.jpg"/></div>
    <div class="login-box">
        <div class="title">
            <a href="register.html">注册</a>
            <a class="active" href="login.html">登录</a>
        </div>
        <div class="mr-tabs-bd">
            <div class="mr-tab-panel mr-active">
                <div id="tips"></div>
                <form>
                    <div class="user-name">
                        <input type="text" id="name" placeholder="用户名">
                    </div>
                    <div class="user-pass">
                        <input type="password" id="password" placeholder="密码">
                    </div>
                </form>
                <div class="mr-cf">
                    <input type="button" id="login" value="登录" class="mr-btn-primary mr-btn-sm">
                </div>
            </div>
        </div>
    </div>
</div>
</div>
```

（2）在登录页面中编写 JavaScript 代码。首先获取表单元素，并设置默认情况下“登录”按钮禁用。然后分别定义 isEnabled()函数和 toLog()函数。在 isEnabled()函数中判断“登录”按钮是否可用，在 toLog()函数中调用 isEnabled()函数。如果“登录”按钮可用，就为按钮添加单击事件监听器，在监听器中对表单输入的内容进行判断：如果输入的用户名或密码不正确就给出相应的提示信息；如果输入的用户名和密码都正确就提示“登录成功”，再将登录用户名保存在 sessionStorage 中，并跳转到首页。最后为两个输入框添加 oninput 事件，当触发 oninput 事件时调用 toLog()函数。代码如下：

```
<script>
    window.onload = function (){
        var name = document.getElementById("name");                 //获取用户名文本框
        var password = document.getElementById("password");         //获取密码框
        var tips = document.getElementById("tips");                 //获取提示信息所在元素
        var login = document.getElementById("login");               //获取登录按钮
        login.disabled = true;                                      //设置登录按钮禁用
        login.classList.add("dis");                                 //为登录按钮添加 dis 类
        function isEnabled(){
            //如果输入框都有值
            if(name.value && password.value){
                login.disabled = false;                             //设置登录按钮可用
                login.classList.remove("dis");                      //为登录按钮移除 dis 类
                return true;
            }else{
                login.disabled = true;                              //设置登录按钮禁用
                login.classList.add("dis");                         //为登录按钮添加 dis 类
                return false;
            }
        }
        function toLog(){
            if(isEnabled()){
                //如果登录按钮可用，就为登录按钮添加单击事件监听器
                login.onclick = function (){
                    //判断输入的用户名是否正确
                    if(name.value !== "mr"){
                        login.disabled = true;                      //设置登录按钮禁用
                        login.classList.add("dis");                 //为登录按钮添加 dis 类
```

```
                    tips.classList.add("error");                      //为 span 元素添加 error 类
                    tips.innerHTML = "请正确填写用户名";                 //设置提示文字
                    return false;
                }
                //判断输入的密码是否正确
                if(password.value !== "mrsoft"){
                    login.disabled = true;                            //设置登录按钮禁用
                    login.classList.add("dis");                       //为登录按钮添加 dis 类
                    tips.classList.add("error");                      //为 span 元素添加 error 类
                    tips.innerHTML = "请正确填写密码";                   //设置提示文字
                    return false;
                }
                alert("登录成功！");
                sessionStorage.setItem("username", name.value);       //保存用户名
                location.href = "index.html";                          //跳转到首页
            }
        }
    }
    name.oninput = function (){
        toLog();
    }
    password.oninput = function (){
        toLog();
    }
}
</script>
```

10.8.3 判断用户是否已登录

如果用户未登录，首页、分类歌曲列表页面或歌曲详情页面右上角会显示“登录”和“注册”超链接，效果如图 10.23 所示。如果用户已登录，首页、分类歌曲列表页面或歌曲详情页面右上角会显示欢迎信息和“退出登录”超链接，效果如图 10.24 所示。

登录 | 注册

图 10.23 显示“登录”和“注册”超链接

欢迎您 mr 退出登录

图 10.24 显示欢迎信息和“退出登录”超链接

实现过程如下。

（1）在 index.html 文件中编写 HTML 代码。添加一个<div>标签，该标签用于显示判断结果。代码如下：

```
<div class="login"></div>
```

（2）在 index.html 文件中编写 JavaScript 代码。首先使用 if 语句判断 sessionStorage 中是否保存了用户名，即判断用户是否已登录，如果用户未登录，就将“登录”和“注册”超链接添加到页面中的指定位置，否则就将欢迎信息和“退出登录”超链接添加到页面中的指定位置，并设置单击“退出登录”超链接时调用 logout()函数。然后定义 logout()函数，在函数中删除 sessionStorage 中保存的用户名，并刷新当前页面。代码如下：

```
<script>
    window.onload = function (){
        var login = document.querySelector(".login");
        if(!sessionStorage.getItem("username")){
            //如果用户未登录就显示登录和注册超链接
            login.innerHTML = `
                <a href="login.html">登录</a>
                <span>|</span>
                <a href="register.html">注册</a>
            `;
        }else{
```

```
            //否则就显示欢迎信息和退出登录超链接
            login.innerHTML = `
                <span>欢迎您 ${sessionStorage.getItem("username")}</span>
                <a href="#" onclick="logout()">退出登录</a>
            `;
        }
    }
    function logout(){
        sessionStorage.removeItem("username");
        alert("您已退出登录");
        location.reload();
    }
</script>
```

说明

在首页、分类歌曲列表页面或歌曲详情页面中，单击“退出登录”超链接会刷新当前页面，而在在线试听页面中，单击“退出登录”超链接会跳转到首页。

10.9 项目运行

通过前述步骤，设计并完成了“星光音乐网”项目的开发。下面运行该项目，检验一下我们的开发成果。因为在该项目中使用了 Ajax 技术，所以需要将项目文件夹存储在服务器的网站根目录下。在浏览器中输入“http://localhost/10/index.html”，单击 Enter 键即可成功运行该项目，运行后的效果如图 10.2 所示。单击首页中的某个导航菜单项会进入分类歌曲列表页面，运行后的效果如图 10.12 所示。在分类歌曲列表页面可以根据歌曲类型查看对应的歌曲列表。例如，单击歌曲类型“乡村音乐”可以查看对应歌曲类型的歌曲列表，效果如图 10.16 所示。

在分类歌曲列表页面，单击某一首歌曲中的歌曲简介图标可以进入歌曲详情页面，在该页面中展示了该歌曲的详细信息。例如，歌曲 *Lemon Tree* 的歌曲详情界面效果如图 10.17 所示。

10.10 源码下载

虽然本章详细地讲解了如何编码实现“星光音乐网”的各个功能，但给出的代码都是代码片段。为了方便读者学习，本书提供了完整的项目源码，扫描右侧二维码即可下载。

源码下载